虽然创造独立于实验观察的合理假说对于提升对自然的知识来说用处甚微，但是大量表面上不同的现象可以用一些简单的原则化约为一致且普适的法则，我们必须始终高度重视对这些原则的探索，以推动人类理性的进步。

　　——托马斯·杨，英国皇家学会贝克尔讲座，1801

献给艾尔莎、蕾切尔、萨米埃尔和瓦迪姆

光的探索

从伽利略望远镜到奇异量子世界

塞尔日·阿罗什
（Serge Haroche）

著

孙佳雯　吴海腾

译

世界图书出版公司

北京·广州·上海·西安

图书在版编目（CIP）数据

光的探索：从伽利略望远镜到奇异量子世界 /（法）塞尔日·阿罗什（Serge Haroche）著；孙佳雯，吴海腾译 . — 北京：世界图书出版有限公司北京分公司，2023.11
ISBN 978-7-5232-0876-2

Ⅰ . ①光… Ⅱ . ①塞… ②孙… ③吴… Ⅲ . ①物理光学—研究 Ⅳ . ① O436

中国国家版本馆 CIP 数据核字（2023）第 194454 号

书　　名	光的探索：从伽利略望远镜到奇异量子世界	
	GUANG DE TANSUO: CONG JIALILUE WANGYUANJING DAO QIYI LIANGZI SHIJIE	
著　　者	［法］塞尔日·阿罗什	
译　　者	孙佳雯　吴海腾	
策划编辑	徐国强	
责任编辑	张绪瑞　陈　亮	
责任校对	王　鑫　尹天怡　张建民	
版式设计	彭雅静	
出版发行	世界图书出版有限公司北京分公司	
地　　址	北京市东城区朝内大街 137 号	
邮　　编	100010	
电　　话	010-64038355（发行）　　64033507（总编室）	
网　　址	http://www.wpcbj.com.cn	
邮　　箱	wpcbjst@vip.163.com	
销　　售	新华书店	
印　　刷	北京中科印刷有限公司	
开　　本	710mm×1000mm　1/16	
印　　张	24	
字　　数	368 千字	
版　　次	2023 年 11 月第 1 版	
印　　次	2023 年 11 月第 1 次印刷	
国际书号	ISBN 978-7-5232-0876-2	
版权登记	01-2023-5265	
定　　价	88.00 元	

译者序

　　我们有幸生活在科学昌明的现代社会，无数困扰了史上最聪明的大脑的关于大自然的基本问题在今天都有了非常明确的答案。"光是什么"大概是每个人都会好奇的问题，而这看似单纯的问题甚至连牛顿也未能彻底参透。对这个问题的探索在过去的四个世纪中所历经的无数发现和曲折不啻于一部波澜壮阔的史诗，我们耳熟能详的众多物理英雄们前赴后继，他们在寻光之旅中所踏出的道路几乎衍生出了我们今天所知的全部物理学。

　　《光的探索：从伽利略望远镜到奇异量子世界》由两部分交织而成，一部分为上述这条物理学史的主线展开的一场引人入胜的完整叙事，另一部分则回顾了作者本人在原子分子光物理（原分光）的实验领域中历经半个世纪的科研生涯，这部分同时也是光的科学史在过去几十年中的最新篇章。本书面向的读者群体相当广泛。非科学专业的读者可以享受一场对科学真相的探询之旅，而对这段历史已经较为熟悉的读者也可以从一位物理大师的个人视角回顾这些内容。若读者是年轻的物理专业学生，他们可以了解到原分光领域的历史背景、一些新进展以及未来的发展方向。

　　在叙事上，一方面，作者将读者置于具体的历史背景下，像一本侦探小说一样抽丝剥茧、一层层拨开笼罩着光的性质的重重疑云，这使读者深刻认识到在历史的局限性下我们所熟知的一些物理事实着实来之不易，同时也体现了历代物理先驱们的伟大智慧。另一方面，作者以一位资深科学家的深刻洞察为这段物理史作出了大量宝贵的评注，清晰地指出了物理学史上看似不同的思维火花和重大发现之间的重要联系和前后支撑：人类首次对地日距离和光速量级的测算所依靠的技术，源于伽利略对天文望远镜的改进和对单摆等时性的发现；我们今天最精密的时间测量方式依赖于惠更斯卧病期间所发现的摆的锁相现象；作者本人对囚禁在一对镜子间的光子的实验研究不但将一个世纪前爱因斯坦所设想的光子盒实实在在地呈现在了我们面前，更是以实验事实回答了薛定谔对单个量子系统行为的质疑，同时也探究了他的"那只著名的猫"的命运。现代科学所展示的这种统一和关联自其四个世纪前诞生以来就一直在不断重演。

本书用大量笔墨对物理史上的重要理论和实验的关键思想进行了仔细剖析，在此过程中，作者并未使用很多数学公式。在本书的精心阐述下，即便是非专业的读者也可以领略到相对论和量子物理等方法论所带来的强大思想力量，并惊叹于历代实验物理学家为探询极端物理现象所运用的巧思。理论物理学家霍金在其《时间简史》的再版前言中写道："人们对重大问题具有广泛的兴趣，那就是：我们从何而来，宇宙为何是这样的？"而本书从一位实验物理学家的互补角度出发，满足了我们的另一种好奇心：我们如何创造和利用工具来得到这类重大问题的答案？此外，身为法国科学家，作者为我们展示了法国在光的研究历史中的重要地位：17 世纪巴黎天文台的观测为我们明确了光速的量级，到了 19 世纪，斐佐和傅科对这一基本常数的精确测量直接导致了麦克斯韦发现光的本质就是电磁波；在同一时代，菲涅耳的理论和实验工作确立了光的波动说的胜利；而在我们所生活的时代，法国在量子光学领域培养出了强大的学科实力。作者本人对光的研究（书中有详述）得到了 2012 年诺贝尔物理学奖的认可，而在本书的法语原版书 *La Lumière révélée* 成书之后的 2022 年，作者的同事阿斯佩（Alain Aspect）对纠缠光子对的研究也获得了同样的荣誉，这已经是法国的第十五个诺贝尔物理学奖。

在描述上个世纪的物理学史时，本书侧重于刻画量子物理的发展。由这一理论所催生的激光、半导体和核磁共振等技术都为我们的现代文明赋予了强劲的推动力，而作者的实验工作所展示的对单个量子系统的操控则是目前蓬勃发展的量子信息、量子模拟和量子计量技术的基石，也是我们可以期待未来出现实用化量子计算的理由之一。然而驱动作者实现这些优美的基础物理实验的最重要因素并不是它们的具体应用，而是好奇心以及对了解未知的渴望。正是在这种纯粹的基础科学研究推动下，人类知识的疆界才得以不断拓宽。这也是萦绕整本书的另一个主题。作者深感当今法国科研资金支持情况的恶化，并呼吁法国重新重视对基础研究的投入。在这一点上，中国乃至很多其他国家的科研界的情况也不无类似，本书所传递的信息也应当对我们有所启示。

作者阿罗什教授所在的卡斯特勒 – 布罗塞尔实验室（LKB）历来与中国的科研界有着频繁而友好的交流。法国是第一个与新中国建交的西方大国，而在 1964 年中法建交的同年 10 月，LKB 的第一个诺贝尔奖得主阿尔弗雷德·卡斯特勒（Alfred Kastler）就来华做了"关于光抽运和光磁双共振"的科研报告。因此，我们或许可以说光的科学从一开始就是中法两国之间的一条纽带。阿罗什教授本人十分重视本书的中文翻译工作，在 2021 年末，当我还是他课题组的博士生时，他亲自找到我来对本书的中文翻译进行校阅和修改。当时孙佳雯（本书另一位译者）的最初中文译稿已经基本完成。佳雯不但是一位译作丰富的翻译，也是一位毕业于法国的社会学博士，她为本书的译稿打下了坚实的基础，也给本书做了不少对内容理解很有助益的、关于法国文化和历史的译注。由于本书的大部分叙事是对物理的描述，因此从物理专业的角度，我和佳雯协作对译稿进行了大量的校正。在此过程中我们所依据的不但有本书的法语原书，还有阿罗什教授亲自参与翻译的英译版。后者在前者的基础上进行了少部分的改进和扩充，这些也都被纳入了本书中。

在翻译过程中，一些出版物对我们的工作有很大的帮助，科学出版社的《物理学名词》（第三版）规范了我们对专业术语的选用。编纂这本词典的全国科学技术名词审定委员会成立于 1978 年，其创立的初衷就是为了改进当时中文界专业术语的分裂和混乱现象。在一些物理描述的措辞上，我们参考了刘家谟和陈星奎两位先生所翻译的两卷《量子力学》（高等教育出版社，2014 年），这两卷经典教材的原作者是 1997 年诺贝尔奖物理学奖获得者科恩 – 塔诺季，他是卡斯特勒的博士生，也是本书作者的博士生导师，因此不难发现本书的物理语言和《量子力学》之间的相似之处。同样对我们的翻译工作有帮助的还有复旦大学物理系郑永令教授等人翻译的《费曼物理学讲义》（上海科学技术出版社，2020 年 ）。

　　这本译作得以面世，要感谢出版社在第一时间获取了这本书的版权。从我个人出发，我必须感谢作者阿罗什教授，他不但使我有机会参与到这个很有意义的工作中，并且非常耐心地等待我能有精力和时间来投身其中。在翻译的过程中，他在百忙中定期抽出时间，非常详细地解答了我所提出的所有问题。最后我还要感谢我的妻子武书卉在这段时间内对我工作的支持。

吴海腾
2023 年 4 月于上海

目　录

前　言

　　自古以来，光照亮了人类世界，让世人为之着迷。然而，只有在最近的四个世纪中，我们才逐渐揭开了光的秘密。直到距今不久的时期，我们才在科学技术的帮助下"驯服"了光，而这些现代科技彻底改变了我们的生活。至于可见光的表亲——微波，我们发现它也不过是一百多年前的事，而微波在现代通信、导航和医学成像等设备中无处不在。我们通过发明激光来"驯服"可见光也才刚刚六十年。激光射线的非凡特性让我们获得了根本性的发现，那些我年轻时难以想象的仪器、设备也被一台台地发明了出来。

　　在过去的半个世纪里，我有幸成为了参与这场知识大冒险的一分子。我想通过描述个人致力于光的研究的科学生涯，和读者们分享当一位研究者每次看到一个能够给世界带来意想不到的惊喜的新现象时所感受到的快乐。经过多年的研究，我和我的团队成功地将几个微波光子困在一个带有反射壁的盒子里，时间超过十分之一秒。通过让这些脆弱且难以捕捉的光粒子与由激光束激发的原子发生相互作用，我们在实验中观察到了光的波动行为和粒子行为，展示了量子世界的奇异特性。除了发现的乐趣之外，我们还兴奋地想到，这项工作有朝一日可能会带来新的应用，尽管现在还很难预测它们会是什么。事实上，每一个发现了新的有前景的对象的研究者，都经历过类似的快乐和兴奋。

　　在当下，人们对科学的需求比以往更加紧迫，一件很重要的事情是，让非专业的听众能够通过研究者的个人叙述理解他的动机、他的好奇心的来源以及偶然性在探索过程中所起到的作用。在这个过程中，惊喜永远不会缺席。同样重要的是，我们要明白，科学研究首先是知识的创造者，它丰富了几个世纪以来积累的文化遗产。与其他人相比，研究者们会以一个更高的视角来观察这个世界，用牛顿的名言来说，他们是坐在前辈巨人的肩膀上。基于这一有利位置，他们是让我们的文明所必需的知识和理性科学方法代代相传的传递者。

我会谈及科学，包括我自己从事的研究以及一些其他人的工作，后者丰富了我的视野并驱使我从更深层次去观察这个世界。借此，我希望与年轻的学生们和刚入行的研究者们分享我的研究热忱，让他们能够在这场持续更新的冒险中，继续科学的事业。我也希望这本书能够引发那些好奇的普通民众对这段历史的兴趣，这段历史曾经深刻地影响了我们看待世界的方式，并赋予了我们强大的行动手段和控制能力。我还想通过一己的见解，让已经知道这段历史大致轮廓的读者产生进一步的兴趣。我在本书中描述了今天我们对光的了解，以及我们是如何了解这些的，也谈到了我们仍然不知道的东西，以及我们的子孙后代需要厘清的东西。

对我而言，想要讨论我的研究，似乎就不得不将它置于横亘数世纪的学术探索的丰富历史背景之下。这段历史，除了光学之外，还包括了其他所有的知识流派。弄清楚"光是什么"这一问题，这当然是物理学的范畴，但这项研究也对其他科学，比如天文学、化学、生物学甚至生命科学都产生了深远的影响。探索我们的星球，确定它的大小和精确的形状，我们对光的理解的进步也在其中发挥了巨大的作用。因此，谈论光就意味着需要唤起所有知识领域。

越来越精确的测量在这个故事中起到了至关重要的作用。随着各种仪器的发明，对自然界的观察真正成为了科学，仪器让我们能够用数字来量化所研究的现象，并且以客观和可重复的方式、通过测量的数据来描述它们，首先是距离和时间间隔，然后是更微妙的量，如力、电荷和场。随着数学、几何学和代数学的共同发展，将这些数据与理论模型联系起来，在一个普适性的解释框架中统一了看起来明显不同的各种现象。想要呈现这段历史，意味着要说明科学知识是如何在仪器的进步和计算方法的改进之间的不断互动中一步步建立起来的。第一位切割透镜镜片并将其组合成放大镜的工匠，以及制造出第一只精确的摆钟的钟表匠，也都是这段历史中不可或缺的角色。正如发现复数或导数与积分概念的数学家一样。

向非专业的大众介绍科学并不是一件容易的事。利用图像和比喻看上去很有吸引力，但是我们要避免让它们产生误导作用。想要深刻理解"光是什么"，我们必须引入量子物理学的知识，这就有可能导致话题朝向神秘主义倾斜的风险。量子物理学之所以令人困惑，是因为我们不能直接用感官和我们对宏观世界的直觉去感知它，但它其实并不神秘。对于量子世界的发现者来说，量子物理以一种合乎逻辑的方式呈现了自己，并引发了一个严谨的数学理论，使我们能够精确地计算观察到的现象，而没有留下任何深奥含糊的空间。

毫无疑问，伽利略应该是最早尝试以教育的方式向广大观众介绍他的发现的科学家之一。在《关于托勒密和哥白尼两大世界体系的对话》一书中，他向同时代的那些怀疑和困惑的人们展示了运动的相对性。摒弃"地球是静止的且位于宇宙的中心"这一观念，对于文艺复兴时期的人们来说，是非常困难的，就像现代人在描述原子和光子所在的不确定世界时，要从牛顿运动轨迹的经典形象中解放出来一样困难。伽利略当时所面临的风险是巨大的，因为反对宗教教条等同于异端，这是宗教裁判所所认定的最严重的罪行。如今，那些试图揭示其多种应用已经给我们的日常生活带来了革命性变化的物理学科中的反直觉概念的科学家们，显然不需要再面对 17 世纪物理科学家们同样的命运了。

然而，我意识到，在今天，当研究人员向非专业人员传递科学信息时，所带来的危险虽然不那么引人注目，但却是真实存在的。他或她的介绍可能太过于技术性或者太简单化了。在这本书中，我试图避免这些陷阱，以渐进的方式介绍光、相对论和量子物理学的概念，而不是使用方程式或形式系统。顺着几个世纪以来的思想和理论的谱系，我将逐一介绍那些困扰着伟大的科学前辈们的问题，我想，随着篇幅的逐渐推进，对于读者来说，它们会变得越来越熟悉，越来越容易被理解。

回顾历史，我们将回溯现代科学的起源，也让我有机会给大家介绍我心中的科学英雄，从伽利略到爱因斯坦，我将提到那些家喻户晓的科学家所做的工作，以及其他一些相对不知名的人，他们也为这场伟大的冒险做出了贡献。本书并非科学史专家的客观专著。在描述这段曲折丰富的知识史时，我可能在一些细节上有误。事实上，这本书可以被看作我个人对几个世纪以来关于光的知识演变的看法，因为我曾经就是这样感受它的，而且它曾经指导和启发了我自己的研究。

在本书中，光的历史将与我个人的研究历程交织在一起。它分为长度大致相同的两个部分。其中，第一章和最后两章，涵盖了过去的五十年。它们描述了我个人的研究，以及我所见证的、同时代科学家们的发现。对物理学基础知识有一定了解，并对光科学和激光科学的现代发展感兴趣的读者，可以从这几章开始阅读。本书的中间部分，即第二章到第五章，通过介绍 17 ~ 20 世纪的光科学发展全景，呈现了其历史背景。我展示了光科学是如何演变发展并决定性地影响了我们的世界观的。这些章节还说明了，从现代科学诞生伊始，在纯粹的好奇心驱使下进行的基础研究与人类探索地球、发展商业和工业的活动之间就建立了深刻的联系。我希望这本书一方面能够引起非科学从业者们的兴趣，而另一方面，对于那些"专家"读者来说，能够让他们注意到这一段充满惊喜的荡气回肠的历史中，那些被忽视或遗忘的细节。

我在这本书中插入了很多图片，但为了让读者的阅读更加流畅，我没有在文中明确提到这些图片。这些插图和它们的说明可以看作补充资料，可单独查阅。此外，我尽可能地让各个章节的内容彼此独立，让它们主要集中在某些专题之上，比如光的历史的不同阶段，或者是我个人的研究经历。不过，从一章到下一章之间，有一些过渡性的提示文字，将整本书中讨论的思想和概念在不同的背景下联系起来。在历史方面，我的灵感来自大量文献，在附录中被列举在若干参考项下，其中包括我的研究小组的三部出版物。在本书的最后，还有一个按照字母顺序排序的人名索引，提到了在光学历史中占有一席之地的科学家们的名字，读者们可以很轻松地在维基百科上阅读他们的个人传记，这可能是对本书阅读的有益补充。

第一章

宿命的缘起

　　近年来，经常有人问我："是什么让您成为一位研究者？您对科学的热情从何而来？"当我面对高中生或大学生进行演讲时，这些问题是无法逃避的，而在我年轻的时候，没有人问过我这些问题。我记得，二十多年前，当我做演讲的时候，那时我的听众们对我的研究内容比对我本人的研究动机更感兴趣。这个新问题的出现，大概是因为我的年纪，以及随着年龄的增长取得的各种荣誉。当然，我并不避讳这个问题，而且尽量如实地、准确地回答它，因为即使这个问题的询问对象并不是我，它也是一个有意思的问题。人们为什么会选择成为科研人员？六十多年前，当一位年轻人刚刚踏入这场冒险的时候，科学对他来说意味着什么？

　　现代的年轻人所生活的世界与我年少时非常不同，在这样的一群观众面前回首我的童年和少年时代，这令我怀旧的同时又感受到了勃勃朝气。在演讲之后通常会有交流环节，我发现，即便时过境迁，年轻人的好奇心却一直没有改变。如今，我们对宇宙和生命的基本认知得到了极大的扩充，我们学习和收集世界信息的手段变得前所未有的强大，但我能看到，不论是听我讲话的年轻人眼中迸发的热情，还是他们提出的问题，都与当年激励我自己的别无二致。只不过相对于我成长时所有幸能身处的世界来说，他们成长和生活的这个世界更加复杂、更加难以掌握。

　　我的青少年时代，恰好见证了所谓的"辉煌三十年"[1]，尽管经历了冷战和去殖民化的动荡，但人们还是希望世界能走向更进步的未来，文明变得越来越先进和开明。与现在的情况相比，当时被科学研究所吸引的年轻人想要追求自己的学术梦想更加容易。当时，人们对知识的信任还没有被"后真相"（la post-vérité）[2]的"毒药"所破坏，而"后真相"正是当今攻击科学价值的主要"火力"来源。尽管马尔罗曾经宣称"21 世纪会是宗教的世纪，或者它根本就不会来临"，但是我们那个时候并不真正地相信这话，而且，我从来没有预料到自己今天会生活在这样一个非理性的世界中，神创论大行其道，相当一部分人认为地球是平的，疫苗是危险的。

　　当然了，那些与我讨论的高中生和大学生们并不相信这些胡言乱语，他们是经过筛选的听众，他们愿意听我说话，愿意让我分享科学方法的价值。但至关重要的是，面对心存怀疑的或者颇受谎言影响的群众，这些价值观并不应该是受过教育的、少数人的特权。如今，我们的社会比以往任何时候都更需要科学。一个至关重要的问题是，我们需要谈论普遍意义上的好奇心，特别是科学的好奇心，以及产生好奇心的原因和如何维持我们的好奇心。这就是我试图传达给我的听众们的信息。

　　我还和他们分享了令我着迷的科学发展的历史，以及半个多世纪以来我亲身见证的知识进步。我希望以此向他们展示科学的美好和科学价值的力量。在和他们谈论科学的过程中，我也不由得开始思索到底什么才是科学真理，而这实际上是一个微妙且不断发展的概念。我想在本书中描述的，正是这种对真理的摸索，它有着怀疑和质疑的时刻，但也有升华和辉煌胜利的时刻。

1　"辉煌三十年"（Les Trente Glorieuses）是指二战结束后，法国在 1945—1975 年的历史。在这期间，法国经济快速增长，并且建立了高度发达的社会福利体系。法国人工资大幅上升，重新拥有了世界最高的生活水准之一。并且许多农村人口迁移至都市，法国进入城市化社会。不过在 1973 年石油危机爆发之后，法国经济增长减缓，辉煌三十年亦随之结束。——译者注（以下如无特殊说明，均为译者注。）

2　"后真相"是一种政治文化，亦是当今西方出现的一种新趋势。所谓"后真相"，不单单是说谎的委婉说法，而且还指忽视真相、不在乎事实的谣言，以各种似是而非和断章取义的言论，把真相放在强调的先后顺序后面，最终达到弄假成真的效果。

最初的热情：从数学到天文学

让我们回到最初的那个问题：我为什么会成为一名科研人员？其实，从记事起，我就一直被数字所吸引，尤其热衷于对各种对象的测量。我记得，在很小的时候，我就开始数卫生间墙上瓷砖的数量和学校操场上铺路石的数量。我会测量正方形或长方形的对角线的长度，然后与它们的边长大小进行比较。所以从很小时我就开始"研究"三角函数了，尽管当时我对这一点一无所知。我当时还想基于精确的测量对测量对象进行分类，于是我曾画过一张表格，将各种金属根据其密度大小升序排列，从很轻的铝到很重的铀。由于当时既没有互联网，也没有谷歌，所有的数据都来自于一本《拉鲁斯小型词典插图版》（*Petit Larousse illustré*）的书。总之，从小我就喜欢测量、分类和比较。

几何学也让我着迷。很小我就开始用圆规画圆，用自制的工具画椭圆，方法是，将一根绳子固定在两个小木桩上，然后用铅笔拉着这根绳子绘制轨迹。大概在 10 岁或者 11 岁，我迷上了数字 π。我还记得，小时候经常去巴黎市中心的发现宫（Palais de la Découverte），室内的墙上写着 π 的数值，小数点后的数字构成了一串长长的螺旋形状。

这串数字无限地延伸下去，并且没有任何的规律和明显的重复性，这让我非常着迷。我曾经用很笨拙的方法粗略地测量了 π 值，也就是圆周和直径的比值，但只能得到"这个数值略大于 3"的粗浅结论，所以让我惊讶的是，发现宫的这个 π 值，怎么能够被如此精确地测量呢？

而这个数字的奥秘还不止如此。在发现宫，还有一次互动体验也深深地吸引了我。这个实验是这样的，将一根针扔在铺满地板的地面上，然后数出它落在两块地板的分界线上的次数。这个实验的说明栏里写着，如果这根针的长度恰好等于地板的宽度，那么它落在两块地板分界线上的概率大概是 2 除以 π，也就是约为 64%。而任何的参观者，只要按一下按钮，就能抛出一根针，然后其投掷结果会被添加到计数器上显示的统计数据中。

经过几万次的抛掷，我们可以推导出一个精度能够达到小数点后两三位

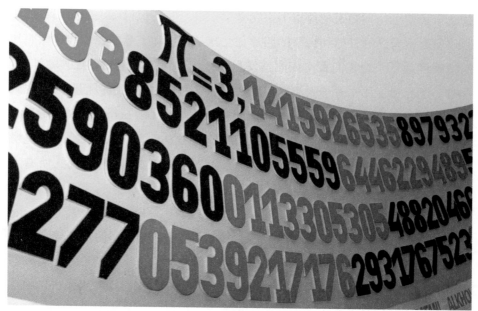

图 1.1　发现宫墙上 π 的数值。[© 发现宫 /C · 鲁斯兰（C. Rousselin）]

的 π 值。居然可以通过这样的实验来确定 π 的数值，这件事立刻引发了我的兴趣，于是我开始思考概率的概念，并开始领悟概率与数学之间的联系。回家之后，我立刻在自己的房间里重复这个实验，我抓了一把铅笔，然后把它们丢到地板上。直到很久以后，我才通过数学推理说服自己，π 的数值和圆的特性确实在计算铅笔同时落在两块地板上的概率中起到了作用。

从很小的时候起发现宫的天文馆也吸引了我，让我开始接触天文学。我还记得天文馆的穹顶之上绘制的恒星形成一条弯弯曲曲的星河，太阳系的行星们来回穿梭的轨迹点缀其中，以及穹顶底部所绘制的巴黎古迹的剪影之上的日出。每当伴随着新的黎明到来，欢快的音乐响起，星星的亮光渐渐熄灭，观众们走出天文馆，之前适应了黑暗的眼睛再次习惯了日光。

卡米伊 · 弗拉马利翁（Camille Flammarion）所著的《大众天文学》（L'Astronomie populaire）是一本内容丰富的资料集，让十二三岁时的我能够通过这本书来加深对早年在天文馆中看到的一些天文知识的理解。当然，很久之前我就已经不知道把这本书丢在哪里了，但我还记得书中的插图，那些通过望远镜看到的月球和行星的照片，尤其是木星和土星的照片，这些照片的精确度远低于现在的太空探测器发送给我们的照片，但却令我心驰神往。这本书还提到了那些关于人类在宇宙之中位置的伟大发现，包括用肉眼观测行星位置的第谷·布拉赫（Tycho Brahe），哥白尼（Copernic）和他的日心说，确定行星轨道形状和速度规律的开普勒（Kepler），第一个用望远镜对准天空的伽利略（Galilée），以及用自己发明的数学知识解释了前人所有发现的牛顿（Newton）。我将自己对分类的狂热用在了一系列行星上，根据其大小、与太阳的距离和公转周期对它们进行了排序。

《大众天文学》中还提到了一个人物，比起我上面提到的那些伟大的科学家们，他并没有那么知名。这是一位年轻的天文学家，名叫奥本·勒维耶（Urbain Le Verrier），他在我出生之前 100 年就预言了当时一颗未知行星的存在，因为这颗行星干扰了天王星的运行轨道。他准确地指出了天文学家们应该把望远镜对准天空的那个区域进行寻找，最终人们找到了这颗被命名为海王星的行星。新的现象可以通过计算来预测，而且宇宙居然是服从数学定律的，这一点在当时给了我极大的震撼，事实上，我必须得说，它在今天仍让我感到惊奇。这本书还提到，当时勒维耶有一名竞争对手，英国天文学家约

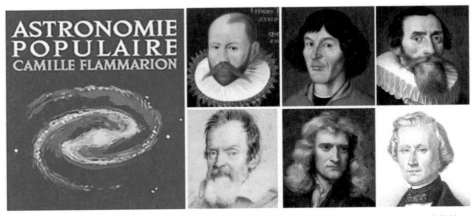

图 1.2 《大众天文学》以及其中描述的一些重大发现所属的科学家们（从左到右、从上到下）：第谷·布拉赫、哥白尼、开普勒、伽利略、牛顿和勒维耶。

翰·柯西·亚当斯（John Couch Adams），他也预测了海王星的存在和位置，不过他推算结果的准确性较低一些。这个故事让我第一次窥见了科研中常被青年理想主义所忽视的一面：研究者之间为首先发现的名誉而进行的敌对竞争，其中有时甚至带有国家对立的因素。几年后，大概是在高中一年级或二年级的时候，我掌握了足够的数学知识，理解了牛顿的引力理论，也明白了万有引力定律为什么能够解释行星轨道是椭圆形的。令我尤其惊讶的是，这一定律可以同时解释物体的下落和行星绕太阳的运动。在弗拉马利翁这本书的指导下，我得到了月球绕地球的轨道，方法是先假设月球不受其轨道运动在切线方向上的驱动，再计算此时它在一秒内向我们的行星坠落的距离。这种坠落再加上月球的切线运动会导致它连续下坠但始终不触及地球。这个解释令我醍醐灌顶！

那时的我对天文学的热情被当时的新闻时事进一步放大。1957 年，我快要初中毕业的时候，苏联发射了第一颗人造卫星斯普特尼克（Sputnik），从而拉开了苏联与美国之间太空竞赛的序幕。当时我能够用刚刚学到的数学知识计算出斯普特尼克卫星环绕地球的速度和它的公转周期——大约是一个半小时，这让我非常自豪。我还计算出了火箭想要到达月球或离开太阳系所必需的宇宙速度，即每秒 11 公里。对分类和比较的爱好使我自然而然地计算了月球和其他不同行星的各种参数值，包括如果我站在火星或者木星上会有多重。

对天文学的迷恋很快就与我从小就热衷的另一个主题产生了交集，那就是地球探索的历史。我曾经读过哥伦布、麦哲伦、库克船长、布干维尔（Bougainville）和拉彼鲁兹伯爵（Lapérouse）的探险经历。斯科特船长（Rober Falcon Scott）的故事令我深受触动，他为了赶在挪威极地探险家阿蒙森（Roald Amundsen）之前抵达南极点，匆忙进入南极洲，最后精疲力尽冻死在那里。这又是一个争夺第一的竞争故事，只不过比起勒维耶和亚当斯的故事，结局更为惨烈。我曾经写信给法国极地探险家保罗－埃米尔·维克托（Paul-Émile Victor），向他表达了我对探索发现的热忱，没想到居然收到了一张带有他亲笔签名的明信片，我当时感到非常自豪。伴随着美苏征服月球的

图 1.3 斯普特尼克一号，第一颗人造卫星，1957 年发射。(© 美国国家航空航天局空间科学数据中心 / 美国国家航空航天局)

竞赛，我所热衷的两个主题——天文学和探索发现——融合在了一起。

以上我回顾了自己在 1950 年代末作为一名高中生时的印象和经历。读者们应该能够发现，我是个好学生，对科学充满好奇，而且十分喜爱数学。对太空的征服带有冒险元素，这为我对数学的热情增添了一丝浪漫色彩。当时的我能够用在学校里学到的有限的微积分知识计算出每天新闻报道中的卫星和火箭的运行情况，这带给我的兴奋喜悦之情令我至今记忆犹新。

但是，我的好奇心以及对探索发现世界的渴望其实并不特别。这些都是孩子们与生俱来的特质，就我而言，还得到了有爱心、有文化的父母和优秀的老师的培养，他们总是对教给我的东西充满热情，无论是历史、文学还是数学。我对计算的爱好以及在解决代数或几何问题时感受到的乐趣，将我天生的好奇心引向了科学，而我的第一个爱好是天文学，因为这对我来说似乎是探索地球的一种自然延伸。我热切地跟进着即将把人类送上月球的阿波罗计划，并将其视为自己的一次穿越星辰的虚拟冒险，而我所用的方法是观测和数学。渐渐地，开普勒、伽利略和牛顿成为了我心目中的英雄，且地位更甚于斯科特船长和库克船长。

　　如今中学的数学、物理课程与我的学生时代相比，已经发生了很大的变化。今天的高中生不再知道如何计算卫星的轨道。他们的计算能力已经不再允许他们直接理解经典力学的基本现象。他们常常把物理学当作一门实物教学课来学习，将物理学看成一段定性的历史，其中的简单力学定律和现代物理中更深奥的成果在某种程度上被赋予了同等的地位，它们均被表述为这个世界所具有的属性之一，学生们应该对其有所了解，却不必真正理解。若我当初经历的是这种不同的教学方法，我不知道自己的人生会有何改变。如果我不是很早就能够直接通过数学窥见科学的丰富性、体会到领悟给人带来的振奋，没有有幸能够追随牛顿和伽利略等科学巨匠们的思维过程，我还会如此坚定地成为一名科研工作者吗？

　　在通过中学毕业会考之后，我进入了路易大帝中学的预科班[3]，这是进入那些顶级大学的经典渠道。在两年的紧张学习中，我投入到数学上的精力比物理要多。在这一阶段，我掌握了数学分析、微积分和矢量空间代数的要领，这些对于我之后的研究大有裨益。对于外行人来说，这些数学名词看上去很神秘，但对于物理学家来说，他们每天都需要用这些数学工具来计算经典物体受不同类型的力作用而形成的轨迹，还有波的传播、量子系统的奇异行为或一组粒子的统计特性。除此之外，我还学会了如何准确地计算几年前让我眼花缭乱的 π 的小数。我仍然享受着解决难题带来的挑战，尽管为了准备升学考试，我也不得不花费更多的时间用于计算一些往往非常乏味的应

3　路易大帝中学（Lycée Louis le Grand）位于巴黎五区圣雅克路 123 号，在拉丁区中心。该校周围环绕着法兰西学院、索邦大学、先贤祠等著名建筑物，以其出色的教学质量和优秀的学生而闻名。在预科班中，学生考入如巴黎综合理工、巴黎高等师范学院、巴黎高等商业研究学院等著名大学的比例很高。

试题目。

在预科班的那段时间里，我也发现了，有些同学在纯数学方面要比我更强。他们更善于把某些抽象的原理概念化，并且对数学理论的结构及其公理性更感兴趣，而对于它们计算具体问题的实用性兴趣不太大。那是 1960 年代，正值布尔巴基主义盛行，这是一套数学教学理念，其命名源于一位想象中的人物——尼古拉·布尔巴基（Nicolas Bourbaki），该人物由一群法国数学家所虚构，并被他们戏谑地尊为自己的老师。1960 年代的布尔巴基主义十分倾向于将数学知识形式化，这导致的其中一个后果是把集合论系统地引入了当时的中学教育。

我还记得，在几次讨论中，一位数学直觉令我钦佩的朋友跟我说，数学之美就在于它完全且彻底的无用性。我反对他的这一说法，我说物理学家的工作恰恰就不能完全沉迷在抽象的数学乌托邦之中，而是必须经受现实的制约，并找到物理学所遵循的数学公式。我对他说，物理学家是自然界的探索者，数学是承载着他们进行探索的旗舰。如果说优秀的航海家都会为远航做筹备，那么物理学家也必须为自己配备相应的理论背景，并维系自己的数学知识，以便在这场探索的冒险中发挥其作用。而像纯数学家一样在公式的海洋中遨游，目的却仅仅是为了航行的愉悦，对我来说是没有必要的游戏，并不适合我。或许，这番略带浮夸的说辞只是我为自己有限的数学能力进行的自我安慰。

然而，接下来的学习让我明白了，我和我朋友的最初想法都挺幼稚的，因为无用的数学和有用的数学是不可能分开的。事实不止一次地证明了，从纯数学家的想象中诞生的、抽象的数学理论，对于之后的、强大的物理理论的建立至关重要。1830 年，埃瓦里斯特·伽罗瓦（Évariste Galois）为了解决代数方程而设想出的群论，在一个世纪之后，成为了用来解释物理现象所遵循的对称性的基本工具，尤其是在量子物理学中的对称性。

另外的一个例子是矢量分析，它描述了对抽象空间中定义的矢量的操作。这些矢量由数字序列表示，也就是它们在这个空间中的坐标，可以具有任意的维数。这些矢量的变换由被称为矩阵的数字阵列来描述。这些变换可以是旋转、平移或位似变换，即延长或缩短这些矢量。数学定义了这些算符的代数，即支配它们组合的规则。在一般情况下，两个变换的乘积，即两个算符相继作用的结果取决于算符作用的顺序。先对矢量进行 A 变换，随后进行 B 变换，这样得到的积是不同于其逆序运算（先 B 后 A）的积的。

这种"非交换性"可以通过我们日常生活中在空间中的旋转操作来轻松地进行验证。比如，平放一本书在桌面上，封面朝上。将桌面定义的平面上的、书脊所在的直线定义为 Ox 轴，将垂直于该平面的直线定义为 Oz 轴，其中，Ox 轴与 Oz 轴的交点 O 定义为这本书的左下角的点。现在，将这本书沿着 Ox 轴旋转 90°，然后沿着 Oz 轴再旋转 90°。我们发现操作之后这本书立在了桌面上，书脊平贴于桌面。然后，将这本书放回初始位置，这次先沿着 Oz 轴旋转 90°，再沿着 Ox 轴旋转 90°。旋转后的书依然是立在桌面上的，只不过这次书脊与桌面垂直。因此，这两个操作（或者说运算）的乘积结果取决于它们执行的先后顺序。

这种非交换代数与普通数字的代数不同，对于后者来说，其乘法的结果自然地与因数的顺序无关。非交换代数最初是由纯数学家们当作一种基于数

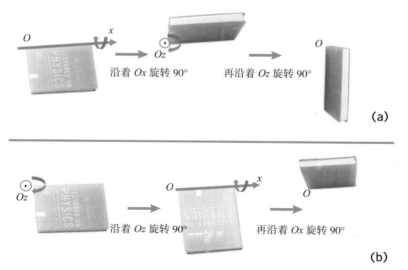

图 1.4　两种旋转方式的乘积是不可交换的。首先将一本书围绕着 Ox 轴旋转，然后围绕着 Oz 轴旋转（a），最后的结果与先围绕着 Oz 轴旋转，再围绕着 Ox 轴旋转（b）是完全不同的。图中用做演示的书是理查德·费曼（Richard Feynman）的《费曼物理学讲义》（*Lectures on Physics*），这是我刚上大学时最喜欢的读物之一。

字矩阵的抽象数学游戏发展出来的，然而后来却被证明在量子物理学中对理解量子系统的对称性和原子的反直觉行为至关重要。将数学分为"抽象的思维游戏"和"对理解现实世界真正有用的知识"，是很困难的，甚至说是根本不可能的。有的时候，一个出现在富有想象力的数学家头脑中的"游戏"，后来可能被证明是自然界的运行法则之一。因此，我们在一个更基本的层面上发现了从年少时就令我着迷的东西：数学与物理定律之间的非同寻常的等价性。

1963 年 7 月，我同时收到了巴黎综合理工学院和巴黎高师的录取通知书。我毫不犹豫地选择了后者，因为这是通往我为自己设定的目标的自然之路，当时，巴黎综合理工学院还是一所以应用工科类为主的学校，还没有展开后来的基础研究。正是在巴黎高师学习的几年，我真正地了解了科研人员的生活是什么样的。于是，我选择了一条与我在高中和预科班时所追求的梦想很不相同的道路。下面，我想说一说这种变化是如何发生的，从而阐明际遇以及单纯的运气在研究者职业生涯中的重要作用。

初识现代物理学

在巴黎高师的第一年，我过得很轻松，这应该算是在两年紧张的预科学习和为高考而做的大量应试准备之后的放松期。正是在这一年，我遇到了索邦大学心理学与社会学系的女学生克洛迪娜（Claudine）。从那以后，我们就再也没有分开过。所以我想你们也能明白，为什么那一年我选的课很少，我在拉丁区的电影院和咖啡馆中度过的时间，比在阶梯教室的长椅上要多得多。那一年我只选修了两门本科课程，一门是物理学领域的高级数学，另一门是相对论。对天文学的兴趣，促使我对重力有了更深入的理解。我知道早在半个世纪之前，爱因斯坦就已经"推翻"了牛顿定律的统治，并且对引力进行了全新的描述，彻底革新了空间和时间的概念，但我想更多地了解这个神秘的理论，当时大家都在谈论相对论，但我身边的朋友没一个真正理解它。

后面我会再谈到相对论和它引入物理学的各种反直觉的思想。在这里我只想描述一下这次与现代物理学的"第一次亲密接触"对我产生的影响。在此之前，我所学到的是到 19 世纪末为止人类所认知的物理学，也就是所谓的**经典物理学**。它包括力学，即关于受力物体运动的科学，其创始人是牛顿；电磁学，即关于电、磁和光学现象的科学，在我进入巴黎高师学习的一个世纪之前，麦克斯韦的研究已经使这门科学达到了巅峰；热力学，即关于功和热之间或有序和无序之间的相互转化的科学，基于从萨迪·卡诺（Sadi Carnot）到路德维希·玻尔兹曼（Ludwig Boltzmann）等一系列科学家的研究工作，这门科学在 19 世纪成为了焦点。

在经典物理学中，时间和空间定义了一个普遍的、恒定的"戏台"，在这个戏台中，上演了一出具有完美的确定性的"戏剧"。原则上，如果我们知道初始条件，就可以计算出实验中会发生的一切。对于只需要少量的参数来描述的、简单的情况，应用决定论是很容易的，我们能够根据现有的知识计算出系统未来的演变。对于由大量粒子组成的系统，比如由原子或分子组成的气体，相关知识的局限性也仅仅是来自"我们不可能知道某一时刻的所有参数（所有粒子的位置和速度）"这一事实，而物理学家借助概率理论掩盖了他们的"无知"，因为概率理论让他们能够计算出可用于测量的平均量，这些量是所涉及系统的唯一重要的参数。

在高中的最后一年以及在路易大帝中学读预科的两年，我已经听闻了相对论和量子力学这两个强大的理论，它们都是在我出生之前不到半个世纪的时间内出现的，它们彻底革新了那些令人安心的绝对时空以及统御万物的决定论概念。但这两个理论在当时对我来说依然很神秘，于是在巴黎高师的第一年，我决定先解决对相对论的困惑，因为在我看来，如果想从事天体物理学的研究，对相对论的理解是至关重要的。

这门相对论课程令人茅塞顿开。只要从一个简单的原理出发——光速相对于测量光速的参考系的独立性———切都能以一种符合逻辑且不可避免的方式推演出来。如果光速是一个常数，并且对于所有的观察者来说，数值是恒定的，那么它就不能与任何其他的速度相加或相减，因此自伽利略和牛顿以来所建立的速度合成定律就不再有效了。举例来说，在日常生活中，根据速度构成定律，我们能算出，比如，如果我们在道路上以 v_1 的速度驾驶汽车，而在我们对面，一个移动物体以 v_2 的速度向我们迎来，那么根据速度合成定律我们会看到移动物体以速度 $v_1 + v_2$ 向我们靠近。相反，在与我们同向运动时与我们擦肩而过，那么它远离我们的速度则为 $v_2 - v_1$。为了确立这个简单的法则，我们接受了一个貌似显而易见的事实，即两点之间的距离和两个时刻之间的时间间隔是绝对数据，且对所有观察者都有效。但对于光速来说，经典的速度合成定律不适用，那是因为这个"显而易见"的事实是具有误导性的，从而我们必须放弃绝对时间和绝对空间这样的直觉性概念。

在这门课上，我知道了爱因斯坦曾经用简单的图像来描述他的革命性理论。在他所想象出的思维实验中，车站月台上或火车上的时钟通过交换光信号来比较它们的时间。从这些虚拟实验出发，我们可以很容易地建立起一些关系式，这些关系式描述了长度和时间间隔是如何根据人在站台还是火车上而产生差异的。对于每小时几十公里甚至上百公里的火车时速来说，这种差异确实微乎其微，因此在这些通常的情况下，长度和时间的变化可以忽略不计，这就保证了我们日常生活中的牛顿物理学。然而，在高速的情况下，事情就发生了变化。彼时，所谓的相对论修正成为必要。这点后文会详述。当时让我吃惊和着迷的是这一理论的必然性，它从简单的前提出发就能得出这些基本的结论，尽管它们十分怪异，但你没有选择，只能接受。

到目前为止，我只谈到了所谓的狭义相对论。在狭义相对论之后，这门课程又继续对广义相对论进行了概述，在广义相对论中，爱因斯坦将相对论的相关概念扩展到了加速运动之上。这时的思想实验不再在匀速运行的火车上展开，而是在加速飞升的火箭里，或者自由落体的电梯中。通过将在这些非匀速运动的参考系中的物体轨迹与在大质量物体的引力场中物体的运动轨迹进行比较，爱因斯坦得出了这样的观点：大质量物体在空间中的存在使空间发生了变形，其造成的空间弯曲影响了物体在其附近的运动轨迹。于是，重力的问题成了一个弯曲空间中的几何问题，在数学家伯恩哈德·黎曼（Bernhard Riemann）研究这个问题时，用我之前的话来说，它依然被视为一个"没有必要的游戏"。这正是所谓"无用"的数学在物理学中意外得到应用的又一个例子！

狭义相对论的方程很优美。它们的对称性反映了孕育出它们的思想的美妙和简洁。从描述我们更改参考系时，空间和时间的坐标变换的关系式出发，我们能够很轻松地推导出那个著名的方程 $E = mc^2$，该方程表达了任何质量为 m 的物质都有可能通过自身湮灭而传递出数值等于该质量乘以光速 c 的平方的能量 E。这个公式很有可能是在所有科学领域中最为大众所知的，有人说它预示了原子弹和核电站的诞生。能够亲手推导出这个公式，理解了它的来源，预见它的后果，让我感到异常欣喜。

当时，教授相对论这门课程的，是一位年仅 30 岁的年轻教授，克洛德·科恩–塔诺季（Claude Cohen-Tannoudji），通过将物理学思想置于其历史背景之中，他非常清晰地向我们介绍了物理学的发展，不但向我们展示了提出了力学中运动相对性原理的伽利略与为之导出了数学上的结论的牛顿之间的传承关系，还说明了爱因斯坦如何通过将同样的思想应用于光，从而彻底革新了我们对空间和时间的概念。克洛德从物理原理出发，描述了爱因斯坦的思想实验，清晰有力地阐明了能够推导出相对论方程的各个计算步骤。最后，他又回到物理学，总结所有物理结果，描述了能够证明狭义相对论和广义相对论原理的有效性的现象。他清晰的阐述，严谨的推理，他与我们分享他对物理巨匠的敬仰、向我们教授他们的物理思想时的热忱，都非常具有感染力。每每离开他的课堂后，尽管课后我还是要努力掌握所有的细节，但是我还是感觉已经领会了一切。

我甚至还组织了一个小型的相对论研讨会，让没有上过这门课但被我热情洋溢的宣传所吸引的同学们来参加。在研讨会上，我竭尽全力地将我新学到的知识传授给他们。我们一起讨论了关于相对论的悖论以及它对我们的世界观产生的或多或少的哲学后果。在巴黎高师具有极大学术自由的氛围中，我给同学们做的这些即兴的授课演讲，让我对教学产生了兴趣。我很喜欢这种挑战：要把微妙的想法表达得能让人理解，要找到传达科学真理的最佳方式，并且要考察其所有的结论。从此之后，我就一直在体验这种挑战带来的快乐。要想把一个科学问题给听众们讲清楚，需要在教学上下功夫，这也要求我自己必须先把这个问题彻底弄清楚，而这往往为我提供了进一步深化原有知识的思路，也往往为我的科研方向提供了灵感。从那时起，我就明白了，对我来说，科研与教学是不能分开的。

当我得知，科恩－塔诺季还在巴黎高师教授量子力学这另一门我仅仅有模糊概念的学科时，我毫不犹豫地注册了包含他所教授的这门课的高等深入研究文凭（DEA）[4]课程。如果他的量子力学课和他的相对论课一样棒，那我的好奇心就能够得到满足，哪怕这门物理学对天体物理学研究没有直接用处也无所谓（在这一点上，当时的我想错了，因为量子物理学后来被证明对研究宇宙学和描述宇宙的起源至关重要）。

不管怎么说，正是在选定专业课的这一年，也就是我在巴黎高师的第二年，我对物理学的热情终于落到了实处，我也决定了研究生涯的方向。这要归功于一个优秀教师的魅力对我这个学生的影响。人与人之间的相遇和关系在一个人的研究生涯的起点和发展过程中的重要性怎么强调都不过分。克洛德·科恩－塔诺季是我在大学里的第一位教授，然后他成了我的博士论文导师，在我随后的科学生涯中，他一直是我的参照和榜样。

DEA 的量子力学课程确实没有让我失望。克洛德的讲授和他在相对论的课上一样，热情洋溢又明确清晰。量子力学的基本假设，是在我上这门课不到 40 年前，由丹麦的物理学家尼尔斯·玻尔（Niels Bohr）提出的，这些假设比相对论所基于的假设要难理解得多。但对玻尔推崇备至的克洛德以非常权威和清晰的方式向我们展示了这些量子假设，它们的推论也因此可以简单得到。原子的微观世界正在逐渐向我们展开。

量子物理学诞生于 19 世纪经典物理学无法解释的、对某些原子现象的观察。在这门课的一开始，克洛德就给我们讲述了最终导致量子革命的科学思想的历史演变。其实，一开始，我以为自己对量子力学或多或少知道一点。毕竟，我在高中和预科上物理课时不就学过了吗——原子就像一个小太

---

4 高等深入研究文凭是一种创立于法国的高等教育文凭，该文凭是通向研究生涯的第一步，是继续为期三年的博士文凭攻读阶段的必要资格。21 世纪初，法国的教育系统开始改革，与欧盟其他国家接轨，2004 年，法国各大学停止颁发该文凭。

阳系，其中原子核扮演着太阳的角色，电子扮演着行星的角色。还有，带正电的原子核和带负电的电子之间的电吸引定律不正是和万有引力的形式一样，力的大小随原子核和电子之间距离的平方的增加而减小吗？当然，万有引力与正负电荷吸引力在数量级上的差距是非常大的，但它们一定是相似的，这种类比应该会方便我们用熟悉的概念去理解原子内部的物理学。

但是，这种相似的感觉很快会消失。我在读预科的时候，物理老师跟我们说，行星运动所遵循的经典物理学和原子内部电子所遵循的物理学的最大区别在于，电子的轨道是量子化的，由于一个当时在我看来很神秘的原因，原子中的电子只能在某些具有特定能量值的轨道上环绕原子核运动。当时我还学到了，这种奇怪的量子化现象也适用于光，因为光是由离散的、被称为光子的能量包组成的。每个光波频率为 ν 的光子携带的能量为 $E = h\nu$，其中，h 是德国物理学家马克斯·普朗克在 1900 年引入物理学的著名常数，也标志着量子物理学的诞生。

原子中的电子，只有通过发射或吸收一个能量等于其初始轨道和最终轨道的能量之差的光子，才能通过瞬时量子跃迁从一个轨道过渡到另一个轨道。我们在初中时就学到过，光的频率与波长成反比，随着频率的增加，光的颜色也从红色向蓝色转变。因此，原子只发射或吸收某些特定的颜色，这些颜色对应的光子的能量等于电子在从一个离散能级向另一个离散能级过渡时所损失或获得的能量。

从弗拉马利翁的《大众天文学》一书中，我已经了解到，在 19 世纪上半叶，德国的物理学家约瑟夫·冯·夫琅禾费（Joseph von Fraunhofer）就观察到了某些颜色被吸收的光谱。夫琅禾费通过自己发明的由平行细金属线组成的衍射光栅，将太阳光散射成从红色到紫色的连续光谱，然后他在这道彩虹上看到了一些非常细小的暗线，恰好对应了太阳大气中存在的原子所吸收的光子的频率。这些细线构成了一种"通用条形码"，表征了宇宙中无处不在的不同类型的原子。氢、碳或氦具有不同的光谱，人们在来自恒星大气层或星际气体的光线中识别出了它们，证明了这些元素在恒星大气中以及星际空间中普遍存在。

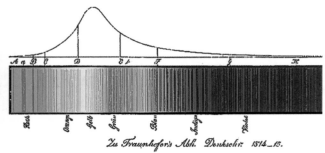

约瑟夫·冯·夫琅禾费
（1787—1826）

图 1.5　约瑟夫·冯·夫琅禾费以及太阳光谱中由于原子吸收而导致的暗线。

因此，光携带着关于这个世界之构成的基本信息，原子在任何地方都有相同的光谱信号，通过观察和分类由我们的单筒望远镜或天文望远镜上的仪器所测得的光谱，就可以确认距地球数百万光年之外的原子的存在——这些事实令我好奇和着迷。但到此为止，这在很大程度上还是一种实物教学课程。这些光谱的离散性从何而来，我们又该如何确定其普遍性呢？我们可以通过什么样的计算来预测它们？以及，对于原子物理学而言，是否存在一个形式简单却普遍适用的公式，就好像一年前曾给我带来极大愉悦的相对论中的 $E = mc^2$ 一样？在学习 DEA 的量子力学课的过程中，我的这些疑问得到了答案。

而这些答案是令人震惊的，也再次说明了抽象的数学与现实世界的物理学之间出人意料的深刻联系。量子理论将物理系统的每一个状态或位形都关联到一个抽象空间中的数学矢量上，而该空间的维度取决于所研究的物理系统。这个系统可以是单个的电子、分子，或者是一个由数量巨大的粒子组成的固体。量子物理学所描述的系统也可以是非物质的，比如可见的光或不可见的电磁波，例如我们的收音机或电视机所能探测到的电磁波（甚至今天我们常见的手机，不过，在我上大学的时候，它们还不存在）。与一个给定系统相关联的量子矢量，在其演化的抽象空间中具有多少个坐标、维度，这个系统就有多少种可能的位形。注意，我们千万不能混淆物理现象发生的经典三维空间和量子世界的抽象空间，因为量子世界的维数取决于所研究的系统。对于某些系统来说，维度数是有限的（在最简单的情况下，维度数 $D =$ 2，这意味着被研究的系统仅在两个量子态之间演化）。而对于其他一些系统，状态空间的维度数是无限的，这意味着，代表量子态的矢量具有连续且无限的坐标。

量子理论还引入了能够作用于这些矢量的算符，这些算符代表了系统可以进行的变换：在空间中的转动或平移，或是在时间上的演化。这类算符通常是不具备"可交换性"的（上文中已经介绍了这种性质）。正是由于这种非交换的代数特性，导致了在这些系统中测量某些量时，出现了数值的离散化。据此我们理解了原子能级以及电磁场本身的量子化。电磁场是由不同频率成分组成的，它们被称为**场模式**。每一个模式都有一个离散能量状态的阶梯，由等间距的梯级构成。每一个梯级都对应于所考察的场模中存在的光子的一个具体的数量。

在这里，我无意于对量子理论进行详细的描述，也无意于分析其所有奇怪的、反直觉的特性。关于这些方面的问题，我们在后文中再来谈。此刻我只是想重温一下 1964—1965 那个学年我开始学习并且使用量子世界的规则时的真实心境。量子理论的必要数学工具是希尔伯特空间的矢量代数，以与爱因斯坦同时代的德国数学家戴维·希尔伯特（David Hilbert）命名，他建立了这一空间的运算规则。这个空间就是任何量子系统在其中演化的状态空间。这种代数学，我在预科班的时候就学过了，但现在我可以赋予它生命，通过用它来分析原子世界的现象，最终理解了如何计算原子发射或吸收光谱的频率。形式简单的、将能量与频率结合起来的普朗克公式 $E = h\nu$，在量子理论中无处不在。可以说，它是相对论方程 $E = mc^2$ 在量子物理学中的对应物。

"闭嘴，去计算！"

值得提醒读者注意的是，我彼时所熟悉的量子论形式系统是在距离当时不到 40 年前被发现的。我将在后续的其他章节中，再回到量子物理学诞生之初的爱因斯坦、玻尔和其他物理学巨匠之间的辩论。对该形式系统的诠释，以及试图将令人困惑的量子思想与经典物理的世界观联系起来的尝试，起初是物理学家思考的一个主要方面。但很快，从 20 世纪 30 年代开始，物理学界几乎全都在致力于利用该形式系统来理解微观世界和光的特性。量子力学诠释的问题被认为是徒劳无益的，从而退居后台。这种态度的合理性在很大程度上被这种实用主义方法的成功所证明，因为它迅速揭示了原子、原子核和凝聚态物质的奥秘。它还阐明了电子和光子之间相互作用的基本性质，从而促成了强大的量子电动力学理论的诞生。我在巴黎高师求学的那几年以及紧随其后的几年间，这种务实的态度和方法促成了场论与基本粒子的标准模型的形成，后者至今依然是最成功的自然物理理论。当时占据主导的实践是直接使用量子理论而不对其诠释提出过多的哲学问题。而对于那些继续提出问题的人——其中最著名的有其时在美国的爱因斯坦和在法国的路易·德布罗意（Louis de Broglie）——有一句著名的口号："闭嘴，去计算！" [5]

克洛德·科恩－塔诺季虽然很崇敬爱因斯坦，但他基本上还是坚持了这种实用主义的观点。虽然他没有回避对理论的解释所带来的问题，不过这部分内容是一带而过的，他用了大部分的讲课时间将他的学生培训成为量子世界的优秀计算者。在我看来，他的观点是，发现自然界服从看似奇怪的规律是一件好事，我们可以为此感到惊讶，但是，在用更多、更精确的实验结果来验证该理论，从而确认该理论的所有后果之前，对它提出异议并从别处寻求答案是没有必要的。

到了 1980 年代，也就是大约 20 年之后，人们对量子力学的看法发生了变化。关于理论诠释的问题重新回到前台，然而也并不影响实用主义的实践，后者一直持续证明着自己的效用。人们之所以又回到了这些诠释问题，原因在于量子物理学的那些奇怪的方面，那些对于我们作为宏观物体的经典

5 据说，费曼曾经说过"闭嘴，去计算！"，而康奈尔大学的固态物理学家纳撒尼尔·戴维·默明（Nathaniel David Mermin）认为，费曼没有说过，这句话最初是他说的。

物理世界的观察者来说最反常的方面，现在可以在人们操纵原子、分子或禁锢的光子的实验中引人注目地表现出来。

量子的奇异性，长期以来被隐藏在由大量粒子组成的物体之中，现在终于"跃入"了我们的视野之中。我将在后文中更多讨论这一量子物理学中关于诠释问题的"复兴"。但是，我很庆幸在 DEA 的课程中，跟着克洛德·科恩-塔诺季学习了这门物理学，而且没有花太多时间来思考关于诠释的问题。我知道现在有一种趋势，就是在教授量子物理学的时候，将诠释问题着重强调，先介绍给青年学生，但我不确定这种方法是否是最好的。我想，在试图解决可能永远没有明确答案的问题之前，先从"闭嘴，去计算"开始，无疑更有效，因为我们的大脑被达尔文的进化论所支配，能够直观地理解的是宏观物体的世界，而不是原子或光子所在的量子世界。

当原子和光子成为旋转的陀螺：光抽运

当时，在巴黎高师，量子力学并不是唯一一门与原子有关的课程。克洛德的两位导师，阿尔弗雷德·卡斯特勒（Alfred Kastler）和让·布罗塞尔（Jean Brossel）也开设了物理课程。他们在 1950 年代共同发明了光抽运方法。在这个过程中，我们通过用光辐照玻璃气室中的原子气体，从而让它们所携带的"小磁铁"的指向方向一致。这种原子磁化现象与原子中所含电荷的旋转运动密切相关。为了解释在我的学术训练中至关重要的光抽运，我不得不先谈谈旋转的电子、原子和光子。

旋转现象在我们的日常生活中无处不在，比如在最先引发我研究热情的宇宙之中。行星们一边绕轴自转，一边围绕着太阳公转，而在更大的尺度上，整个太阳系与银河系中的其他恒星则一起被拉动，共同围绕着银河系的中心旋转。宇宙中的其他数十亿个星系也是如此，它们聚合在一起，形成了众多巨大的星系团。在这些螺旋星系中，恒星组成的漩涡通常会形成长度跨越数十万光年的螺旋臂。这些螺旋结构为宇宙中正在发生的、巨大的旋转运动提供了直接证据。

回到地球上，轮子和纺车是人类最早利用旋转现象的发明。这种应用在近代工业革命中不胜枚举，比如发电机、发动机涡轮，风车等等。最后，量子物理学在一个完全不同的尺度上，向我们揭示了隐藏在物质和光之中的回旋现象的重要性。如今，这些现象在很多设备中得到了利用，其中一些设备就是基于光抽运的。

一个物体的旋转以其频率表征，通常用希腊字母 ν 表示，它等于每秒所转的圈数。频率的单位是**赫兹**（Hz），其命名源自 19 世纪末德国一位物理学家，我们后面会再次提到他。我们还可以用角速度来表示物体的旋转，这种方法与频率等效。旋转角度通常用弧度来计数，一单位弧度约等于 57°，这个角度从圆心投影到圆周上可以取得一段与圆半径长度相等的圆弧。根据定义，一个完整的转动是 2π 弧度。因此，频率为 ν 的旋转物体的角速度——通常记为 ω——等于每秒 $2\pi\nu$ 弧度。

我们在自然界中或者在工业文明的产物中所能观察到的旋转现象涵盖了一个巨大的频率谱。银河系旋转周期可达数十亿年，这对应的频率数量级为 10^{-17} 赫兹（相当于 1 除以十亿亿赫兹！）。在另一个极端，电子可以被经典描绘为一个在其轨道上围绕着原子核旋转的粒子，其典型频率为 10^{15} 赫兹（也就是一秒钟一千万亿转）。在这两个极限之间，存在着行星围绕太阳旋转的频率的数量级（对于地球来说约为 3×10^{-8} 赫兹），以及行星自转的数量级（一天相当于 1/86400 赫兹）。在大约位于银河系的自转频率和电子的旋转频率中间的位置（如果我们以 10 的幂来计数），是一些更高的频率，在这里我们可以找到指针、车轮、纺车、风力涡轮机和涡轮的叶片的频率，基本上，我们人类文明所发明的所有物体的频率（从手表分针的 1/3600 赫兹到涡轮机和警报器的几百赫兹）都在这个位置。

这些生活中常见的频率都位于频率的对数尺度中间的位置，这并不是一个巧合。毫无疑问，这与时间单位"秒"的数值有关，早在巴比伦时代，人们就将"秒"定义为两次心跳之间的短暂间隔，能够直接被我们的感官所感知。因此，我们日常生活中各种现象的频率的赫兹数既不太大、也不太小，也就不足为奇了，而那些我们的感官不太能直接接触到的现象，比如宇宙或原子现象的频率，往往是次数很高的 10 的正次幂或者负次幂。

测量某个物体的旋转速度或频率的学科叫运动学。在更基本的层面上，我们需要了解该物体运动所遵从的定律，即它如何旋转，它的角速度如何变化，它的能量如何取决于这个速度，以及它的运动服从什么样的守恒定律。这就不再是运动学的问题，而是动力学的问题。这门学科由牛顿在 17 世纪创立。它很好地描述了在我们日常经验尺度上的物体的运动，但如果想要描述宇宙尺度（要考虑到时空的相对论曲率）和原子尺度上的现象（这时必须采用量子理论），我们就必须对它进行修正。但是高中所教授的牛顿经典物理引入了动力学的一般概念，我们首先必须掌握了这些概念才能去理解量子思想是如何修正这些概念的。

所以，让我们从描述周围宏观物体的旋转开始。玩过陀螺的人都知道，要想使一个陀螺旋转起来，必须在垂直于其旋转轴的方向上施加一个与运动方向相切的力 F_t。比如，我们可以通过拉动缠绕在陀螺旋转轴上的绳子来实现。该切向力的有效性取决于其作用点到轴线的距离 r。将该力所施加的力矩定义为其强度 F_t 和距离 r 的乘积。这个力矩对固体运动的影响取决于固体的转动惯量 I，该参数描述了固体对抗其旋转运动的阻力。物体的质量越大，质量分布距离旋转轴越远，转动惯量则越大，于是必须施加更大的力矩才能赋予物体某特定的旋转频率。

为了定义绕轴旋转的物体所包含的"转动的量"，牛顿动力学引入了角动量的概念，角动量是一个沿旋转轴线对齐的矢量，其模量 $L = I\omega$，即 L 为转动惯量 I 与角速度 ω 的乘积。对于旋转来说，这个角动量等价于动量 $p = mv$，只不过动量 p 测量的是质量为 m 的固体以线速度 v 在空间中平移时所带有的"平动的量"[6]。正如一个粒子在单位时间内动量的变化等于施加在它身上的力一样（这表述了牛顿力学的基本定律），旋转物体在单位时间内角动量的变化也等于施加在它身上的力矩。

在没有外部影响，即没有外加力矩的情况下，角动量是不变的。这是牛

---

6 这里用了动量的一个较冗长的法语表述"Quantité de Mouvement"，其字面意思即为"平动的量"。

顿惯性定律在旋转动力学领域的延伸，惯性定律指出，在没有力作用的情况下，运动中的物体将以匀速继续前进，不具有任何加速度。这种角动量守恒定律可以解释一些现象，比如，为什么一个花样滑冰运动员在冰上旋转时，突然将手臂靠近身体，她就会转得更快。因为她减少了自身的转动惯量，由于这个量与她的角速度的乘积必须保持不变，所以她的自旋频率就增加了。在天文学的尺度上，同样也是这一守恒定律解释了为什么地球的昼夜旋转周期随着时间的推移却保持不变。

旋转动力学和平移动力学之间的对应关系可以在它们各自的动能表达式中找到。线速度为 v 的质量所携带的动能为 $E_c = mv^2/2 = pv/2$。类似地，转动惯量为 I 的旋转固体的旋转动能为 $E_c = I\omega^2/2 = L\omega/2$。这一能量与角速度的平方成正比，当固体停止旋转，回到静止状态时，它会被返还给环境。比如旋转的汽车车轮，其动能会以热的形式耗散给刹住车轮的刹车制动器，如果这辆车是电动车，则会部分耗散为给电池充电的能量。旋转物体储存的能量等于其角动量的一半乘以其角速度。

如果旋转的物体带有电荷，那么它的旋转就会伴随着磁现象。绕轴旋转的电荷会产生一个磁场，其空间分布与沿该轴对齐的磁铁产生的磁场相同。这种磁化的强度是由旋转物体的**磁矩**来衡量的，该磁矩与物体的角动量成正比（而磁矩与角动量之比则称为**旋磁比**）。物体携带的电荷量越大，其旋转速度越快，它的磁矩和对应的磁化程度就越大。关于旋转和磁力之间的这种对应关系，大家都知道的一个例子就是地球本身。地球具有一个内禀的磁矩，大致与它的自转轴方向一致。地球的磁场由此产生。它起源于含有移动电荷的地下岩浆之中的流体力学现象。这种情况比旋转的单点电荷的情况要复杂得多，但总的思路还是一样的：物体的旋转特性与其磁性特性是密切相关的。

这些经典的现象都可以推广到原子的情况，只不过必须进行一些量子物理学的修改。原子的状态不仅仅由它的内能（源于电子绕核的旋转和原子核内部的核力）决定。原子也具有角动量，它等于与电子围绕原子核的轨道旋转相关的角动量和这些粒子内禀的自转（它们的行为就像是飞快自转的小陀

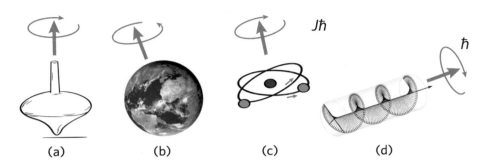

图 1.6　各种不同的角动量：(a) 围绕着垂直轴自转的陀螺；(b) 地球围绕着斜交其公转平面的自转轴旋转；(c) 由运动电荷组成的原子，其总角动量 $J\hbar$ 等于电子轨道角动量以及电子和原子核的自旋角动量之和；(d) 圆偏振的、角动量为 $\hbar$ 的光子，它可以被看作是光波的量子，其电场末端描述了围绕光传播方向旋转的螺旋状运动。

螺）角动量之和。这些电子和原子核的内秉角动量被称为自旋。

　　这种情况与前面提到过的太阳系的情况有些类似，太阳系的总角动量由三部分组成：一个与太阳的自转有关（类比于原子核的自旋），另一个与各个行星的自转角动量有关（类比于电子的自旋），第三个则与行星围绕太阳的轨道旋转有关（类比于电子的轨道角动量）。就像在经典物理学中一样，原子的所有角动量均具有与其相对应的磁矩。量子力学描述了这些磁矩是如何相互作用的，它们的存在如何轻微地改变了原子的能级，以及它们如何结合起来形成一个整体的角动量，而这个角动量又与一个整体的原子磁矩相关。

　　电子与原子核的角动量以及原子整体的总动量，与能量一样，都是量子化的，即以离散的增量发生变化。如果我们想给出一个经典图像的话，我们可以将量子角动量视为普通空间中的一个向量，其沿着空间内的三个坐标轴的分量可以用 $h/2\pi$ 的单位表示，其中 h 是普朗克常数。我们用画线的 h（$\hbar$，读作 "h 拔"）来表示角动量量子 $h/2\pi$。这样，为了描述量子角动量，我们就得到了能够将原子吸收或发射的能量与带来或带走这种能量的光子的频率联系起来的常数。

　　只要注意到 "角动量在经典物理学中被表述为能量除以角速度" 这一事实，我们就能够定性地发现这一结果符合直觉。如果当一个电子从一个轨道

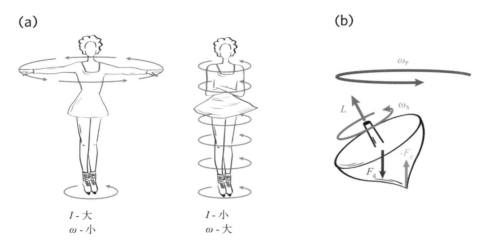

图 1.7　角动量守恒。(a) 自转中的花样滑冰运动员通过收紧自己的手臂来获得更高的转速。由于没有任何力矩施加在她的身上，因此她的角动量 $L = I\omega$ 保持不变，ω 随着 I 的减小而增大。(b) 以角速度 ω_S 绕倾斜转轴自旋的陀螺同时也绕着垂直方向进动（进动角速度为 ω_P）。重力 F_g 和地面的反作用力 $-F_g$，这两个方向相反的力同时施加在陀螺的旋转轴上，施加于轴向的力矩为零：因此 ω_S 不变。由于力 F_g 和 $-F_g$ 的力矩在垂直方向为零，所以陀螺的角动量 L 的垂直分量也是不变的。L 的模量和它在垂直方向上的投影均守恒，陀螺的轴的旋转形成了一个锥形，并且与垂直方向保持恒定的倾斜角度。

跳到另一个轨道且它的角速度具有 ω 的量级时，原子的能量会以 $h\nu = h\omega$ 的离散量发生变化，那么我们可以明白，角动量会以 h 的量级的增量发生变化，这是用 $h\omega$ 除以 ω 的结果。

　　这种直觉上的说法当然并不是一个证明。在克洛德 1964 年教授给我的严谨的量子理论中，角动量的空间分量被赋予了算符，这些算符描述了当一个系统在普通空间中经历转动时，它的量子状态如何在希尔伯特空间中变换。由于这些算符具有前文介绍过的非交换性，因此导致描述沿着空间的三个坐标轴的角动量分量的算符具有非交换性。通过几行计算，克洛德向我们展示了这种非交换性导致当沿着某一特定方向测量一个原子的角动量或一个电子的自旋时，这些数值会取以 h 为阶跃单位的量子化数值。

　　最简单的角动量是电子的自旋，当我们测量其沿着任何轴线上的分量时，会发现它只能取两个值：$+h/2$ 或 $-h/2$。该自旋的方向总是与该轴线平行或反向平行。我们用朝上或朝下的小箭头作为符号（自旋朝上或自旋朝下）来表示这种自旋，它被称为自旋 -1/2。某些原子核也具有这个特性，比如氢原子核，即质子，也具有自旋 –1/2。这些具有双重状态的量子系统的演化是在二维希尔伯特空间中被描述的。因此，研究这些系统在磁场中的动力学是一个非常简单的量子问题，可以作为许多情况的例子和模型，在这些情况下，所研究的系统基本上是在两种状态之间演化的。

原子的总角动量值取决于电子轨道的构型和原子核的自旋。更准确地说，原子沿任意轴的角动量分量可以取从 Jh 到 $-Jh$ 之间的 $2J+1$ 种等距的数值。而这两个极值对应于总角动量与所选取的轴线完全平行或反平行的情况。两个极值之间的中间值则对应于经典物理中角动量方向沿横向与轴线呈夹角的情况，夹角可大可小。J 的数值可以是整数或者半整数（1/2,1,3/2,2等），取决于所考察的原子和其电子所处的能级（具有最低能量的基态或具有高能量的激发态）。

在一个具有磁性的固体中，各个原子的磁矩是彼此对齐的，因此整个固体具有一个宏观的磁矩。这就是为什么某些材料（比如磁铁矿这样的氧化铁）的磁性可以被解释为构成它们的原子的性质的函数。当磁体受热时，在一定温度下，它会失去磁性，因为此时热骚动克服了让相邻原子们的磁矩保持彼此对齐的力。在稀薄的气体中，由于原子之间的平均距离比较大，原子间的作用力在第一阶近似下可以忽略不计，而热骚动使原子的角动量分量平均分布在所有可能的数值之间。于是，气体的整体角动量和整体磁矩为零，尽管其中的每个原子都带有一个单独的磁矩。

光也能携带角动量。一束光线附带的电场和磁场在一个垂直于光线传播方向的平面内振荡。当光被圆偏振时，即使其通过具有特殊光学特性的透明材料片，所产生的电场在一个与光线传播方向垂直的平面内也以 ν 的光波频率旋转。这种旋转运动赋予了光场角动量。于是，光场中的每个携带能量 $h\nu = h\omega$ 的光子，根据电场是顺时针还是逆时针旋转，携带着一个与光线方向平行的、数值为 $+h$ 或 $-h$ 的角动量。我们说，光子的自旋是电子的两倍，等于 1。

现在我们可以定性地理解当一团原子气体与圆偏振的光束相互作用时会发生什么。如果光束中光子拥有的能量 $h\nu$ 恰好对应于原子的基态和激发态之间的能极差，那么光子将会使原子经历反复的"吸收 - 发射"的循环，并且同时服从角动量守恒的原理。当一个原子吸收入射场中的一个光子而进入激发态时，物质和场的总角动量是守恒的，原子的角动量增加了 h，而失去一个光子的光场的角动量则减少了相同的量。这相当于，原子从光中借入了一个单位的角动量。

在吸收光子之后，原子又通过自发地向一个随机方向发射出一个光子而落回其基态。一般来说，该光子沿着入射光传播方向的角动量小于 h（只有当再发射的光子恰好与被吸收的光子具有相同的方向和偏振时，才能等于这个值，而这种可能性不大）。因此，平均而言，在一次"吸收 – 发射"的周期之后，原子和光场之间的角动量交换结果对原子是有利的。光场在其传播方向上失去角动量，而原子获得了角动量。

在几次"吸收 – 发射"光子的循环过程之后，原子气体进入了角动量最大的状态（也是磁矩最大的状态），在这个状态下，所有原子磁矩都朝向光的传播方向。样品原子气体通过光的作用被"抽运"到脱离热力学平衡的状态。它已经变得像一块宏观的磁铁，所有原子的磁矩都指向同一个方向。

执行抽运的光束可以同时用来检测原子的方向。当原子被抽运到具有最大角动量分量的状态时，原子气体就不能再吸收光子，于是气体变得透明。因此，抽运光束输送的透射光量可以作为气体朝向状态的量度。

之所以详细描述光抽运的原理，是因为它对我的研究生涯起到了至关重要的指引作用。我对阿尔弗雷德·卡斯特勒的课程记忆犹新，正是他让我们

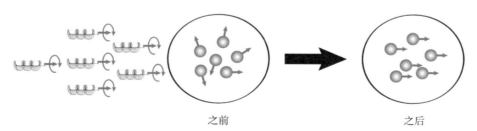

之前　　　　　　　　　　　　　之后

图 1.8　光抽运。根据"原子 – 光"系统的总角动量守恒原理，原子与圆偏振光之间的角动量交换，导致了所有原子的角动量朝向光束的方向：气体中的原子的磁矩方向最初是随机的（左边：之前），经过光抽运之后，气体被磁化（右边：之后）。

看到了被光照亮的原子角动量之舞。他对原子及其与光子的相互作用作了生动的、甚至是诗意的描述。他给我们留下"天才梦想家"的印象，因为在他用数学算出结果前，他就能直观感受到那些发生在看不见的尺度上的事情。

从某种意义上说，卡斯特勒是一位"旧世界"的研究者。在他开始学习物理学的时候，克洛德在他的课上教给我们的那些量子理论还没有出现。卡斯特勒告诉我们，他出生于 1914 年之前的普鲁士阿尔萨斯，他小的时候，教材都是德语的，他从德国物理学家阿诺尔德·索末菲（Arnold Sommerfeld）所著的那本著名的《原子结构与谱线》（*Atombau und Spektrallinien*）一书中，初步掌握了当时被称为"量子论"（Théorie des quanta）的量子学说基础。这本书写于 1919 年，也就是现代量子力学出现的前六年，索末菲用简单的图像描绘了原子角动量及其演化，将它们表示为指向空间的向量——有点像是我在前文中给你们所做的描述。实际上，卡斯特勒也使用这样的图像看待这些现象，他依然无法摆脱经典物理学。而同一时期，克洛德教给我们的量子理论则摆脱了这种只能作为近似的图景，把角动量的分量描述为作用于抽象量子态空间的算符，这些算符的非交换性解释了我上文所描述的所有量子特性。

重新认识世界：丰富又奇妙的存在

通过同时学习克洛德和卡斯特勒的这两门物理课，我明白了数学和形式系统并不是一切。想要有所发现或者有所创造，除了数学上的严谨和解方程的能力，还需要更多的东西。还需要一种超越这些能力的直觉，一种想象力，能够让你想象出一个由感官无法直接接触到的世界里所发生的事情。卡斯特勒就拥有这种想象力。这种想象力让他发明了一种看待物质和光之间相互作用的新方式，开辟了当时我们从没想过的新研究领域。

在诗人、梦想家卡斯特勒之后，我不得不说说让·布罗塞尔，他是一个注重细节和追求精确的人。布罗塞尔是卡斯特勒的合作者，他将梦想家的想法与现实相调和，制造出了容纳被抽运的原子气体的玻璃气室。布罗塞尔的

"独门绝学"是将石蜡覆层应用在玻璃气室的内壁之上，以确保原子已经调好方向的磁矩在被内壁反弹之后不会失去原有的方向。这是让某些原子气体能够有效地被光调向的基本保障。他还在小玻璃灯里填充了通电时会释放光子的原子气用于辐照抽运气室。利用同位素偏移，即同一元素的、原子核内含有不同数量的中子的原子，其辐射的频率略有不同，他能够制造出不同的光源，释放出的光子既可以与玻璃气室中的原子完全共振，也可以略微偏离共振。

布罗塞尔在 DEA 的课程中向我们介绍了所有这些。他向我们展示了在物理实验中，魔鬼就藏在细节中。仅仅只有一个好主意，哪怕是天才的好主意，也是不够的。为了让它得以实施，我们还必须考虑到现实生活中的、所有使得理想方案复杂化、扰乱思想实验的条件的因素。只有当这些干扰全部被消除或抵消后，大自然才会让我们在实验室里看到我们的直觉最初的想象。预见所有的困难，并找到避免这些困难的方法，往往需要相当的想象力和创造力，这些和最初构想出实验本身的想法一样伟大。

在跟着卡斯特勒和布罗塞尔上课的过程中，我看到了这种在实验研究中出现的、基本的互补性：其一是有一个想法，其二是知道如何在实验室中让它得以实现。通过比较这两位学者的课程，我深刻理解了研究者工作的一体两面。

布罗塞尔不仅给我们讲授了光抽运的内容，还向我们介绍了之前半个世纪里出现的、伟大的原子物理实验，这些实验以越来越高的精度验证了量子的概念，并最终建立了量子电动力学，其理论以超乎寻常的精度解释了原子与光之间的相互作用现象。我记得他给我们描述了奥托·施特恩（Otto Stern）和瓦尔特·格拉赫（Walther Gerlach）的实验，这两位德国物理学家在 1922 年发现了电子自旋的存在。这是关于"意外发现"的一个了不起的案例，引领了众多对现代科技产生巨大影响的应用和发明。

施特恩和格拉赫想测量银原子的磁矩，他们用一束简单的传播于真空中的原子束做了实验，让来自高温炉的银原子穿过磁铁中的狭缝。银原子通过磁铁之后，最终落在了一块玻璃屏上，他们原本期望能在玻璃屏上看到一个长条形的痕迹，因为原子们携带的小磁铁的方向各种各样，它们的偏转角度也是各种各样的。然而，施特恩和格拉赫并没有只看见一条黑斑，而是吃惊地发现出现了两条黑斑，这是原子角动量的空间量子化的第一次直接呈现。

对实验的分析表明，这个角动量不是由银原子外层电子的轨道运动造成的，而是由于电子内秉的自旋，这一自旋要么向上要么向下，于是导致原子在通过磁铁的缝隙时出现两个不同的轨迹，从而解释了观察到的两个斑痕。布罗塞尔向我们详细地介绍了这个实验，并展示了它是如何引导施特恩的学生伊西多·拉比（Isidor Rabi）改进了原子和分子束的方法，并开发出了能够精确测量多个原子核的磁矩的磁共振方法。这些历史性的实验为后来一系列物理进展打下了基础，包括原子钟、激光、磁共振成像和许多其他仪器的发明。

布罗塞尔还给我们讲了拉比的学生、美国物理学家威利斯·兰姆（Willis Lamb）在 1947 年做的实验，他测量出了以其名字命名的原子能级的移位现象（即兰姆移位）。现在，我必须要谈一谈这个著名的移位，因为它在原子物理学中发挥了重要作用。自 1920 年代开始，量子力学就已经给物理学家们提供了数学工具，以计算出原子的精确能量，包括其基态能量以及对应被激发的电子轨道状态的能量。这一理论的准确性首先在最简单的原子——氢原子上进行验证，毕竟氢原子只有一个电子。原子内部最主要的效应，即质子对电子的电吸引，首先用非相对论方法来处理，就能够得到原子的基态和激发态的能级的良好近似值。这一计算我们要用到薛定谔方程或海森堡方程，这两个方程以两种不同但完全等价的方式呈现了非相对论的量子力学。

然后，我们要考虑我在上文中提到过的磁效应，即电子自旋与其轨道运动的耦合，并通过一种被称为精细结构的效应来移动原子能级。为了完整地描述这些效应，我们就必须考虑相对论，因为它提供了一个容纳所有磁现象的一致框架。即使在不存在自旋的情况下，相对论也会引入轨道修正，因为电子轨道运动的速度与光速相比不可完全忽略。c 比这个速度 v 大一百倍左右，它产生的相对论修正约为万分之若干，也就是 v/c 的二阶小量，与磁修正的阶数相同。其实，这种一致性并不是巧合，因为磁效应其实是相对论效应，只要我们不再忽略所考察的电子速度与光速的对比，所有这些修正就会一起出现。当我们把所有这些修正结合在一起——这是英国物理学家保罗·狄拉克（Paul Dirac）在薛定谔和海森堡的方程出现之后仅一年完成的，我们就可以非常精确地计算出氢原子的能级。而且我们发现，电子角动量等于 1/2 的两个最低激发态（在光谱学术语中被分别记作 $^2S_{1/2}$ 和 $^2P_{1/2}$）应该具有完全一样的能量，用我们的话说应该是简并的。

　　然而兰姆的实验表明，这两个激发态能级被一个小能隙所分隔，该能隙的量级是这两个最低激发态与基态的能量差异的千万分之一。这是个极其精巧的能谱实验，其实现需要用与两个能级之间的跃迁共振的射频场辐照一道氢原子束，并利用这两种原子态会以非常不同的速率回落到基本能级这一事实，探测原子态从一个能级向另一个能级的转移。布罗塞尔向我们解释了关于这个实验的一切，详细介绍了兰姆遇到的问题以及他是如何解决这些问题的。

　　这项实验至关重要，因为它揭示了真空在量子电动力学和更普遍的物理学中的重要作用。狄拉克在他的方程中忽略的是，宇宙中的所有粒子，尤其是氢原子中的电子，都沐浴在充满量子涨落的真空之中。即使在没有光源的情况下，空间中的场也不可能完全为零。空间内存在着微小的波动（涨落），比如辐射的微小涟漪，归根结底产生于描述电磁场的量子算符的非互换性。这些涨落可以用所谓的虚光子的出现来描述，它们在真空中不断随机地冒出又消失。这些虚光子又可以创造出成对的电子和它的反粒子——正电子，狄拉克的理论也预言了这种粒子的存在。这些电子 - 正电子对在很短的时间内就湮灭了，但它们与虚光子的短暂出现填充了量子真空，并改变了电子绕原子核运行的动力学。

　　这些真空涨落扰动氢原子态 $^2S_{1/2}$ 和 $^2P_{1/2}$ 的方式有所不同，消除了两者之间的简并。兰姆的测量结果，与量子电动力学理论非常吻合，为这一理论在1940 年代和 1950 年代获得学界广泛认可发挥了至关重要的作用。后来，物理学又让我们知道，除了电磁真空之外，还有与光子、电子和正电子以外的粒子相关的其他量子场的真空。

　　布罗塞尔在他的课上给我们讲述的兰姆的实验还让我有了一个终身难忘的领悟，让我想起了若干年前我在卡米伊·弗拉马利翁的《大众天文学》中读到的内容：越来越精确的测量可以带来伟大的发现。毕竟，这是勒维耶能够发现海王星的原因。此前，对天王星轨道的精确计算考虑到了其他已知行星，主要是土星和木星的存在给这颗行星的轨道运动带来的扰动。但是，人们观测到的运行轨道与考虑到这些扰动后计算出的轨道之间，仍存在着微小的差异。造成这个小小的差别的，是一颗新的、以前不为人所知的行星的存在，那就是海王星。兰姆移位也是如此。当关于氢原子能谱的所有已知的磁微扰和相对论微扰因素都被考虑进去之后，还存在着一个小小的差异，正是它导致了真空的物理效应的发现。测量的精确性不仅仅是研究人员无关紧要的痴迷，也不仅仅是一种导致他们寻求在其测量结果中增加越来越多位小数的强迫症。激励这种"痴迷"的动机是，在追求精确的过程中，总有可能发现一些意想不到的东西，有时甚至是具有基础重要性的东西。

　　在巴黎高师的第二年，无论我的兴趣最终转向哪个领域，我都见识到了量子物理学的重要性。这一点在布罗塞尔和卡斯特勒的课程中表现得尤为明显，它们关注的是可以通过新兴实验技术来研究被隔离原子的属性，不过，我在读DEA时上的其他课程也体现了这一点。我特别记得皮埃尔-吉勒·德让纳（Pierre-Gilles de Gennes）的课程，课程重点是超导电性，即某些金属在很低的温度下可以无损导电的特性。超导性在1911年被发现，然而直到我进入巴黎高师前几年的1957年，这种现象才得到了理论上的解释。理论解释了这类金属中电子的集体特性，在临界温度以下，它们的行为就像无阻力流动的流体。量子力学对理解其机制至关重要。而德让纳借此机会向我们介绍了约瑟夫森效应，这是一种电子流能够穿过分隔两个超导样品的绝缘薄壁的奇怪现象。

　　在这里，量子物理学再次大显身手。德让纳曾提到，约瑟夫森是和我们年纪差不多大的一位英国博士生，他发现了这个现象，因此这个现象以他的名字冠名。当时，我对"真正的研究"是什么还一无所知，但是我发现了，即使是一个刚刚踏上研究之路的年轻人，也可以为知识的进步做出贡献。我更加迫不及待地想要开始真正的研究工作。

为此，我向克洛德求助，他刚在"卡斯特勒－布罗塞尔实验室"里创立了自己的研究小组。正是他关于相对论和量子力学的课程对我产生了最重大的影响。这些课程并不涉及天文学或天体物理学，虽然最初是这些领域引导我走向科学之路的，但我已经意识到，物理学本质上是一个整体，在无限大和无限小的领域中所遇到的问题会存在共通点，而且让我对天体物理学产生兴趣的原因，即通过数学来理解世界的可能性，在探索微观世界的过程中也同样存在。

此外，正如卡斯特勒和布罗塞尔所描述的那样，原子物理学有一个优势在于，它可以在普通规模、便于个体操作的实验室中进行，而不依赖于大型的、遥远的仪器。可以这样说，原子及其在磁场中的舞蹈是"触手可及"的，因此人们可以期待一些伟大的发现。现在的我在尝试证明我的决定是合理的，但事实上，当时的我投身原子实验时没有片刻犹豫。这个选择在我看来是毫无疑问的，于是，1965 年秋天，我在克洛德的指导下开始了我的硕士论文的研究。

我当时有一个由布罗塞尔准备的玻璃气室，里面有一滴液态汞。通过加热，液态汞在玻璃气室中汽化成由汞原子组成的气体。这滴液态汞是特意选择的，汞 199 同位素，其原子核与普通质子一样拥有核自旋 -1/2，且这一自旋构成了原子的总角动量。在该原子的基态中，由于角动量组合的量子规则，电子磁性作用正好严格相互抵消。因此，这意味着我可以用一个非常简单的系统进行实验，我拥有一组实际上彼此相互独立的自旋 -1/2，我可以用汞灯的光来照射这些原子（这台汞灯当然也是布罗塞尔做的），汞灯自然本质上就可以发出能够激发气体原子所需的、具有特定波长的光。很快，我就观察到了卡斯特勒和布罗塞尔在他们的课堂上所描述的光抽运信号，于是，我可以自己开始我的实验了。

在此我不会过多地描述我的硕士论文中的实验内容，但我想说一说其中一个实验给我留下的印象，说一说我第一次亲自观察到原子现象时的心境。

这个实验的原理很简单。一旦原子的自旋通过光抽运确定了方向，我会突然施加一个垂直于这个方向的磁场。出于单纯的直觉，人们可能会设想，这些小原子磁铁就像指南针一样，会感应到场的存在，并齐齐地转过90°，与磁场线的方向一致。不过，我当时已经知道了足够的物理学知识，可以预测到自旋的演化会是不同的，反直觉的。

其实，每一个原子并不仅仅是一块小磁铁，还是一个旋转的"小陀螺"，力对陀螺的影响不符合单纯的直觉。如果陀螺的旋转轴与垂直方向呈一定的角度，我们可以观察到陀螺并不会在重力的作用下歪倒并越来越倾斜，而是除了绕自转轴快速旋转之外，还开始更缓慢地绕着垂直方向旋转，并且与这个方向保持一个恒定的角度。这就是角动量的垂直分量守恒的结果。重力和地面的反作用力对垂直方向施加零力矩，因此角动量在这个方向上的投影必然保持恒定，导致了陀螺旋转轴的旋进运动（进动）。

类似的效果也会发生在具有磁性的原子"小陀螺"之上。它们并不会统一与磁场平行，而是开始围绕磁场旋转，旋转频率与外加磁场的大小成正比。这就是所谓的拉莫尔进动，以最先解释它的物理学家约瑟夫·拉莫尔（Joseph Larmor）的名字命名。因此，气体在与外场相垂直的沿抽运光束方向上的磁化分量开始振荡，这就实现了对样品透射光强度的调制，而我很容

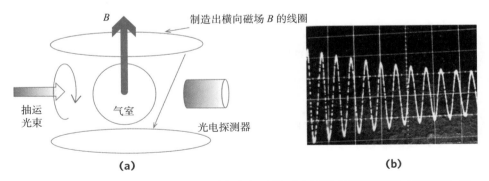

(a)　　　　　　　　　　　**(b)**

图 1.9　横向磁场 B 中原子的拉莫尔进动实验。（a）实验示意图：含有汞蒸气的共振管被来自水平方向的、圆偏振的光束所抽运。由一台光电探测器检测原子的方向，该探测器还能测量共振管透射的光的强度。一个由电流线圈产生的横向磁场 B 被突然施加在原子上。（b）示波器上的信号揭示了原子磁化的拉莫尔进动（一个小方格代表 0.2 秒）。

易就能检测到。随着时间的推移，这种振荡逐渐衰减，因为原子与玻璃气室内壁的碰撞破坏了样品的初始方向。

这是我最初做过的几个实验之一。就其本身而言，这并不是什么新鲜的内容，也不值得发表，但是它使我有机会第一次认识到我有能力导引原子。尽管我无法"亲眼"看到它们，但通过观察示波器屏幕上负责追踪自旋旋转的波动，我可以肯定，在离我很近的地方，虽然肉眼看不见但是必定存在的原子正在经历着我所预测的行为。屏幕上的那条绿色轨迹，我可以想复现多少次就复现多少次，其频率我可以通过调整外磁场大小而随心所欲地改变，这让我很着迷。

许多年后，我在爱德华·米尔斯·珀塞尔（Edward Mills Purcell）1952年的诺贝尔讲座中看到了一段话，这段话比我自己的措辞能更好地表达我当时的感受。珀塞尔和费利克斯·布洛赫（Felix Bloch）一起发现了固体和液体中的核磁共振现象，后来人们由此发明了磁共振成像。而我所做的汞实验，不过是在稀薄气体中——而不是在固体或液体中——进行的一次核磁共振实验。在我的实验中，旋转的原子核是汞核，而不是1945年由珀塞尔首次观测到其进动现象的氢原子的质子，但两者的物理原理是一样的。为了表达当时的感受，珀塞尔写道：

> 无论这些实验在我们的实验室里已经变得多么稀松平常，每当我意识到，［原子核的］微妙运动必定发生在我们周围的所有普通物体中、只向探索者展现自己的时候，我依然能够感受到那种惊奇和愉悦的感觉。我还记得，在七年前的冬天，我们刚做成了最初的实验，我开始用新的眼光看待落下的雪花。我的家门口落满了积雪，那是一堆堆质子在地球的磁场中静静地旋转。将世界暂时地看成某种丰富而又奇妙的存在，是许多新发现带给我们的秘密奖励。

而我本人，当时只是做了一个最简单不过的演示实验，但我却感受到了同样的惊喜。我觉得我已经触摸到了一个深邃且深藏不露的真相。原子是真实存在的，虽然我们不能在玻璃气室中用肉眼看到它们，但它们随时准备着响应我将要尝试的实验。数十亿个原子在一起绕着自己旋转，但由于它们都在协同运动，我所观察到的信号揭示了每个原子的行为，一个在磁场中独立于所有其他原子旋转的微观实体。虽然直到 30 年之后，我才能够真正地操纵和观察单个原子或光子，但此时我已经感觉到自己正处于一场伟大冒险的开篇中。

互信且自由的学徒时期

1966 年，我刚刚开始了在巴黎高师的第四个学年，就传来了卡斯特勒因发明光抽运而获得诺贝尔奖的消息。那是 10 月份的一天，巴黎飘着早来的初雪，当天的实验室一瞬间就变得人声鼎沸：记者们蜂拥而至，香槟酒汩汩流淌，科研人员、学生、技术人员和实验室秘书在实验室里合影留念，他们都分享着同样的喜悦。我感到无比欣喜，也在思忖着自己是多么的幸运，能够加入到这个实验室，能够和那些被认可的发现者们一起在这个刚刚获得世界性赞誉的研究领域从事工作。

只有一件事情让大家不能释怀。诺贝尔奖委员会把荣誉颁给了设想出这种方法的"梦想家"卡斯特勒，却没有颁奖给追求细节和精确的布罗塞尔，正是因为他的工作，梦想才成为现实。从当天的照片来看，布罗塞尔虽然面有笑意，却显得有点心不在焉。我可以想象他的失望，而这种失望又和他内心的喜悦交织在一起，酸甜苦辣，五味杂陈。后来卡斯特勒本人也多次表示遗憾没能与布罗塞尔共同分享这个奖项，但布罗塞尔从未有任何怨言。我们这些实验室的成员们都在想，是什么造成了这种遗漏，五十多年过去了，我仍然不清楚。

卡斯特勒的获奖凸显了光抽运的重要性，这是第一个利用光来操纵原子的方法，使原子以精确和可控的方式演化，并具有新的应用可能性。当时这一方法涉及的是原子的角动量，但后来这种方法得到了延伸，我们将看到，该方法从角动量延伸到了外部运动变量，以及原子的速度。光将被用于冷

图 1.10　1966 年 10 月，在卡斯特勒被宣布获得诺贝尔奖的那天，巴黎高师的赫兹光谱实验室（后更名为"卡斯特勒－布罗塞尔实验室"）的合照。从左到右：法兰克·拉洛（Franck Laloë）、克洛德·科恩－塔诺季、阿尔弗雷德·卡斯特勒、我、让·布罗塞尔和阿兰·奥蒙特（Alain Omont），一位比我大几岁的年轻研究员。

却、陷俘以及操控原子。

　　卡斯特勒的诺贝尔奖实际上标志着战后法国科研的复兴。这是自 1929 年路易·德布罗意获得诺贝尔奖后，法国物理学家获得的第一个诺贝尔奖。在此之前，法国国家科学研究中心在 1939 年成立，到了战后，在第四共和国政府皮埃尔·孟戴斯－弗朗斯（Pierre Mendès-France）的倡议下，以及在随后第五共和国初期戴高乐将军推动下，科研发展都得到了重视，这段时期，尤其是战后，法国培育出了具有国际竞争力的高质量研究环境。在随后的几十年中，又有七项诺贝尔物理学奖被授予了法国的研究人员。但是，虽然这些奖项见证了法国在 1960 年代至 1980 年代为支持研究所做的努力，却不能掩盖当今法国科研事业正在经历的深刻危机，对此后文再做展开。

　　当我还是一位青年学生时，就受益于当时极其优异的工作条件，这与今天刚入行的研究人员所面临的条件完全不同。我在一位年轻而充满热忱的导师指导下工作，他既不必经常担心如何为他的研究寻找资金，也不必担心要经常为我们研究的潜在有用性进行辩护。克洛德不需要写项目和报告，他可以把所有的时间都用在研究、指导年轻学生和撰写分享我们的新发现的论文之上。当时，我从一位全心全意投入科研和教学中的师长那里学到的东西，可能是我今天从一位被烦琐的行政任务、繁重的教学任务约束和作为一个企业家为了确保他的团队有足够的资金而受到限制的博士论文导师那里无法得到的。而在 1967 年，彼时我还没有拿到博士学位，我就很轻松地被聘为法国国家科学研究中心的研究员，这确保了我的职业生涯，让我能以自由的心态投入我所热衷的事业中。

　　我非常怀念当时卡斯特勒和布罗塞尔的实验室的科研氛围，年轻的研究人员可以自由地选择他们的研究课题，从由光抽运的想法所打开的、无限的可能性中获得灵感，以加深我们对原子以及物质和辐射之间的相互作用的认识。一旦通过考试证明了自己的能力，证明了自己对研究的热情，我们就会得到信任。如果我们有了一个看起来很有前途的想法，只需要把它简明扼要地介绍给布罗塞尔，他就会为我们提供将其实现的资源，让我们免去应对如今伴随着研究人员工作的所有官僚主义的程序。尽管历经沧桑，但这种精神至少在随后被更名为卡斯特勒 – 布罗塞尔实验室（Laboratoire Kastler Brossel）的实验室里得到了部分的传承。我很荣幸能够一生都在那里从事我的科研事业。我深知自己当初选择它是多么的幸运，而这仅仅是因为当时我被一位年轻热情的老师的课程所吸引，而我几乎是偶然地注册上了这门课。

激光的前景

　　我的另一个幸运之处是，在我进入研究领域的时候，激光恰好刚出现不久。这个 1960 年诞生于实验室里的非凡光源，即将为基础科学和应用科学打开巨大的前景。今天的我们都知道，激光在日常生活中的应用数不胜数，从播放 CD 和 DVD 光盘到光纤通信和互联网，从材料的超精密切割到眼科手术，从读取商店收银台上的条形码到每个建筑工地上都在使用的测距仪。而普通公众对过去半个世纪以来激光在物理学、化学、生物学和天文学的基础研究中所发挥的基本作用的了解却并不太多。

我在巴黎高师求学的那几年，第一批激光器开始出现在实验室里。我还记得自己第一次看到这些细长的蓝色、红色或绿色的强烈光束时，因为发现它们能传播很远的距离而不发散而感到的惊讶。当它们撞击在白墙或一张白纸上时，会形成一个闪烁的光斑，上面有奇怪的条纹，这是传统灯具的光线永远不会产生的现象。

这些斑纹被称为散斑，是由激光束照射到不规则的表面后，被散射光的强弱起伏。它们的产生，是由于激光的频率和相位的稳定性较高，因此当在微观层面上被"粗糙"的物体散射时，会产生干涉现象。激光的这种稳定性导致了 1970 年代光谱学的巨大进步。当时，激光只以固定的频率发射，如果想要在原子物理实验中使用它，必须利用其与原子或分子跃迁的罕见重合。因此，我在硕士论文中所做的那些实验，都不能利用这种新的光源，而只能继续使用布罗塞尔所制造的、经典光谱灯发出的强度相对不那么高的

图 1.11　激光束在屏幕上产生的起伏变幻的斑纹（**散斑**）。由法兰西公学院摄像部门的帕特里克·安贝尔（Patrick Imbert）拍摄。

光。不过，我和克洛德一直梦想着，如果我们拥有可调谐的激光器，其颜色可以通过转动旋钮来改变，以扫描被光抽运的原子的光谱线，那么我们就可以做很多新的实验了。

1968 年，美国著名的贝尔实验室的物理学家阿瑟·阿什金（Arthur Ashkin）一篇富有远见卓识的论文引起了我们的注意。他提出利用激光的辐射压力来控制原子在空间的运动。实际上，他提议对原子动量做的操控等同于光抽运对原子角动量所做的操控。难道，我们不仅可以利用光来操控原子的旋转轴，还可以用它来操控原子的速度吗？

这个想法似乎很疯狂，因为当时的激光还远远不具备这种实验所需的品质。然而，20 年之后，它成为了现实，激光的进步使得我们能够阻止原子的前行，能够几乎完全抵消它们的热运动，甚至能将它们困在由激光束所制成的光盒之中。这些激光致冷和陷俘实验使原子物理学发生了革命性的变化，并使克洛德和两位美国物理学家——朱棣文（Steven Chu）和威廉·菲利普斯（William Phillips）——共同获得了 1997 年的诺贝尔奖。而阿瑟·阿什金则还要等到 50 年之后的 2018 年，在我写作这本书的时候，因为他的先见之明而获得诺贝尔奖的肯定。他现在 97 岁。[7] 然而，从"发现"到"被认可"之间的这段有些过于漫长的延迟，告诉了我们一些关于研究的事情，比如从基本想法的出现到应用的实现可能需要很长的时间，也告诉了我们一个事实，那就是现在世界上有那么多的研究人员在很多领域都做了重要的工作，所以有时候将诺贝尔奖授予一个伟大的发现可能需要很长的时间。

1968 年的时候，即使在我们最疯狂的幻想中，我们也无法想象激光会给基础研究带来什么样的变革。如果没有激光，我就无法进行任何允许我探索量子世界的实验。除了在我自己的研究中使用激光之外，我还有幸见证了它在许多其他领域所带来的非凡成就。即使我们当时远远没有达到能够预见到这些进步的程度，但我们在 1960 年代就已经有了直觉，这些新的光源将为原子物理学开辟全新的、未被开发的研究领域。

---

7 阿瑟·阿什金于 2020 年去世，享年 98 岁。

我在巴黎高师的一些同学选择了另一条路。当时，理论物理学和基本粒子物理学都处于一个大发展时期。我在前文中已经说过，在这些年里，理论物理学家和在大型粒子加速器上工作的实验物理学家之间的交流方兴未艾，不断完善着基本相互作用的标准模型。这意味着，除了原子物理学之外，我们还要了解原子核及其组成部分的本质。此时我们刚开始谈论夸克，这是组成质子和中子的基本粒子。显然，夸克也理所当然地成为一个热门的"时尚"领域，吸引了许多聪明的学生。

走上这条路的同学们在看待我选择的路时，颇有些优越感。他们对我说，原子物理学已经是一个有些落后过时的领域了。原子行为所服从的量子力学定律在近半个世纪前就已经被人们所熟知，而我只是在验证那些明显的事实而已。在他们看来，用越来越高的精度记录原子能谱的工作，与其说是真正的物理学家的工作，倒不如说是档案管理员的工作。其实有的时候我也会产生自我怀疑，我扪心自问，我是否是在单纯地满足自己童年时期仅仅为了精确和分类而测量事物的狂热。简而言之，在这些同学看来，我是在浪费时间。如果不是激光的出现开启了这么多新的可能，他们肯定是正确的。由于相信原子物理学的未来，我或许已经在不知不觉中预见到，由于这种具有神奇特性的光源，在当时的研究视野之外，还有更多伟大的东西有待发现。

研究的起点

无论如何，我被硕士论文时候的研究工作所吸引，然后又对之后博士阶段的研究工作所着迷。我通过简单的装置来探测原子信号，而每当观察到这些来自原子的信号时，我总是能够获得美妙的欣喜感。当时的实验，比起现在摆弄激光的学生们必须掌握的实验要简单得多。我只需要一两盏灯，一两个装有原子的玻璃气室，一个光电倍增管和一个绘图仪或示波器。反观在如今的实验中，激光束在与原子相互作用前必须在大型光学平台上经过几十种反射镜、透镜、半反射分光镜和晶体，这与我们当初相比已经不可同日而语。

我在这个基本设备上又添加了一个由 μ 合金制成的圆柱形屏蔽罩，μ 合金是镍和铁的合金，可以屏蔽地球磁场，并大大减弱环境磁噪声。在这种受保护的环境中，我开发了一种基于光抽运的铷原子磁强计。这项工作是我和克洛德的团队里的另一位学生，雅克·杜邦 – 罗克（Jacques Dupont-Roc）合作完成的。由于磁场上非常微小的变化会引起光抽运气室透射光强的变化，因此通过测量后者，我们可以检测到这种微小的磁场变化。铷原子的角动量来源是电子，其磁矩大约是我第一次实验所用的汞核自旋的一千倍左右。这使得这些原子对磁场的变化更加敏感。

这是我第一次看到基础研究和应用研究之间可能的联系。我们甚至为这种新的磁强计申请了专利。不得不说，这项专利并没有给我们带来金钱回报，尽管与我们的设备基本相同的其他版本现在被用于医学和研究，以记录磁心图和磁脑图，测量由心脏跳动和大脑神经元电流产生的磁场的微小波动。

为了证明这种磁强计的灵敏度，我们决定用它来观测氦 -3 原子核的自旋进动。这是一个双重光抽运实验，其一是氦 -3，必须先通过光抽运使其拥有取向，其二是我们的磁强计所使用的铷。氦 -3 的原子核由两个质子和一个中子组成，和汞 -199 一样具有自旋 -1/2。与汞一样，氦 -3 的这个自旋提供了其原子的全部磁性。为了使其拥有取向，需要一个比我上面所说的过程更复杂的程序。在这里我就不具体说明了。它是由另一个学生弗兰克·拉洛实现的，他当时也正在撰写与氦原子的研究相关的博士论文。雅克，弗兰克和我，我们三个人因为这次实验而聚在了一起。

在氦原子气体的自旋拥有取向之后，它们会被置于一个非常微小的横向磁场下，这个磁场的量级为地球磁场的万分之一。然后，它们会以两分半钟左右一圈的速度开始绕该磁场旋转。铷原子磁强计的玻璃气室被放置在氦原子所在的气室旁边。氦原子核的进动产生了一个小小的旋转磁场，其周期性变化能够被几厘米之外的铷原子磁强计探测到。随着一张长长的、以毫米分度的方格计算纸缓缓地展开，一支笔尖在纸上起起伏伏，磁强计气室所透射的光强调制被用红色墨水记录为一条缓慢的正弦曲线。氦自旋的集体取向保持了好几个小时，我看着数百次缓慢的振荡在一天多的时间内逐渐消失，看得入迷。因此，在 μ 合金的屏蔽壁之内，氦原子和铷原子通过磁场的微小变化相互交流，该磁场的振幅强度是地球磁场的百万分之一。信息从氦原子传递到铷原子，再从铷原子传递到光，最终传递到记录仪上的笔尖之上。

这个实验还有其"娱乐性"的一面。一旦原子的自旋开始像微型的小陀螺一样转了起来，就可以让它们自己去转了。有一天，我悄悄地关闭了实验室的房门，留下一张纸条："请勿打扰，实验正在进行中"，然后我和克洛迪娜去了拉丁区的一家电影院看电影。在电影两个小时的时间里，我忘记了我的原子自旋，而我们回来之后，它们依然还在旋转中。我现在依然保存着这张长纸条，它见证了氦原子的进动。这张纸条是这次实验留给我的唯一"证

(a)
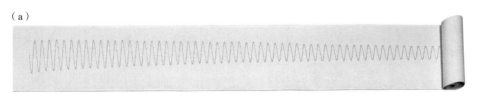

(b)
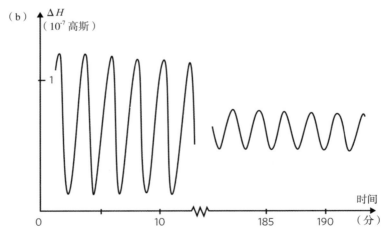

图 1.12　(a) 借助铷原子磁强计，观测在强度为 2 微高斯（即 2×10⁻¹⁰ 特斯拉）的磁场中的、氦 -3 原子核的缓慢进动。在这张以每分钟 1 厘米的速度移动的纸带上，已记录了一百多个周期。进动周期为两分三十秒。信号衰减速度缓慢，十小时后仍可见。
(b) 1969 年，我们在《物理评论快报》上发表了同样的信号结果（由于无法展示整个信号，该图集中显示了实验刚开始时和三小时之后的两部分记录）。

明"了。如果是在今天，它将被直接数字化并存储在计算机的内存中。而当时没有这样的设备，我也不确定如果这一脆弱的信号当时被保存在了电子存储器中，是否真的会比被保存在古老的纸质档案中能够持续更长的时间。

初次赴美，重燃我最初的激情

就在我们做了这次实验的这一年，克洛德觉得雅克和我已经足够成熟，可以在加拿大的一次会议上介绍我们的磁力测定的工作成果。我们借此机会又把行程延长到了美国，因为布罗塞尔和卡斯特勒在一些美国实验室里有认识的同事和朋友，他们推荐了我们，于是我们就去这些实验室参观。克洛迪娜和雅克的妻子陪着我们一起去了美洲。这是我的第一次美国之行，是未来一系列跨越大西洋的旅行中的第一次，对于今天所有的科研工作者来说，这已经成了家常便饭。

我记得第一次倒时差特别不容易——因为当时发生了一件特别的事。彼时，我们刚到华盛顿，订了一个带彩电的大房间（彩电在当时还是个新鲜事物）来见证一个特别事件。因为碰巧的是，那天正好赶上人类第一次登月。历史性的月面行走预计在 1969 年 7 月 21 日晚上 9 时开始。对太空探索的热情依然存在，我不想错过登月这一历史性的事件。为了防止突如其来的睡意让我们在下午睡过头，我们打起精神参观了国家美术馆，这是位于美国首都的大型绘画博物馆。博物馆的丰富收藏，以及它给我们带来的兴奋之情进一步增加了我们的疲倦。回到酒店之后，我们四个在晚上 7 时就睡着了，错过了观看阿波罗 11 号着陆前悬念重重的先导阶段。两个小时后，我猛然惊醒，就在那时，阿姆斯特朗幽灵般的身影踏足于月球表面，并且说出了那句历史性的话语："这是我个人的一小步，却是全人类的一大步。"我费了好大劲才叫醒克洛迪娜等人，和他们分享我内心的喜悦和激动。

提到这段轶事是因为它将带我们回到激光的问题上。三天之后，我们抵达科罗拉多州的博尔德，布罗塞尔建议我们去那里拜访一位他在实验天体物理联合研究所（JILA）工作的同事彼得·本德（Peter Bender）。顾名思义，

"实验天体物理联合研究所"是一所著名的天体物理学中心，但在那里也进行——并且仍然进行——原子物理学和光学方面的前沿研究。那次的访问确实令人难忘。彼得曾负责阿波罗计划的月球遥测实验。就在那个我们困得几乎睁不开眼睛的夜晚，阿姆斯特朗和他的同事奥尔德林在月球上放置了一块反射器，即一张铺满了小型反射性角锥棱镜的面板，彼得和他在博尔德的团队通过望远镜将一束强大的脉冲激光瞄准了月球。激光抵达了反射器，被角锥棱镜反射的光线回到了地球。通过探测反射光并测量每个光脉冲离开和返回之间的时间差，即一个大约 2.5 秒的间隔，彼得·本德和他的同事能够在历史上第一次直接地、非常精确地测量地月之间的天文距离。我稍后会回到自伽利略以来，将光速问题与天文学联系起来的漫长而迷人的物理学历史。

这种天文遥测方法在过去的五十年里被继续使用并被不断完善，除了阿波罗 11 号带上去的那架月球反射器之外，阿波罗 14 号和 15 号还带上去了另外两个。它使我们有可能以极高的精度确定月球轨道，并能在任意时刻测量地月距离，误差在几毫米之内。这些观察结果证实了爱因斯坦广义相对论的预言。

图 1.13　阿波罗 11 号任务放置在月球表面的激光反射折射器。1969 年 7 月，当我拜访彼得·本德和他的团队时，他们刚刚探测到这个装置反射回来的激光。（© NASA）

从一开始，这个实验就以引人注目的方式，展示了激光的力量——激光，以一种具体的方式为世界打开了新的窗口。在这样一个重要的科学事件中，能够亲临现场，对我来说真的是非常高兴和激动的时刻。而彼得·本德，尽管还沉浸在对新发现的兴奋中，却花了一整个下午的时间来向我们解释这一实验的细节，这使我更加欣喜。因为如果他认为我这个听众值得他悉心解说并分享他的热忱，那么意味着我就真正地成了一名研究者。

"蓝天研究"

从那时起，半个世纪过去了，我从未停止过对大自然复杂之美的惊叹，也总是抱着同样的振奋和深深的喜悦。每当我观察到新的东西时，借用珀塞尔优美的语言来形容，世界在我眼中就成了"某种丰富而又奇妙的存在"。在用技术上不断完善的仪器与原子和光子打交道的过程中，我收获了极大的乐趣，每一个新实验总是一次对自我的有趣挑战。

我有幸创建和领导了一个研究小组，其中的学生和同事们也抱有相同的热忱。我始终感到自己从属于一个科学工作者的共同体，其中的成员无论国界与文化，都被探索自然的好奇心所驱动着。从一代人到另一代人，这一共同体将我们与几个世纪以来的所有先行者们联系在了一起，在它开辟的这条知识之路上我们依旧继续前行着。科学家的"福利"，不仅在于能够亲手拓宽人类知识的边界，而且还在于能够见证位于世界各地的其他同事们的发现，并能够理解和欣赏这些发现之美。

我的科研工作一直是以纯粹的好奇心作为驱动力的。我所想的，始终是如何回答某个根本性质的问题，比如"如果我把一个原子和一个光子放在某种情况下，它们会有什么表现？"或者"我怎样才能在对系统干扰最小的情况下观察到这种现象呢？"确实，有的时候，我可以自然而然地设想到某一结果的潜在实际应用。光抽运磁强计就是这样一个例子。但我自己从来没有尝试过从构思到制造某个工具的这条路，更不用说将其投放市场了。因为这样做需要其他的专业素质和技能。

对于我的团队所做的基础研究来说，情况也是如此。我们关于操纵单个量子系统的研究得到了诺贝尔物理学奖的认可，但我们开始做这项研究时并不是为了制造一台量子计算机，虽然很多记者似乎就是这么想的。实际上，我们最初对数学家和计算机科学家们从 1980 年代起开始发展出来的诸多理论量子算法一无所知。我们只是好奇地想知道，我们是否可以通过操纵不受环境影响的原子和光子，来展示其奇怪的量子逻辑，比如让一个原子或一个电磁场同时处于多个地方或同时占据多种能量状态。而且我们想探索这种逻辑的所有后果。

英国人为这种"无用的"基础研究创造了一个名词，这里的"无用"表示这种研究不追求经济利益，只为了更好地了解这个世界。他们称其为蓝天研究（blue sky research）。我很喜欢这个名字，因为它让人联想到天空，除此之外还有天文学和天体物理学，这是我对物理学的最初热情所在。这些关于宇宙的科学，与任何直接的应用都没有联系，本质上讲它们不都是"无用"的吗？让我们回到天空，知道它为什么是蓝色的，或者它为什么在日出和日落时变成红色，除了能够满足我们的好奇心之外，显然没有任何其他作用。然而，通过阐明大气中气体分子对光的散射特性，人们发现的现象在今天被很多光学仪器所应用。而我们对原子和光子的实验，有一天可能也会得到类似的应用，无论是量子计算机还是其他的什么东西。

每当我在讲座中描述我的研究时，在关于我为什么成为一名物理学家和我为什么从事现在的研究领域的问题之后，还有另外一个问题也是我很难避免的：你的工作有什么用途？其实，这个问题也可以被归纳为：我们为什么要做基础研究，或者说"蓝天研究"？我将在这本书中试图回答这个问题。

第二章

天文台广场前的思考

　　四十多年以来，我每天都要穿过巴黎天文台前面的广场，去我的实验室。这条美丽的青葱小路两旁长满了栗树，沿着巴黎子午线的方向，将路易十四时建造的天文台与卢森堡花园连接了起来。法国大革命期间，天文学家让·巴蒂斯特·约瑟夫·德朗布尔（Jean Baptiste Joseph Delambre）和皮埃尔·梅尚（Pierre Méchain）测定了这条子午线从敦刻尔克到巴塞罗那的弧长，并据此定义了长度单位"米"。当我穿过广场时，从西向东穿过这条假想的线，这条假想线在 1880 年之前一直是法国版世界地图上经度的起点，后来的地图采用了格林威治子午线，即向西再偏移约 2° 的一条线。

　　向南看去，也就是我的右边，我可以欣赏到小路尽头的天文台的白色圆顶。1676 年，丹麦天文学家奥勒·罗默（Ole Römer）在这里对木星的卫星们进行了观测，从而首次测量了光速。在我的左边，我可以看到玛丽·德·美第奇（Marie de Médicis）[1] 时期修建的卢森堡宫。工程师艾蒂安 - 路易·马吕斯（Étienne Louis Malus）通过在家里观察由这座宫殿的窗户反射的太阳光，在 1808 年发现了光的偏振特性，正如我们在前文中提到的，这些偏振特性在我踏上研究之路的头几年所进行的光抽运实验中发挥了重要作用。

---

1 玛丽·德·美第奇（1575—1642），意大利豪门美第奇家族的重要成员，法国国王亨利四世的王后，路易十三的母亲。

　　在这座广场上，我经常有机会沉思于光科学的悠久历史。这段历史的主人公当然有物理学家，但也有数学家、天文学家、工程师和航海家。通过回想这些人物，唤起了我年轻时期所有的探索激情。我很喜欢这段历史，因为它说明了几个世纪以来，不同的知识领域是如何共同进步的，以及如何向我们愈发详尽地揭示了这个世界的丰富和奇特之美。为了揭开光的神秘面纱，人们必须学会以更高的敏锐度观察天空和地球，发明新的测量仪器，并开发强大的计算方法。

　　对精确性的迷恋，在这场知识的大冒险中发挥了至关重要的作用。通过以越来越高的精度测量时间和距离，牛顿力学定律得到了验证，地球的形状和太阳系的大小也被确定。正是通过进一步提高精确度，我们后来发现了相对论定律和量子物理学定律，从而从根本上修正了经典力学的世界观。我在本章和接下来的三章中要讨论的正是这段科学史，它真正起源于伽利略的时代，并将我们引向爱因斯坦和现代物理学的出现。对于光的一系列问题是贯穿始终的主线，但沿途我们也会绕路去别处，整段历史都充满了惊奇和意外的启示。

　　自古以来，人类一直为光而着迷。与黑暗，即恐怖之源和死亡的象征相反，光是生命和重生的标志。带来光明和散发温暖的太阳，一直是所有原始宗教所崇拜的对象。各种形式的、庆祝四季轮回的活动也是这些信仰表达的一部分。光也是知识的象征，因为我们从这个世界获得的大部分信息都来自于光，从让我们了解宇宙的、来自天空的光，到由我们周围的事物和生命所传递的光，光让我们在环境中定位，并获得可能威胁到我们的危险的警告。

　　上古时代，人类对光的崇拜是非理性的。对于人类提出的问题，人类自己给出了神话的或宗教的答案，而这些答案并没有揭示出光的奥秘。光是瞬间充满所有空间，还是以有限的速度传播？光是与物质具有相同的性质，还是具有不同的本质？为什么有些介质是透明的，而有些则是不透明的？这些问题没有答案。

　　早在古代和中世纪，人们已经隐约地理解了支配光线传播的光学定律。巴士拉的数学家、天文学家海什木（Ibn al-Haytham）在大约公元 1000 年的时候就理解了，光不是从眼睛或我们周围的物体发出的，而是这些物体将来自各种光源的光线，如太阳和灯，反射到我们的瞳孔之中。当然，这种理解仍然是非常定性的。直到 17 世纪科学方法的诞生，光的秘密才被真正地揭示。从那时起，观察、实验、定量测量和数学理论的发展脚步超越了神话故事。基础学科的知识和仪器设备的发展齐头并进，说明了从那时起，由纯粹的好奇心激发的研究——英国人所说的蓝天研究——与技术之间就已经相辅相成。

见证科学革命起源的两种仪器：望远镜和摆钟

让我们从光速的问题说起。古老的信念认为，光线会瞬间充满整个空间，伽利略的看法却与之相反，他是近代早期第一位直觉到光与声音一样必须以有限速度传播的科学家。据说他甚至试图和他的一个助手一起测量光的速度，他们两人每人手里拿着一个灯笼，然后分别登上托斯卡纳的两座山，彼此相隔几公里。最初，两个灯笼都被罩了起来，然后伽利略会在某一时刻揭开他的灯笼，并要求他的助手在看到光线到来时也这样做。通过看到他的助手发回的信号，伽利略希望能测量出一个延迟，因此在测定两座山的距离后，能估计出光的速度。

结果是令人失望的。在光信号的传送和返回之间确实有几分之一秒的延迟，几乎无法察觉，但这与他们两个人之间的距离无关，事实上只显示了他们大脑的反应时间。我们现在知道，他们试图测量的时间间隔只有几百万分之一秒。对于我们人类的感官系统来说，这个间隔太短了，我们无法感知到，并且当时没有任何仪器能够测量出这么短的时间。直到两个半世纪后，伽利略所做的实验经过技术的进步，才得到了实在和精确的结果。在 17 世纪初，人们很清楚的事实是，光的速度非常快，如果我们想估计它的速度，就必须学会精确地测量很短的时间和很长的距离。

伽利略自己就处理了这两个问题，只不过不再涉及光速，在他原始的测速实验失败后，他似乎就忘了光速这件事儿。通过研究摆锤的运动和首次使用放大望远镜观察天空，他有了两个重大发现，而这两个发现在半个世纪后使人类实现了对光速的首次估算。

在 17 世纪之前，时间都是由很原始的仪器测量的。教堂塔楼上的钟测量时间的方式是数一根长绳的扭转振荡，这根长绳连接着一个水平的木臂，称为"原始平衡摆"（foliot）。这种钟表的误差可能达到每天四分之一个小时。而对于较短时间间隔的测量则是通过测量脉搏跳动或水漏壶来完成的。据说，伽利略通过称重从球开始运动到到达的瞬间之间从漏水孔中流出的水量，来测量斜面上一个球的下落时间。再一次地，这一测量的准确性很差。

伽利略的单摆实验开辟了全新的视野，他将一个小球固定在一根线上，使其在地球重力场内摆动振荡。他发现，单摆的摆动周期与小球的质量和摆动的幅度无关。事实上，后一个特性，即所谓的振荡的等时性，只在角振幅不超过几度的单摆运动中得到了实验的验证。摆的周期仅仅取决于摆线的长度。对于一根长约 1 米的摆线来说，摆动周期约为 2 秒。当然，伽利略并没有使用"米"的单位，而是使用了当时的长度单位肘（coudée）或者托瓦兹（toise）。从一个简单的、大约 2 秒钟摆动一个周期的准单摆到一个能够自主而准确地计算时间的时钟，之间还有很多的进展需要实现，但将时间间隔的测量建立在一个振荡器有规律的运动基础上的想法已经出现了。

半个世纪之后，克里斯蒂安·惠更斯（Christiaan Huygens）将伽利略的单摆改造成一台真正的时钟，并使其成为一个精确的、测量时间的仪器。他证明了如今高中生们所熟悉的那个公式，即单摆的周期等于 2π 乘以摆线的长度 l 除以重力加速度之商的平方根。重力加速度通常记作 g，其数值为 $9.8 \ \mathrm{m/s^2}$。它表示在地球引力场中下落的质量每秒的速度变化。惠更斯还表明，如果摆锤不是质点，而是一个围绕着水平轴摆动的、任何形状的物体，想要计算它的摆动周期，就有必要定义它相对于这个轴的转动惯量，这个概念我在上一章中已经提到了。知道了质量、转动惯量和物体重心到悬挂点的距离，就可以计算出摆动的周期，从而计算出以相同频率摆动的单摆的长度。

惠更斯还试图完全消除周期对振荡振幅的依赖性，因为这是测量的不精确性的来源。他证明了，只有当摆的重心的运动轨迹不是一段圆弧，而是一条摆线时，即"一个圆在一条直线上不打滑地滚动时，圆周上的某个定点所形成的轨迹"，振荡才是完全等时的，并且与振荡的幅度无关。为了让钟摆沿着这一曲线运动，他设计出了一个巧妙的系统，在摆锤摆动所绕的轴的附近放置一些夹板。这些夹板改变了摆在摆动过程中的有效长度。

除了这些涉及精妙计算的理论性进展外，惠更斯还做了一些了不起的、工程师领域的工作。他设计了一种精巧的、具有双重功能的擒纵器。通过与在重力场中下降的某个重物相耦合，擒纵器为钟摆提供了能够补偿摩擦力所

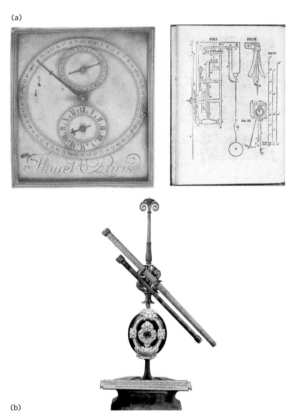

图 2.1 见证现代物理学诞生源头的两台仪器。(a) 惠更斯摆钟：左边是皇家制表师伊萨克·图雷 (Isaac Thuret) 根据惠更斯的设计图制作的时钟表盘（存于荷兰莱顿的布尔哈夫博物馆），右边是惠更斯绘制的、详细说明该时钟运行机制的图纸。(b) 伽利略的望远镜，通过它，他观测了月球、木星及其卫星（现存于佛罗伦萨的伽利略博物馆）。(© akg-images)

做的功的能量，并使其处于稳定的振荡状态。另外，惠更斯的擒纵器还能通过驱动指针在表盘上随着钟摆拍动的节奏而移动来记录时间的流逝，标记出秒、分和小时，不再需要助手来数振荡次数，钟表会自动进行处理。要开发出一种不会改变振荡器频率稳定性的、并且能够约束振荡器每秒振荡一次的擒纵器，这需要非常卓越的创造力。与基于对地球昼夜旋转的观察而得出的天文时间相比，惠更斯的时钟每天的误差仅有 10 ～ 15 秒。

伽利略对光速测量的另一个决定性贡献是改进了天文望远镜，他设计的望远镜是一个由两个透镜封闭两端的管子，可以放大所观察物体的像。伽利略的望远镜的雏形仪器来自荷兰，后来他对其进行了改进，使其放大的倍数从 3 倍提高到了 30 倍，借助他的望远镜，伽利略在 1610 年成为了第一个真正科学地观察天空的人。他观察了月球，发现了土星环，而对我们的故事来说最重要的是，他发现了木星的四颗卫星。这是第一次，一个遵守开普勒定律的行星系统被直接呈现在人的眼前，由此确认了这样的系统在宇宙中的存在，印证了哥白尼的模型。

木星及其卫星也将注定成为一台"天文钟"。根据开普勒的经验定

图 2.2　木星以及伽利略在 1610 年发现的四颗"美第奇"卫星，通过使用改进过的天文望远镜，伽利略能将天体的影像放大至 20 ～ 30 倍。木卫一"艾奥"（Io）是距离木星最近的卫星，它环绕木星一周的时间为 42 小时 27 分 21 秒。这张照片是用三脚架上的简易数字相机拍摄的。（© *Igor Dotsenko*）

律——这些定律将在世纪之交被牛顿的万有引力理论所证明——木星卫星的运行周期应该是稳定的，并能够提供一个时间的量度。只要能观测到木星，就能得知这一天文时间，在那个人们还无法想象像如今这样，通过无线电信号交换进行通信和时间同步的时代，"木星时钟"提供了一种普遍的时间同步方法。

测量光速以丈量宇宙

这种"自然时钟"因此引起了天文学家的兴趣，1676 年，在新建成的巴黎天文台工作的年轻丹麦天文学家罗默被委托了一项任务：将离木星最近的卫星——木卫一艾奥——离开木星的本影出现在人们视野中的时间制成表格。罗默很快就注意到，就像开普勒定律所预测的那样，木卫一连续两次出现之间的时间间隔并不固定，而是在一年中的 6 个月内越来越长，在随后的 6 个月内越来越短。为了进行这些测量，他使用了由惠更斯开发的精密时钟。罗默意识到，这种现象是由光速的有限性所造成的。

随着地球在公转轨道上远离木星，当木卫一绕木星一个周期后，地球与木星的距离也增加了。于是，观测到木卫一重新出现的时间被推迟了，推迟的时间长度为，当木卫一在其轨道上完成一次公转后，光经过地球所移动的路径所需要的时间。在地球靠近木星的六个月里，出现了相反的现象，木卫一每次都提前重新出现。木卫一每绕着木星公转一圈，就有几秒钟的提前或延迟，六个月之后，这个时间差累积到大约 20 分钟。罗默得出结论，这是光穿越地球公转轨道的直径所需的时间，即地球到太阳距离的两倍。但这个距离，也就是现在所说的"天文单位"是多少呢？

早在四年前，为了回答这个问题，巴黎天文台的另一位天文学家让·里歇尔（Jean Richer）被派往了圭亚那（现法属圭亚那）。他的任务是在圭亚那的卡宴测量火星在最接近地球的有利时刻的视差，并将这个视差与巴黎天文台在同一时刻测量的视差进行比较，巴黎的测量由天文学家让·多梅尼科·卡西尼（Jean-Dominique Cassini）执行，他是罗默的老板。要了解什么

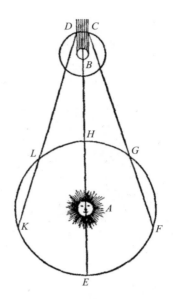

图 2.3　罗默在 1676 年 12 月 7 日发表在《学者期刊》（*Journal des savants*）上的手绘图，该图展示了他估算光速的原理：下面的大圆表示，太阳位于点 *A* 的位置，地球围绕着太阳做顺时针的圆周运动。上方的小圆则表示，木星位于点 *B* 的位置，木卫一的轨道环绕木星。木卫一在点 *C* 进入木星的本影，在点 *D* 离开。在木卫一消失期间，地球在一年中的某些时候从点 *K* 移到点 *L*（即更靠近木星），而在六个月之后从点 *G* 移到点 *F*（即更远离木星）。（地球在木卫一全食期间所移动的距离被严重夸大了）想要从木卫一重新出现的时间出发推导出光速的数值，需要知道地球公转轨道的直径 *EH*。

是"视差"，只需要做一个非常简单的实验。将手放到自己面前，看着食指的垂直指向，同时在同一轴线上固定一个远距标记（例如，位于大约 10 米外的门框或窗户框）。通过交替闭眼来进行这种观察。根据睁开的眼睛的不同，你会以不同的角度看到食指，它要么处于标记的右方，要么处于其左方。这种视角的变化就是视差效应。现在，弯曲手臂，把食指拉到距离眼睛更近的地方，重复上述实验。视差的效果被放大了。越靠近物体，两只眼睛分别观看到物体的角度的差异就越大。对于一个非常遥远的物体（理论上在无限远处），视差为零，因此这个物体可以作为参考来测量一个较近物体的视差。

在 1672 年的那次实验中，里歇尔是一只"眼睛"，而卡西尼是另一只，火星是"食指"，"标记"则是当晚空中火星位置附近的一颗位置固定的恒星。测量大约是同时进行的，足以确保在这两次测量之间，地球的旋转幅度

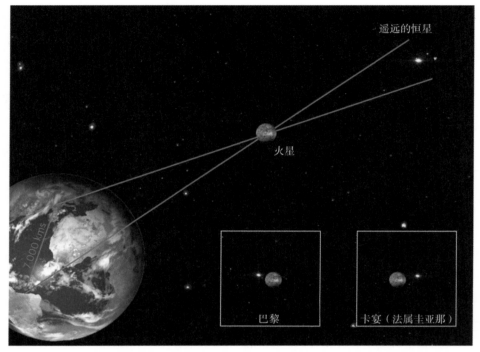

图 2.4　里歇尔和卡西尼测量的火星视差。他们在同一时间观测火星，从巴黎看是在一颗遥远的恒星的右边，而从卡宴看是在它的左边。由于距离不是按比例绘制的，所以图中的效果被极大地夸大了（当时火星离地球大约有 4000 个地球直径，而不是像图中所显示得这么近）。

没有超过卡宴和巴黎之间距离的一小部分。两次测量之间相差数分钟是可以接受的。实验结果显示，卡西尼的测量值与里歇尔的测量值之间有 25 弧秒的视差（当然，他们不得不等上几个月，直到里歇尔返回巴黎后再进行这一比较）。通过简单的三角测量计算，可以推断出火星当晚与地球的距离大约是从巴黎到卡宴的距离的 7500 倍，而两地距离是已知的，约为 1700 里格（7000 公里）。因此，火星冲日时（即火星、地球和太阳按此顺序排成一条直线）地球与火星间距约为 1300 万里格（即 5300 万公里）。在知道主导行星运行轨道规律的前提下，这一测量足以推导出火星和地球轨道的参数，特别是地球和太阳的间距，即"天文单位"。

卡西尼和里歇尔推导出，地日距离的近似值是 3000 万里格，因此，可以从木卫一重新出现时的延迟出发，推断出光速大约为每秒 50 000 里格。这个数值的准确性并不太高（我们知道，光速的实际数值非常接近 300 000 公里 / 秒，或 75 000 里格 / 秒），但这是人类第一次推算出光速正确的数量级。奇怪的是，罗默本人没有给出光速的数值，而是惠更斯从他的观测中推算出这一结果并发表。

对这个物理学基本参数进行的首次测定，需要把宇宙本身当作一个实验室，并且使用自伽利略时代以来精度已经大为提高的测量仪器。望远镜被固定在六分仪之上，后者可以通过非常精确的螺丝和游标系统进行定向，透镜的焦平面之上的精细标线可以让镜头准确地指向所观测的天体，误差仅在几弧秒之内。

在这些实验的观测下，宇宙展示了它的浩瀚无垠。观测涉及的巨大距离让地球和人类本身都获得了重新定位，延续了哥白尼的发现所引发的自我审视。我们不仅不是宇宙的中心，而且事实证明，我们的地球只是无限空间中的一颗渺小尘埃。文艺复兴时期的航海家的环球探索确定了地球的尺寸，即长达 7000 公里的巴黎 - 卡宴之间距离的数据，巴黎天文台的天文学家又用这个数值来测量太阳系的大小。现在，人们又有了一个增大四万倍的测量单位，即地球公转轨道的直径，它反过来又将作为确定我们到最近恒星的距离的单位。这些恒星之间的视差，即使在地球公转轨道上的两个在直径上相对的点、在相隔 6 个月的时间差下测量，也只有几分之一的弧秒。直到一个半世纪后，天文望远镜的进步才使我们有可能测量出这些微小的角度，并将这些恒星定位在距离我们数万个天文单位的地方。与光从太阳出发、抵达地球所需要的八分钟半不同，来自这些恒星的光需要好几年的时间才能抵达地球。

伽利略曾经梦想过的、能够测量出的光的有限速度，又为天文学增加了一个基本参数，即时间。我们今天所看到的光，有一部分是若干年前从太阳附近的某颗恒星发射来的。那些更加遥远的恒星与地球之间的距离，需要等到很久之后才能通过其他方法估算出，而来自那里的光，在到达地球之前，已经在宇宙中行进了数百万年，甚至数十亿年。通过接收这些光，我们可以破译来自宇宙遥远的过去的信息。诞生于古典时代的天文学，最初是一门关于空间的科学，后来演变成了天体物理学，即一门关于空间和时间的科学，其最终目标是研究宇宙学，也就是宇宙的历史。当然，在卡西尼和罗默的时代，情况还远非如此，但值得记住的是，这门科学在路易十四时期的伟大世纪（Grand Siècle）的天文观测中已经处于萌芽阶段。

17 世纪观测天文学的进步来自于基于透镜的光学仪器的改进。在此之前的几个世纪，它们的大小一直遵循着经验的标准，当光线在空气和透明物质中的传播定律被确立后，它们的尺寸得到了更好的控制，变得更加精确。因此，以精确观测自然现象为基础的科学方法，导致了精确的数学表述，这是其最早的应用之一。

光的科学被定量化：笛卡尔与他的《屈光学》

第一个将这种方法系统地应用于对光传播的研究的是笛卡尔。在《谈谈方法》（Discours de la méthode）一书发表之后，他撰写了一篇关于光学的专论《屈光学》（La Dioptrique），发表于 1637 年，在这篇专论中，他提出了他对光的性质的看法，并阐明了光的反射和折射定律。与伽利略不同的是，笛卡尔假设这些光线以无限的速度传播（这是在罗默的观察之前），并且没有对它们的性质说得非常清楚。他只是简单地假设，表面看上去空无一物的空间里充满了刚性的粒子，它们与形成普通物质的粒子性质不同，而光就浸没在这些刚性粒子之中。因此，他描述的其实就是最早的以太版本之一，这种神秘的介质在此后的两个半世纪里吸引着物理学家们的注意力。正是这些"以太粒子"瞬间将一种"运动的趋势"，也就是光，从光源传到反射或折射它的材质物体上，或传入观察者的眼睛。光传播的瞬时性是由于构成以太的粒子具有无限的刚性。尽管笛卡尔认为，光的速度是无限的，而且与运动无关，但是为了理解光线的轨迹，他不得不将这些光线与空间中实际运动的物体的轨迹进行类比。他用球在平面上的弹跳类比光在镜面上或在将空气与透明介质分开的平面上的反射，后一种界面被称为平面屈光面。因此，他重新发现了古典时代的人们就已经知道的定律，即光线在由入射光线和屈光面的法线所定义的平面内被反射，并且反射角等于入射角。

笛卡尔随后又研究了光的折射问题，即当一束光遇到一个屈光面时，一部分光线会以与入射角不同的角度进入介质之中。折射光束的角度可以通过著名的正弦法则得出，也称斯涅尔定律，因为这位荷兰物理学家早在几年前就确定了这个定律，而此时的笛卡尔貌似并不知道。对于那些对毕达哥拉斯和他的三角形几何学只剩下模糊印象的读者，让我来提醒你们一下：在一个直角三角形中，斜边和直角的一条边所形成的角的正弦，等于另一条直角边的长度除以斜边长度。这个数值，随着该角度从 0° 到 90° 增加，也从 0 增大到 1。

斯涅尔定律指出，光通过两种介质之间的界面折射时，入射角和折射角的正弦比是一个固定的数字，并且与入射方向无关，只取决于两种介质的性

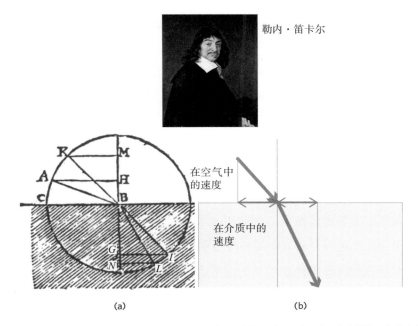

图 2.5 （a）笛卡尔的《屈光学》一书中所描述的正弦法则：光线 *AB* 和 *KB* 在屈光面发生折射，分别形成了 *BI* 和 *BL*。以圆的半径 *BA* = *BK* 为单位，对于由 *A* 点入射的光线来说，入射角和折射角的正弦分别由 *AH* 和 *GI* 的长度给出，对于由 *K* 点入射的光线来说，相应的量由 *KM* 和 *NL* 的长度给出。斯涅尔定律表示，*AH* 与 *GI* 之比和 *KM* 与 *NL* 之比是相等的。（b）图中显示，如果一个小球在介质中的轨迹向屈光面的法线方向弯曲，同时保持其速度的水平投影大小不变，则该球在透明介质中的传播速度比在空气中要快。小球在介质中的速度与在空气中的速度之比等于入射角和折射角的正弦之比，其数值大于 1。

质（例如空气和水或空气和玻璃）。唯一需要确定的角度是光线与屈光面的法线所形成的角度。当光从空气中进入密度较大的透明介质时，光束会向法线方向偏转，折射角小于入射角。在这种情况下，正弦比是一个大于1的数字。在现代物理学的语言中，这个数字被称为介质相对于空气的**折射率**。

当光线离开较稠密的介质并进入空气时，情况则正好相反。入射角与空气中出射角的正弦比小于1，并且出射光线与法线的夹角大于入射角。在特定的临界入射角下，出射角的正弦值达到1，出射光线与屈光面的法线形成90°角，以平行于该表面的方向出射。如果入射角进一步增加，则不再有出射光线。到达屈光面的光线将在介质中被完全反射。

在之前的古典时代，人们就已经在光线与屈光面法线倾角较小的情况下观察到了这些经验性的结果。在这些情况下，正弦近似地与角度成正比。笛卡尔重新发现了斯涅尔定律，将这个公式推广到任意倾斜角，并且用角度的正弦代替角度本身。为了证明这一根据经验观察所得到的结果，他使用了小球撞击平面的类比，认为其平行于撞击表面的运动分量并没有发生改变。他进一步假设，在穿越介质时的相互作用之后，用来比作光线的虚拟小球的速度会以恒定的比率发生变化，并且与入射角的度数无关。至此，他重新发现了正弦法则，但他的力学类比却使他得出了一个自相矛盾的结论。如果像人们直观预期的那样，球在通过空气进入密度更大的透明介质时，其速度减小，那么它就应该远离垂直于屈光面的法线，然而实际的情况是，出射光线更靠近法线。于是，他不得不承认，光与真实的小球不同，前者进入水中要比进入空气中更容易。笛卡尔因此引入了"光穿透物质时增加的容易性"的概念，作为光和透明介质之间的一种吸引力。

笛卡尔这种以有限速度运动的球来表征他所认为的、瞬间完成的运动趋势的模型有一个明显的内部矛盾。几年后，牛顿断言，光是由真正的粒子构成的，并且以有限的速度传播，从而摆脱了笛卡尔的矛盾局面。正弦法则意味着，这些粒子在水中的运动速度必须比在空气中更快，就像笛卡尔推理中的虚拟小球一样。

笛卡尔借助类比和一些模糊的概念，比如"光穿越介质的容易性"，表达了他那个时代人们对光的真实性质的困惑，尽管彼时光在空气和透明介质中的传播规律已经开始被人们充分理解，但它仍然是神秘的。斯内尔和笛卡尔的功绩是，他们从对反射和折射等光学现象的观察中推导出一个定量的数学定律，能够很好地吻合观察到的现象。然而，当时并没有令人满意的理论来证明这一定律的合理性。

大自然总是以最短、最简单的方式行事：费马原理

皮埃尔·德·费马（Pierre de Fermat）是在 1650 年代最早指出《屈光学》一书中矛盾的人之一。他意识到，如果我们承认光有一个有限的速度（注意，这还是在罗默之前发生的事），并且在像水或玻璃这样的物质介质中，光速要比在空气中小，那么这些矛盾就可以得到解决。正弦的比率也是光在两种介质中相应速度的比率。为了得到这一结果，我们不得不放弃光和真实小球之间的类比。在没有进一步考察光线性质的前提下，费马表明，正弦法则，也就是关于光在它所通过的介质中速度比率的定律，可以用一种更基本和简单的方式来表达：

> 从一个点到另一个点，光线所经过的路径与所有其他相邻的路径相比，花费的时间最少。

用现代的语言来说，这就是著名的费马原理，直到今天，它在光学和整个物理学领域都具有相当重要的意义。为了解释其合理性，费马援引了基于经济性的原则："大自然总是以最短、最简单的方式行事"。这一原理解释了，在均质介质中，光沿直线传播。该原理也给出了对反射定律的说明，因为很明显，如果一条光线从一点到另一点时途中必须遇到一面镜子，那么最短的路径就会在入射角等于反射角的那一点与镜面相遇。从一个简单的图示中可以看出，镜面上的任何其他点都对应着一个更长的路径。

费马原理也可以解释折射定律。如果来自空气中的光必须抵达水中位于

两种介质交界面斜下方的一个点，想要花费最少的时间，光需要在空气中行进较长的距离，此时它的速度较快，同时在水中行进较短的距离，此时它的速度较慢。最佳的路径恰好符合斯涅尔－笛卡尔定律，此时在空气中的入射角度要大于在水中的折射角。为了理解这一结果，人们经常使用的一个类比是，假设一个救生员要去救援一位溺水者，为了尽可能快地抵达溺水者的位置，他必须沿着与海滩成一定倾斜角度的斜线跑，直到接近遇险者所在的地点与海岸线的垂线。他入水那一点的位置是由正弦法则给出的，其比率等于救生员在沙滩上跑步的速度和在海中游泳的速度的比率，其数值大于 1。

　　费马原理可以被推广到光必须通过各种屈光面或者通过折射率发生连

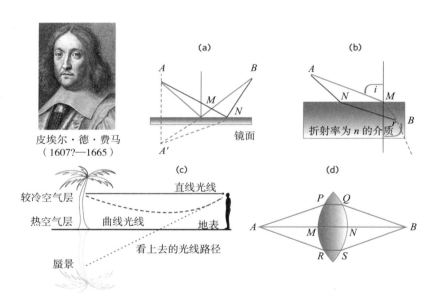

皮埃尔·德·费马
（1607?—1665）

图 2.6　费马原理。（a）反射定律：为了从 A 点到 B 点，光线在 M 点反射，因为 AMB 这条路径与其他的所有路径（包括 ANB）相比，长度是最短的。将 B 点和 A 点的像 A' 点连接起来，这条直线与镜面的交点就是 M。因此，入射角等于反射角。（b）折射定律：为了从空气中的 A 点到介质中的 B 点（该介质折射率 n > 1），光线沿着路径 AMB 传播，这使它在空气中传播的距离更远，此时光速更快。与屈光面相接处的点 M 是使得入射角 i 和反射角 r 的正弦比等于 n 的那一点。在非最短路径 ANB 上，光在空气中"节省"了时间（AN < AM），但在介质中"浪费"的时间比节省得更多，因为它在介质中的速度更慢（NB > MB）。（c）蜃景的原理：光线在靠近热的地面时弯曲，因为在那里它传播得更快，到达眼睛的光线给人的印象是棕榈树在地面上被反射了。（d）玻璃透镜的聚焦：从 A 点到 B 点，光可以走所有花费相等时间的路径，比如 AMNB，APQB，ARSB 等，光线与透镜法线之间的倾斜角越大，则光线通过空气的路径就越长，但在这些路径上的延迟，会被通过玻璃时的较短路径时间所补偿。

续变化的、不均匀介质的情况。特别地，它解释了蜃景现象的形成。在被太阳加热的地表附近，暖空气的密度比离地面更远的地方要小，光的传播速度也更快一些。从树顶或教堂的钟楼出发、抵达你的眼睛的光线，不是走直线的，而是会"寻找"到一条弯曲的轨迹、即时间最短的路径，这条路径先靠近路面，然后向上进入你的眼睛。因为人类的大脑会沿着直线判断到达你的光线的方向，所以会觉得这些光是来自位于地面另一侧的像。这层暖空气的作用就像湖面或镜子，反射出天空和你周围风景中的物体。

费马原理也以一种简单的方式解释了汇聚透镜能够将来自点光源的光线汇聚到几乎一点上的特性。笛卡尔曾经从他的正弦法则出发，对光学仪器（彼时刚刚发明的望远镜和显微镜）运作至关重要的这一基本现象做出了解释。如果我们稍微修改一下其表述，会发现费马原理给出了一个更简单直观的图像。

事实上，这个原理的一个更准确表述是，光线遵循的路径朝任意一侧产生细微变化时，光线传播时间都是稳定的。这通常是指传播时间最短的路径，但也可能有相反的情况，即这个时间是最长的。也有这样的情况：光线在两点之间的传播时间对于连接这两点的大量相邻路径来说是保持不变的。这正是连接位于汇聚玻璃透镜轴线上的物点和像点的光线的情况，这种透镜两侧的表面是凸球面形状。从几何上看，从物到像最短的光线是通过透镜中心的直线段，它通过了透镜最厚的部分。

偏离这个具有最小长度的几何路径的斜光线会在空气中通过一个较大的区域，但随后会通过透镜边缘比较薄的部分，即较短的路径。光在空气中（速度较快）所"浪费"的时间，被它通过玻璃时（速度较慢）所需要的更短的时间所补偿。因此，连接物和像的所有路径在空气中的部分具有各不相同的倾斜程度，但是光沿一切路径的传播时间都是相同的。所有这些路径都在广义上遵守费马原理，并最终在透镜另一侧的汇聚点成像。为此，物和像到透镜中心的距离以及透镜的一个参数（被称为焦距）之间必须有被明确定义的关系，而焦距本身取决于构成透镜的凸球面的几何形状。这个能够衡量透镜汇聚能力的焦距，也是空气中的光速和玻璃中的光速之比的函数，用现代物理学的语言来说，叫作透明介质的折射率。笛卡尔在《屈光学》一书中，借助正弦公式对这些几何光学规则进行了分析，而基于费马原理，这些规则得到了非常有意义的几何学解释。

费马原理与牛顿的力学定律一起，构成了物理学中最早的定量理论之一。从一个经验性的观察出发，即光在物质介质之中发生的折射满足正弦法则，这一事实指出了一个简单的定律，即光的传播时间是稳定的。费马原理还使人们得以解释其他现象——蜃景现象、透镜汇聚定律——并做出了一个当时还未被实验验证的预测，即光在透明介质中的传播速度比在空气或真空中更慢。而且，至关重要的是，这一理论是"最小化"的，因为它没有对当时还不为人知的东西做出无谓的假设，无论是关于光本身的性质还是它所通过的介质的性质，或者光从一种介质传播到另一种介质时可能具有的更大或更小的趋势。

在对费马原理的分析中，当我说光在"寻找"最短时间路径时，我使用了一种拟人化的表达。这种表达合理吗？光怎么能够感觉到它行进的路线是时间最短的或者说是稳定的呢？我们现在知道，事实上，是的，光有办法"寻找"到这个路径，因为它的类波性质允许它在这个路径的周围很小的距离上散播，长度就相当于我们现在所说的"波长"。这个"波长"的概念，在费马原理提出将近一个半世纪后，才被明确地确立。不过，我们在惠更斯 1690 年出版的《光论》(*Traité de la lumière*)中，已经看到了这一概念的发端。

惠更斯与光的波动理论

《光论》这本书是惠更斯担任法国皇家科学院院士的时候开始撰写的，最初使用的是法语。但是，由于那是一个动荡的时代，这本书直到身为新教徒的惠更斯因《南特敕令》的撤销而被赶出法国、不得不返回荷兰之后才得以出版。《光论》是科学史上最伟大的著作之一，它以全新的眼光看待光，并确立了经得起时间考验的原则。惠更斯不再像笛卡尔那样，用小球和光进行类比，而是选择了另一种类比，即声音。他认为，光和声音一样，都是在空间中传播的波。但是，惠更斯指出，声音是空气的振动，而光则是一种假设的介质，即以太的振动，在《光论》中，他试图描述以太的特性。

因此，根据惠更斯的观点，光是一种波，它是由一系列在空间中移动的振动组成的。这种波的速度当时刚由罗默在巴黎皇家天文台确定，惠更斯本人在 1670 年代曾在那里观测过土星以及土星环。在《光论》中，惠更斯采用了罗默的推算，估计光速是音速的 60 万倍（准确的数值应该是 100 万倍左右，但是这个估算的数量级是正确的）。他没有解释以太的确切本质，而是像笛卡尔那样，将其设想为由坚硬的粒子组成的物质，通过弹性冲击传递光的振动。

惠更斯将光的传播类比为声音通过空气的压缩和膨胀实现的传播，但他明确地指出，以太不可能是空气，因为在空气被抽空的空间或者空气不可穿透的透明介质中，光依然可以传播。惠更斯坚持认为，以太粒子不会像光一样，以巨大的速度移动。它们只是在波的振荡渐渐触及它们时，在自己的平衡位置附近移动。因为空气粒子也是如此，它们并不会以音速运动，而是在原地振动，水波也是如此，当涟漪在池塘表面荡漾时，水面实际上是在原地上升和下降。

就像上述简单的例子一样，从点状光源发出的光波，在均匀的介质中是以同心球的形状远离原点向外传播的。这些光波在光速可变的介质中传播时会遇到阻碍。为了确定光波如何从一处传播到另一处，惠更斯提出了一个简单的原理。他假定，在任意给定时刻受照的点都将成为一个虚拟的点状光源，发射出一个球形子波，其振幅与到达这个点的波的振幅成正比，其振动状态与这个波的状态相同。辐射过某一给定表面以外的光是由分布在这一表面上的虚拟光源所发射的所有次子波相叠加的结果。如果我们知道光在这一表面上的状态，我们就可以推断出传播到更远处的光辐射将是什么样的，而不需要知道该表面之前的实际物理源的属性。

因此，根据惠更斯的观点，光波是一连串逐步传播的以太的颤动。我们现在已经知道，光波的表面是指光波以相同相位振动的一组点。在惠更斯看

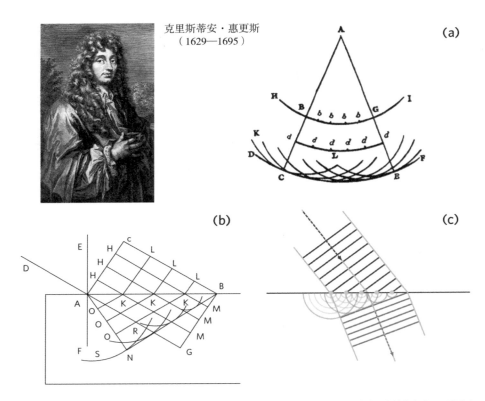

图 2.7 （a）《光论》中的插图，说明了惠更斯原理：光源 A 发出的光波超过球形波阵面之外的部分，以分布在这个波阵面上的虚拟光源所发出的次波的包络线的形式呈现。（b）根据《光论》绘制的示意图，显示了光从空气（上方）进入折射率 $n > 1$ 的介质（下方）中的折射定律：与屈光面呈倾斜角的平面波的波阵面在相同的时间间隔下，抵达了屈光面上的一系列 K 点。每一个 K 点都向下层的介质辐射一个波。这些波的包络线形成一系列平行的平面，平面间距比在空气中时更窄。在下层介质中，光线垂直于这些平面，对应于一个比入射角更小的折射角。（c）一种简化的表示方法，明确地显示了入射的平面波在相继的瞬间内到达屈光面上的每个点后所发出的次级球面波（图片来自维基共享资源）。

来，它们是由次波源发射出的子波的包络线，这些次波源被定义在光波在等时间间隔之间一层层抵达的每一层表面上。通过一个点的光线是一条直线，这条直线连接了这个被视为次子波源的点以及该点发出的子波与源于该点和其所有邻近点的子波的包络线的接触点。

惠更斯试图从这个简单的想法出发，解释为什么光在均质介质中会以笔直射线的形式沿直线传播。如果我们将一个有开口的屏幕放在一个点光源的前面，那么在屏幕后面发生的一切就像分布在孔的表面上的所有虚拟光源在发生辐射一样。如果屏幕恰好处于入射波的平面内，即垂直于连接点光源和小孔中心的直线，那么这些次光源将会同时辐射。来自次波源的辐射在这个方向上被加和，而在其他方向上被削弱，从而产生了一束笔直的光线。光束沿着波阵面的法线方向传播。波阵面上的虚拟次波源的发射是同时进行的。这一次波原理由惠更斯进行原始表述，奥古斯丁·菲涅耳（Augustin Fresnel）在 19 世纪初重申并明确了这一原理，从此这一原理被命名为惠更斯－菲涅耳原理。当光的电磁理论被建立后，这一原理就失去了其作为"原理"的地位，成为麦克斯韦方程的直接结果之一。

从这个原理出发，惠更斯又确立了光的反射与折射的定律。让我们仅考虑折射的情况。假设光线以倾斜于屈光面的入射角抵达分隔空气和一个玻璃块的平面上，让我们来分析一下，在由入射光束方向和屈光面的法线所定义的入射平面上会发生什么。如果光在玻璃中的传播速度比在空气中更慢，沿着代表屈光面的直线分布的次波源向玻璃中所发出的球形辐射波要比在空气中更密集。这些波确定了一条包络线，其传播方向与入射波阵面的方向不同，与屈光面的法线之间形成的角度更小。通过简单的几何分析，我们可以发现正弦法则，正弦的比率是光在两种介质中的速度比。这个结果与费马的设想是一致的。

到目前为止，我一直避免提及波长或干涉的概念，因此对光学有所了解的读者或许会对我这种做法感到有些惊讶。我们现在知道，光可以被分解成一组单色光，它们各自以特定的周期振荡，并在空间内传播，形成一条连续的起伏，两个连续的波峰之间的距离，就被定义为"波长"。这个概念实际上要等到一个多世纪之后，才由托马斯·杨（Thomas Young）和菲涅耳提出。

因此，令人惊讶的是，虽然惠更斯谈到了光的波，但他从未提到过辐射的空间周期性。这一情况的解释是，光的波长实在太小了，在几分之一微米的数量级之上，因此，惠更斯无法在他能做的简单实验中分辨这个长度。所谓光的波长，指的是光在一个周期内传播的距离。尽管光速的数值是巨大的，但它与光的振荡周期的乘积却很小，在 17 世纪，还无法被人们测量。

这反映了这样一个事实，光波振动一次的周期是极其短的，在千万亿分之一秒的数量级。惠更斯和他同时代的人们无法想象像光波波长那么短的距离和像光波周期那么短的时间。直到 19 世纪，人们才开始探索这些奥秘。

在惠更斯没有描述过的光学效应中，让我们稍微聊一聊光被小障碍物衍射的现象，实际上，在惠更斯之前，牧师弗朗切斯科·马里亚·格里马尔迪（Francesco Maria Grimaldi）就曾经研究过这个现象。我上面提到的，解释光在通过光阑后沿着直线传播的推理，只有在光阑的直径与光的波长相比较大时才是有效的。而如果光通过非常小的孔，辐射的光会在出口处发散，并显示出明亮和黑暗区域交替出现的强度分布。格里马尔迪牧师曾经研究过的这个现象，几年之后又被牛顿重新描述。而直到 19 世纪，它才真正地被人们理解。

在《光论》一书中，惠更斯还首次描述了一种奇怪的现象，即当光线穿过某种由水手和商人从北方海域航行中带回的透明晶体时，观察到双重像的形成，这种物质晶体就是冰洲石（方解石）。它是一种菱面体的晶体，就好像是两个相对的顶点被挤压而被"捏扁"的立方体或平行六面体。当我们透过这种晶体观看某物时，比如在纸上画一个十字，就能够看到两个十字。如果转动这个晶体，会发现其中一个十字是固定不动的，而另外一个十字围着前者旋转。也就是说，一条垂直进入入射面的光线会产生两条折射光线，一

图 2.8　冰洲石晶体的双折射现象：在黑板上画的每个十字都在透射时给出了两个偏振方向相互垂直的像。

条遵循正弦规则，不产生偏折，即寻常光，而另一条则偏离了前者，即所谓的非寻常光。这就是后来称之为双折射的现象。

这些晶体还有另一种奇怪的特性。如果让一束光穿过第一块晶体，然后再让其中的那条寻常光继续穿越另一块一样的、且取向一致的晶体，则这条光线穿越第二块晶体的时候不会发生偏折。而如果我们将第二块晶体围绕着光线的方向旋转90°，则这条入射的寻常光就会发生偏折，并且变成了非寻常光！因此，这个小实验揭示了光的一个特性，即当围绕其传播方向发生旋转的时候，光的行为并非保持不变。这就是所谓的偏振现象。我们现在知道，光是一种横向振动，对应于电场在垂直于波传播方向上的振荡。冰洲石具有这样的特性：它能够在空间上分离电场振动方向相互垂直的两种波。惠更斯通过其实验首次揭示了这一现象，并展示了冰洲石晶体的起偏和检偏特性，而这些特性直到很久以后才被人们真正地理解。他没有意识到，他所隐约瞥见的、光的奇特行为与以下事实有关：光波是一种横向于传播方向的振动。不过，惠更斯能够对双折射做出定性意义上正确的解释。

寻常光的传播原理是这样的：它在晶体的入射表面上产生了球形子波，从而导致了服从正弦法则的折射。而对于非寻常光来说，它在入射表面产生的子波具有椭球的波面，这反映出与这些波相关的光根据光线方向的不同，会以不同的速度传播的事实。非寻常光沿着由屈光面表面上每个子波的中心以及这些非球形的、长椭形状的波与其包络线在晶体中的接触点所定义的方向前进。这个方向对于正弦法则来说，是不正常的，因此该光线被命名为"非寻常光"。

这些实验证明了惠更斯作为一个实验者的天才，实际上，他早先对摆的力学研究已经揭示了这一点。他对冰洲石晶体的实验，首次展示了某些透明介质的各向异性，即通过这些介质的光线可以根据其射线的方向以不同的速度传播。一条入射光线可以得到两条折射光线的事实，也隐含着某种叠加原理的存在。作为入射光线的自然光，应该具有两个相叠加的成分，其中一个在晶体表面产生球形的次波，而另一个则产生椭球形的次波。现在我们知道，这两个成分与光的横向偏振的两个正交方向有关。而想要真正理解这一现象并在偏振和双折射之间建立联系，我们不得不等到 19 世纪初，由马吕斯通过观察卢森堡宫窗户上反射的太阳光所进行的实验。但在这之前，惠更斯已经拉开了序幕，他已经尝试要精确地描述由探险者从遥远的地方带回的一小块岩石的奇异的光学特性。

同样引人注目的是，尽管惠更斯囿于我前述的种种时代局限，但他却为一个世纪之后出现的干涉实验奠定了基础——我将在后文中介绍这个实验。这些实验说明了光学（以及后来的电磁学）的一个基本原理，即我在讲述双折射的时候提到的——波的叠加原理。惠更斯注意到，几个不同的波可以在同一个介质中传播而不互相干扰，波的效果可以叠置在以太上，而以太对不同的光源也可以有相互独立的响应，此时他再次直观感受到了这种叠加原理。惠更斯留意到，来自不同光源的光线在空间中相互交叉，而不会像物质粒子那样相互碰撞。即便使不同的物体成像的光线的路径存在交叠，两个不同的观察者也总可以看到这些物体。一个观察者看到的物体不受另一个观察者看到的物体影响。这一叠加原理将在很久以后被推广到量子物理学中，并产生一些奇特的后果。

现在，让我们回顾一下，在惠更斯之前，就有其他一些科学家曾经考虑过光的波动假说，特别是意大利牧师格里马尔迪、英国学者罗伯特·胡克（Robert Hooke）和法国物理学家帕迪神父（Ignace-Gaston Pardies），他在 1673 年还没来得及发表他的研究成果时就去世了。而惠更斯是第一个构建了自洽的光的波动理论的人，他在一个普适的框架内解释了大量的光现象。1694 年 6 月，在惠更斯去世前几个月，莱布尼兹（Gottfried Wilhelm Leibniz）在给惠更斯的信中总结了惠更斯在光学领域的至高地位以及他所发现的原理的重要性：

当然，胡克先生和帕迪神父谨慎且小心，避免通过他们对波动性的思考来提出对折射定律的解释。这个解释的实现，靠的是您凭一己之力考虑到要将光线上的每一个点视为辐射点，从而用这些次波去构成一个总体波。

牛顿，光微粒与颜色

惠更斯在《光论》中完全没有提到光的颜色的问题。今天我们知道，辐射的"色彩"这一基本特性与光的振动频率有关，彩虹的颜色对应于波长从 0.4 微米（蓝色）到 0.7 微米（红色）的辐射。惠更斯既无法估计也无法测量这样微小的尺寸，因此在其《光论》中，他并没有对光的颜色做任何解释。反而是并不相信光的波动性的牛顿于 1704 年在其《光学》一书中致力于解答这个问题。牛顿描述了他在 1670 年代进行的、关于白光色散的著名实验，惠更斯肯定也听说了这些实验。

《光学》一书的副标题"关于光的反射、折射、拐折和颜色的论述"（ *Treatise on the Reflections, Refractions, Inflexions, and Colours of Light* ）很好地总结了牛顿想要处理的问题。我将略过牛顿在这本书中提到的、关于光线在透明介质中传播规律的部分。牛顿采用了和笛卡尔类似的观点，他认为光可以被描述为一组在均匀介质中进行直线运动的粒子，并在接触界面时会受到改变其运动轨迹的影响，通过该"微粒假说"，他导出了正弦法则。在这个模型中，他认为光微粒在进入透明介质时会被一个沿着屈光面的法线方向的力所吸引，该屈光面将空气和介质分隔开来，于是，与费马和惠更斯相反，牛顿认为光在透明介质中的传播速度比在空气中更快。

正是对光的色散的分析，使得牛顿的这本书成为了物理学史上的伟大著作之一。牛顿在书中详细地介绍了他所做的那个著名的实验：用棱镜将太阳光分解成从红色到紫色依次展开的光谱。他描述了如何通过重新组合不同颜色的辐射来合成白光。他正确地解释了棱镜的色散特性，假设不同的颜色对应于入射角和折射角的正弦比的不同数值。换句话说，光在物质介质中的速度取决于其颜色。按照牛顿的说法，偏折角度更大的蓝光会比红光更快地穿过玻璃。当然，光的波动理论告诉了我们完全相反的结论。

牛顿还解释了，肥皂泡泡上跃动的五彩斑斓从何而来。他准确地描述了当白色的阳光通过放置在平面玻璃片上的球形透镜时他所观察到的彩色光环，这些光环后来被称为牛顿环。他还提到了光线在经过小型障碍物附近

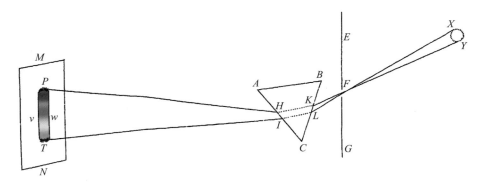

图 2.9   牛顿《光学》一书中第一章的"图 13",展示了他的第一个光色散装置。阳光(*XY* 圆盘)通过护板 *EG* 上的小孔 *F* 射入暗室。在三棱镜 *ABC* 之后的一张纸 *MN* 上可以观察到一道宽为 *vw*、长为 *PT* 的狭长彩色斑纹。彩色光谱是后加的。牛顿的原始图为黑墨水手绘,他仅仅对这条光谱给出了定性的描述,注明了边缘 *T*(偏折最小处)为红色,边缘 *P*(偏折最大处)为紫色。

时通过衍射呈现的颜色,例如,当阳光以一定角度照射时,蜘蛛网上出现的虹彩。他还对孔雀羽毛的颜色产生了兴趣。我们现在知道,在上述所有情况中,都涉及了光的干涉和衍射现象,也都体现了辐射的波动特性。而牛顿这本书的矛盾之处在于,作者通过在当时的时代背景下堪称"极难实现的壮举"的精美实验,以详细又准确的方式描述了一些光学现象,而这些现象本身却是作者的"光微粒理论"无法真正解释的。

尽管牛顿未能提出令人信服的、关于光的色彩的理论,但值得注意的是,他非凡的物理直觉让他明白,在他的玻璃薄片实验中观察到的颜色必定取决于某种现象,这种现象让光微粒能够"感觉"到它们穿越的两个表面的间距。牛顿认为,在抵达入射面时,这些光微粒会在透明的介质中诱发一种扰动,他称之为"突发"(fit)。这种扰动从一个屈光面传播到另一个屈光面,并根据两个表面之间间隔的不同,导致微粒在入射屈光面上要么更易于被反射,要么更易于入射。这种"牛顿突发"可以表现为某种振动,引起一种强化或衰减的现象,导致微粒在入射和出射屈光面上被反射或透射。因此,牛顿理论认为,光是在空间和透明介质中传播的粒子流,但它们能够在其所穿过的物质以及观察者的眼睛中诱发具有振动性质的现象,在人看来就表现为不同的色彩。

有人说，牛顿是第一个通过这个非常定性的模型，窥见量子物理学中"波粒二象性"的人。这种论断太过夸张了。历史的事实是，这种"突发"的概念仍然是含糊不清的，牛顿只是把"光是由离散的粒子组成的"这一想法，牢牢根植入在他之后的一个世纪之内的、大多数科学家的头脑中。

但无论如何，牛顿关于光之颜色的研究导致了光学仪器的真正革命。他的棱镜实验是光谱学的起点，而光谱学是分析物质所吸收和发射的光颜色的科学。我在上一章中提到的，向我们揭示了宇宙中所存在的各种元素的夫琅禾费光谱（夫琅禾费线）是用 19 世纪的光学仪器记录下来的，而牛顿的棱镜就是其雏形。

在注意到折射望远镜的镜片由于玻璃中的色散而产生带有彩色边缘的像，即所谓的色差之后，牛顿决定用凹面镜取代这些仪器的镜头，通过反射而不是折射，在其焦点处形成恒星和行星的像。由于反射定律是完全消色差的（无论什么颜色的光，反射角都等于入射角），牛顿获得了更清晰的像。

表面为球形盖形状的反射镜或透镜只能不完美地聚焦光线，一点所成的像分布在一个体积有限的小空间中。为了消除这些球面像差并获得一个精确的焦点，牛顿意识到，他的望远镜的镜面形状必须是抛物线形的。这又是费马原理的结论。抛物线绕其轴线旋转所产生的旋转面实际上是一组点的集合，对于这些点来说，它们到焦点的距离和到垂直于轴线的某个平面的距离

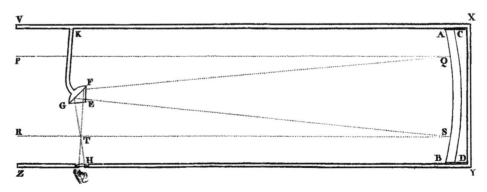

图 2.10　牛顿《光学》第一章中的"图 29"，即抛物面反光镜天文望远镜的示意图。平行光束的光线在焦点处聚焦，并由一个小镜子 FG 以直角反射。目镜位于 H 点。

之和是恒定的。因此，根据费马原理，来自无限远处的某颗恒星的、沿着这个轴的方向射入的所有光线，都会准确地汇聚到焦点处。于是，牛顿发明了光学反射望远镜，它逐渐取代了折射望远镜，两个世纪之后，成为世界上所有主要天文台都会采用的观测仪器。

在伽利略和观测天文学萌芽的一个世纪之后，光学已经取得了巨大的进步。在概念层面，有两种光的理论相互对峙，分别有两位科学巨匠——牛顿和惠更斯——为其背书。第一种理论是微粒理论，在那个时代也称为发射理论，而第二种理论则是光的波动理论。因为万有引力理论的成功，牛顿具有更大的名气和声望，因此大多数物理学家都采纳了他的观点。

牛顿以及他在 18 世纪的传承者们用于批判波动理论的一个论据是，它难以解释光的直线传播。声音是一种波，它可以绕过障碍物，即使墙壁将听者的耳朵与声音来源隔开，听者也能听到。但光的情况却不是这样。障碍物似乎界定了非常明确的阴影区域。惠更斯曾试图用他的次波原理说明，次波只在光线的方向上得到加强，但他的解释缺乏精确性，因为他既没有波长的概念，也因此没有能够真正地理解衍射现象。事实上，光确实可以穿透进入阴影区域，但要分析这一现象，需要进行惠更斯和牛顿都无法完成的、精细的定量实验。这些实验还要等待又一个世纪，由托马斯·杨和菲涅耳来完成。

在结束这场在"伟大世纪"期间光学的历史之旅之前，让我们来回顾一个天文学上的突破，这个突破进一步精确了罗默对光速的估算，那就是 1727 年詹姆斯·布拉德雷（James Bradley）对恒星光行差的测量。一颗恒星由我们所见的方位，取决于抵达我们的相应光线的方向以及地球在其公转轨道上的速度。让我们在一个简单的例子中估计这种效应，假设被观测的恒星处于天顶，位于与地球轨道速度正交的方向上。这个速度 v 大约是 30 公里 / 秒，大概是光速 c 的万分之一。然后，来自恒星的光线在地球上的观测者看来，会相对于天顶的方向倾斜一个小角度，该角度与 v/c 成正比，大约是 20 弧秒。随着地球绕太阳过程中运动方向的变化，这种偏折以年为周期发生着振荡。因此，它使天穹之上的恒星进行着看似椭圆的运动。这种观测给出的真空中的光速数值与我们今天所知道的非常接近。

这种恒星光行差的效应与我们日常生活中可以观察到的一个现象相似。假设你开着敞篷车出去兜风，突然下雨了，雨水垂直落向地面，却会以一定的倾角向你淋来。车速越高，则雨滴落向你身上的方向与垂直方向形成的倾斜角越大。即使没来得及拉上敞篷车的篷顶，挡风玻璃也在一定程度上能够为你挡住一部分雨水。布拉德雷的观测似乎一度支持了微粒假说，因为这相当于将光微粒等价于上述例子中的雨滴。但实际上，我们也可以证明，恒星光行差也能够与光的波动假说相互兼容。应该注意的是，恒星光角度上的光行差并不是由于地球相对于恒星的位置变化而产生的视差效应。视差与光行差不同，前者取决于恒星与地球之间的距离，而光行差效应只取决于地球的速度，这个数值对于我们在同一方向上观察到的无论远近的恒星都是一样的。如我们所见，对于距离我们最近的那些恒星来说，视差效应最多也只有几分之一弧秒，而对于遥远的恒星来说，我们则完全无法探测它们的视差。

由于我们刚才再次提到了光速，因此请注意，为了在微粒理论和波动理论之间作出选择，似乎有必要进行相关的实验。测量物质介质中的光速在当时可是一项至关重要的检验，因为两个相互竞争的理论做出了截然相反的预测。而这样的实验无法通过天文学观测来完成，而只能在实验室中进行。这个实验在150年后才得以实现，不过，正如我将要讲到的，在这个实验之前，已经有其他的决定性实验解决了惠更斯和牛顿之争。

除了惠更斯和牛顿之间的理论争论之外，关于光，还有其他的谜团仍未解决。如果光是由粒子构成的，它们的本质是什么，它们是如何携带不同的颜色的？如果它是一种波，那么不同的颜色到底来自于这种波的何种性质？以及，这个让光得以传播的神秘以太到底是由什么构成的呢？它既要有极尽的刚性，才能够以如此巨大的速度来传递光的振动所引发的冲击，同时它又必须由极尽稀薄的元素构成，因为它能穿透所有透明的物质媒介。此外，人们还并没有理解光的双折射的细节，也没有阐明光偏振的概念。

在讲述这段历史的过程中，我展示了科学的不同领域是如何相互联系的，以及如何相互依赖以取得进步。当时并不存在"跨学科"的概念，但这一概念却自然而然地被践行着。那时候，像伽利略、惠更斯或牛顿这样的科学家可以掌握的学科种类涵盖的范围如此之广，几乎囊括了他们那个时代所有的科学知识。同样令人着迷的是，我们看到一次观测、一个实验是如何引导出另一个观测、实验——而这往往是由于人们发现了一些出乎意料的东西，还有，我们也意识到，那时的科学有很大的程度是被好奇心所推动，被渴望更深入地了解自然及其规律的人们所推动。

继续沿着光实验的发展脉络，我将在下面的章节中讲述上述谜团是如何被解开的，以及这如何导致了其他更深刻的问题的提出，从而引发了现代物理学的诞生。在继续踏上这条路之前，让我们在"伟大世纪"和"启蒙时代"再停驻一会儿，聊一聊人类的另一次冒险，它似乎与这本书的主线相去甚远，但最终将让我们回归主题。我要讲的就是对地球的测量，在 17 世纪下半叶和整个 18 世纪，物理学家、天文学家、数学家和探险家们都对这个问题着迷，他们中的一些人，在光的历史上举足轻重。

测量地球的形状

让·里歇尔曾经在卡宴观测过火星的视差，他当时带去了一只精确的、按秒走动的时钟，毫无疑问这是为了能够和留在巴黎的卡西尼进行同步的观测。他当时就注意到了，该时钟在卡宴走得比在巴黎慢，每天可以累积出两分半的误差。这个误差比他采用了惠更斯最新技术的时钟所具有的误差要大十倍。因此，让·里歇尔偶然发现，赤道附近的重力比温带地区的重力要小。

对这种现象的解释依然来自惠更斯，他在 1670 年代发现了离心力的概念。为了理解这个概念，我们必须追溯到伽利略在 17 世纪初所提出的思想。这位意大利物理学家认识到，任何力学实验都无法让我们判断地球上的某个人是处于静止不动的状态还是以恒定的速度运动，例如位于在平静的海面上航行的一艘船里。在船上撒手落下一个球，它将在重力的支配下落在你的脚边，就像你在一个静止的参考系中一样。而且，如果你在船上抛掷这只球，它在船上将遵循同样的抛物线轨迹，就像你在地球上被认为是"静止"的参考系中抛出它一样。

1632 年，伽利略在《关于托勒密和哥白尼两大世界体系的对话》一书中说道：

> 假设你和一位好友被关在一艘（静止的）大船内部的主舱之中。……在天花板上悬挂一只瓶子，让其中的水一滴一滴地落在下方的一只广口容器之中……水滴落入下面的容器之中；当你投掷一个物体给你的朋友时，那么无论你朝哪个方向扔，在距离相同的情况下，你需要的力气都是一样的；而如果你合并双脚跳跃，则朝任意方向跳出的距离都是一样的。在你仔细观察了所有这些现象后……，让船起航，以任何你想要的速度前进，但保持匀速，且不左右摇摆。你不会发现上述任何现象有丝毫的变化，其中没有任何一种现象能告诉你船是在移动中还是静止的。

确实，"静止"的概念没有绝对意义。两位站在陆地上的朋友，或者伽利略的两位站在船上的朋友，都有权认为自己是"静止的"，这只是一个简单的角度问题。为了更准确地定义这种情况，我们说他们都处于一种惯性参考系中，这种参考系被称为伽利略参考系，在这种参考系中，一个不受到作用力的物体将保持匀速直线运动的状态。如果我们认为地球是一个惯性参考系，那么只要海面平静，船相对于地球的速度不发生任何变化，则船也是一个惯性参考系。相反，如果船正在经历加速或减速，那么它就不再是惯性的，被投掷的物体的行为也将受到影响。当船在加速或者减速时，如果你撒手落下一只球，它将沿着抛物线弧线向后或向前移动，就像你对它施加了一个水平力一样，其方向与船相对于陆地的加速度方向相反。你自己也会感觉到这种力的作用，当船前后摇摆时，你会感到自己被向后或向前抛出。这些不是由研究对象与其他物体的相互作用而产生的力，被称为惯性力。它们被用来解释经历着速度变化的非惯性参考系中物体的运动，非惯性参考系具有相对于伽利略参考系的加速度。

但是，哪些参考系可以真正被称为是惯性的？在哥白尼之前的整个人类历史中，答案曾是明确的。很"显然"，地球是静止不动的，整个宇宙都围绕着它旋转。而在这种确定性消失之后，将地球定义为一个惯性的基准变得更加困难。正如伽利略所说："但它仍在动啊！"[2]（*Epuere se move*）。地球围绕着太阳运转，因此带给了与之相关的所有参考点一个小小的加速度，但这个加速度非常小，我们可以忽略它（在伽利略的时代，人们肯定是这样做的）。对于刚刚研究了施加在旋转物体上的力的惠更斯来说，让他感兴趣的是地球进行着自转，因此，任何相对于地面来说固定的参考系，无论是在卡宴还是巴黎，都处于匀速的圆周运动之中，具有一个向心加速度，朝向地球自转所围绕的极轴。惠更斯发现，这个加速度的数值与到极轴的距离以及角速度的平方成正比，在极点时为零，在赤道时则达到最大值。

因此，在所有旋转的地面参考系中，除了在极点之外，物体都会受到离心惯性力的影响，在计算它们相对于这个参考系的运动时，必须考虑到这一点。为了对这种离心力有一个直观的概念，想象一下，你正在乘坐旋转木马。你可以感觉到离心力将你压在座位靠外的一侧上，特别是当旋转木马开始转得更快时。在快速离心机中接受训练的宇航员们会感受到比他们的体重大得多的离心力。

就地球而言，这种旋转非常缓慢，每二十四小时转一圈，我们感觉不到它，因为与我们所受到的、指向地球中心的引力相比，它非常小。然而，被里歇尔带到卡宴的惠更斯时钟却足够灵敏，能够感受到这种离心力的作用，这是人类首次通过天文观测之外的方式来探测地球的自转。里歇尔和卡西尼分别在卡宴和巴黎计数了两个相同时钟的摆动次数，他们就像是伽利略举的例子中的那两位朋友。即使不去观看外部的世界（天空和星星），他们也能通过力学实验认识到，地球不是一个伽利略参考系。

在赤道附近，离心加速度让重力减少了大约 0.34%，而在巴黎所处的纬

---

2 1633 年，伽利略（1564—1642）在教会的压迫下，被迫撤回了其日心说的主张。据说，他仍然小声地说了一句："但它（地球）仍在动啊！"

度，则仅让重力减少了 0.15%。这其中 0.19% 的差异，可以解释与重力加速度的平方根成正比的摆锤频率的 0.095% 的变化。这可以解释在卡宴和巴黎两地的钟摆每天约八十秒的偏差，而观察到的差异几乎是这个数值的两倍。

那么，惯性离心力是否只是一部分解释？惠更斯在 1687 年注意到，这种离心力以另一种更间接的方式影响了人们观察到的现象。在自转的影响下，地球不再是一个完美的球体，而是一个两极扁平、赤道略微隆起的椭球体。对木星的观察清楚地表明，作用在行星上的离心力可能让它产生这种形变，木星自转速度很快，因此具有明显的扁圆形状。地球内部存在着流体岩浆，它在火山爆发时上升到地表，据此考量我们可以将地球视为是由具有延展性的物质构成，并且其形状会取决于重力的向心效应和自转产生的离心加速度之间的平衡。惠更斯建立了一个模型，表明这种平衡确实可以导致椭球形的地球，其两极更加扁平。1690 年，牛顿也将他的万有引力理论应用于同一问题，他计算出了比惠更斯模型更高的扁率。

这样一种形变，在任何情况下，其效果一定会加成在直接作用于摆锤的离心力效果上。地球的扁率导致了处于赤道上的点比处于温带纬度的点距离地球中心更远。因此，与在巴黎相比，赤道附近的重力更小，这个效应被加成在直接作用于摆锤的离心力的两地差异上。该效应朝着正确的方向进一步解释了实际观测到的摆的频移和相对较小的仅由地球自转的惯性力贡献的频移之间的差异。

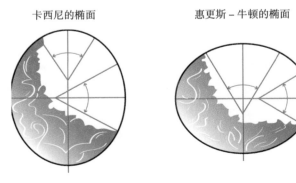

图 2.11　卡西尼的地球形状模型与惠更斯－牛顿的地球形状模型。

由此，测量地球的大小和估计其确切形状的问题在 18 世纪初有着极大的科学意义。在法国为了绘制一张精确的全国地图而进行了一次大型的三角测量活动之后，地球是否真的是扁的成为了一个有争议的问题。路易十四要求他的院士们和巴黎天文台的天文学家们利用当时最高效的技术来重新绘制他的领土，这个项目在路易十五时期继续进行。我前面提到的使天文观测成为可能的带有微调和标线的精确折射望远镜可以被改造后用来精确地定位法国乡村的古迹或自然岬角，并进行超精确角度测量。这样，就可以定义能够密铺整个国土面积的一系列三角形，首先是沿巴黎子午线的一串三角形，然后是在其他地区。只要沿着三角形的一条边仔细平移一根量尺测得其长度后，就能够通过三角函数表求得其他两条边长。

通过将这些丈量与天文观测结合起来，就可以测量出 1° 纬度在巴黎子午线上对应的长度。这些测量是在多梅尼科·卡西尼（他和里歇尔一同测量了火星的视差）的儿子——雅克·卡西尼（Jacques Cassini）的主持下完成的，结果似乎表明法国北部的 1° 纬度要比南部的 1° 纬度短一点，于是人们得到了这样的推论：地球不是像橙子那样的扁椭球，而是竖立的长椭球，像柠檬一样向两极拉长，在赤道区域变窄。这与里歇尔的实验结果以及惠更斯和牛顿的计算结果相悖，但卡西尼在学术界有很大的影响力，因此这个问题被暂时搁置。1735 年，法国皇家科学院决定通过一次无可争议的测量来解决这个问题。皮埃尔·路易·莫佩尔蒂（Pierre Louis Moreau de Maupertuis）院士是这么说的：

　　学院就这样分裂了；当国王希望对这一重大问题给出定论时，学院自己的知识和智慧让它变得犹疑不决。这个问题并不同于哲学家们那些从空想或无用的微妙之处出发而得到的虚妄猜测，而是必将对天文学和航海学产生真正的影响。为了确定地球的形状，有必要对子午线上的、纬度尽可能不同的两个单位角度进行比较；因为如果这些单位角度的弧长随着从赤道到极点增加或减少，相邻单位角度之间过小的差异可能会被混淆为观测的误差，而如果被选择的两个单位角度之间彼此相距甚远，这种差异重复的次数等同于间隔角度的度数，从而累积形成一个相当可观的总数，以至于无法逃脱观测者的注意。

因此，由皇家科学院提议，路易十五决定派遣两支探险队，一支向极地地区进发，另一支则前往厄瓜多尔的基多，此地靠近当时所谓的"等昼夜区"，隶属于西班牙秘鲁的总督辖区，以测量两个尽可能相隔遥远的气候带内的1°纬度。1736年，莫佩尔蒂本人亲自带领一支探险队前往芬兰的拉普兰区，而另外两名院士，夏尔勒·玛丽·德·拉·康达明（Charles Marie de La Condamine）和皮埃尔·布格（Pierre Bouguer）则带着另一支探险队前往秘鲁。去秘鲁的这支探险队历经了长达十年的非凡探险。而莫佩尔蒂在1737年就将他的测量结果带回了巴黎。测量的精确度很高，足以表明极地地区1°纬度的长度明显大于在巴黎测量的1°纬度的长度。莫佩尔蒂认为，无需等待拉·康达明他们的回归，他的测量结果就足以证实，地球确实是一个扁平的椭球体，与卡西尼父子的论断相反。据说，伏尔泰得知此消息后，还给莫佩尔蒂发来了祝贺，祝贺他将地球和……卡西尼父子"顺利压扁"。

1744年，布格早于他的同伴回到了巴黎，他提交给皇家科学院的报告证实了莫佩尔蒂的结论。今天的我们，从比18世纪的测量结果精确得多的卫星观测中得知，地球赤道半径和极地半径之间的差异是21.3公里，平均半径为6367公里，或者可以说地球的椭圆率为1/298。该数值更接近牛顿的计算（1/230），而不是惠更斯的预测（1/578）。

这段历史的细节我本来已经忘记了，不过，几年前，我和克洛迪娜前往厄瓜多尔旅行，我们来到了基多以南约70公里处科托帕希火山脚下的一个由旧庄园改建的酒店，我突然想起了这段往事。巴黎科学院在这里立了一块牌子，提醒人们——1742年，拉·康达明曾经在此驻留。他在测量赤道以南从基多到昆卡的子午线的过程中经过了那里，并观察到了科托帕希火山的爆发。在拉·康达明路过之后大约60年后，这间庄园也接待了伟大的博物学家亚历山大·冯·洪堡（Alexander von Humboldt），他在南美洲旅行期间发

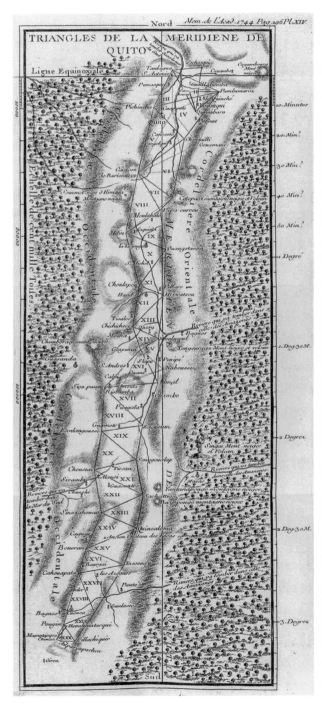

图 2.12 基多子午线地图，上面还绘有布格和拉·康达明在西班牙殖民地秘鲁考察时所测量的三角形。[图片来自 1744 年的《科学院年鉴》（Annales de l'Académie des sciences）]

现了智利和秘鲁沿海的寒流，现以他的名字命名（洪堡凉流）。克洛迪娜和我有幸在 1802 年洪堡所入住的套房里度过了两个夜晚。

拉·康达明的这次"南下"探险，一共持续了 13 年。他从秘鲁沿着亚马孙河的路线返回，然后到达大西洋沿岸的卡宴。由于布格此前已经报告了探险队的科学成果，拉·康达明在给科学院的报告里描述了他所穿越的、彼时尚未所知的地区，这与其说是一份物理学的报告，不如说是一份地理和人种学的报告。

当时，物理学和地理学是两门密切相关的科学。航海学中的一个重大问题就是如何准确地确定海上的经度。一个自然而然的方法是，将通过观测太阳的高度或星星的位置而得到的当地时间与此时此刻某参考经度处的时间进行比较，例如巴黎时间或格林威治时间。一种可能的方法是观察某种天文现象，比如木星的卫星木卫一的全食，巴黎天文台已将木卫一的复现时间按巴黎当地时间制成了表格。因此，原则上，只要木星可见，且船上装有性能良好且稳定的望远镜，无论身处世界上任何地方，都能知道巴黎时间。不过，这确实不太现实。

另一种方法是在船上携带一个时钟，其精确度足以使其在航行的几周或几个月内保持母港的当地时间。惠更斯曾经试图改进他的摆钟，使其能够避免受到船只颠簸的影响——显然颠簸的船只与伽利略参考系相去甚远。但改造的结果令人失望，于是，英国海军部设立了一个悬赏竞赛，奖励能制造出比摆钟的结构更紧凑、更抗扰动影响的航海表的制表师。这种航海表的计时将基于一个小弹簧的振荡，而不是一个笨重摆锤的摆动。其误差必须被限制在每月几秒之内。英国制表师约翰·哈里森（John Harrison）赢得了悬赏。他发明的航海时计被配备于 18 世纪下半叶的所有英国船只之上。

对地球的精确测量在法国大革命期间及其后持续为学者们所关注。启蒙运动的普遍性使得"定义一个让全世界都能接受的统一计量单位"成为一个崇高的科学目标。这除了因为科学家们的理想主义之外，还因为商人们的现实主义，他们看到了用一个统一的标准来取代世界各地使用的数百个分裂的单位如"尺""寸"及不同长度的量尺等的好处。有一段时期，人们认为一个自然的单位可以是一个周期为两秒的摆的摆线长度，其测量结果恰好约等于现在的米。但是由于这一标准会随着纬度的改变而改变，于是支持者们逐渐放弃了这个想法。该标准需要额外添加一个纬度校正，让这样的单位变得很不实用。

法国大革命期间，国民公会[3]决定，将长度标准建立在属于全人类的地球的尺寸上，从而使得所选单位具有所希冀的普世象征。"米"随后被定义为从极点到赤道之间距离的千万分之一。为了定义这个通用米，德朗布尔和梅尚进行了我在本章开篇提到的三角测量。在这个过程中他们追随着地球勘测前辈们的脚步：卡西尼父子，莫佩尔蒂，拉·康达明和布格，以及那些陪同他们的众多同事们。

我将光科学的早期历史与测量地球的历史联系在一起，是因为这两场科学冒险有着许多相似之处。一方面，同样的关键人物同时参与了两者，另一方面，它们的发展都基于同样的数学、天文学、物理学和地理学方面的新发现。正是由于在这两场科学冒险中取得的进步，现代科学才得以形成，同时巩固了其原则和价值。我们今天所认知的科学方法的基本特征在彼时已经得到了很好的确立。基础发现和仪器发展之间的相辅相成尤其引人注目。这段历史也证明了研究的不可预测性，它常常将科学家引向出乎意料的道路。让我们想一想伽利略，在他试图使用天真的方法测量光速并失败后，完善了他的测量仪器，而约50年之后，正是这些仪器帮助我们测量出了光速——伽利略当时绝对不会想到这一点。再让我们想一想让·里歇尔，他本来是要去测量地球到火星之间的距离的，却出乎意料地做出了能够揭示地球形状的观测。现代科学之中，也充满了这些惊喜。

追求精确

17世纪和18世纪的科学史也显示了测量的重要性和人们对精确度的追

---

3 国民公会存在于1792年9月21日至1795年10月26日，是法兰西大革命时期的单一国会。

求。正是通过越来越精确的测量，当时的科学家们有时会发现一些出乎意料的、具有重要成果的效应。如今，这种对精确的追求继续推动着科学的发展。恰好，扁圆地球的问题让我有机会通过一个类比，来说明对更精确的测量的追求可以得到什么样的结果。地球自转的物理是关于角动量的物理，就像我在上一章中提到的电子和原子核的物理一样。从这个意义上讲，我们可以说惠更斯、牛顿和莫佩尔蒂关心的是我们行星的"自旋"。他们表明，这种地球内秉旋转运动产生的自旋的存在，会导致一种扁化效应，从而打破了一种在古人看来是理所当然的基本对称性。对古人来说，地球确实应该是一个正球体，因为它是上帝——用费马的话说，是自然——必定会为之选择的完美形状。然而，经过一个精巧的实验以及精细的计算，表明了这种对称性（正球形）只是近似的，地球的实际形状偏离于它被一度认为的理想形状。

今天，在原子物理学中也出现了类似的情况。电子具有自旋，一种内秉的旋转属性，并且伴随着一个磁矩，就像经典意义上的任何旋转电荷分布一样。量子物理学将电子视为基本电荷，它被一团由光子、电子和正电子这些虚粒子所组成的"云"所包围，它们以很快的速度产生又消失。在描述兰姆移位时，我已经提到了量子真空的这种图像，它是一团充斥着转瞬即逝的粒子的"云"，围绕着电子进行涨落。

根据目前粒子物理学理论——物理学家称之为"标准模型"——的一个基本对称性，这团"云"中的电分布不应该偏向空间内的任何方向。也就是说，电子除了其具有方向性的自旋磁场之外，还应该在其周围产生一个完美球对称的电场。根据库仑定律，该电场会沿着所有方向减弱，其强度与到电子的距离的平方成反比。这一定律类似于完美球体中均匀分布的质量的引力定律。

然而，某些线索，特别是来自宇宙学的线索，让我们开始思考"标准模型"或许并不是最终的真相，而且电子实际上或许会有一个非常轻微的非球形电荷分布，这可以由在量子真空中迄今为止还未观察到的新粒子造成。我将简要地介绍支持这些假想粒子存在的宇宙学论据，因为这些论据说明了物理学的基本统一性以及天体物理学和量子物理学之间的深刻联系。

通过对越来越远的距离尺度上的测量所观察到的星系的旋转运动，已经不能用已知的、在光学上可见的物质对这些天体施加的引力的法则来解释。为了理解这些旋转的特性和星系的稳定性，我们必须考虑暗物质的存在——之所以称之为暗物质，是因为它不会与光发生相互作用，从而无法被光学仪器检测到。

通过施加引力对抗由于星系自身旋转而产生的巨大离心力，暗物质保证了众星系的内聚并防止了它们解体。宇宙学的估计表明，这种暗物质的总质量应该是宇宙中所有正常物质原子总质量的五倍左右，后者构成了我们和我们周围的所有物体。对这种不可见物质存在证据的探索在如今非常活跃，而关于电子中电荷分布的实验就是其中之一。

如果这种看不见的、转瞬即逝的粒子散布在量子真空中，那么电子中的电荷分布就可能存在着轻微的不对称性，会在一个正圆形的带电球体之上，增加一个由符号相反并且彼此之间有轻微偏移的电荷组成的小电偶极矩。在自旋指向的方向上的、略微的多余电量将对应于相反方向上略微的电量不足。电荷分布将不再是完美的圆形，而是有一个带有非常轻微变形的非球体形状。

这个沿着电子自旋方向的假想电偶极子将改变其周围产生的电场的分布。这恰好有点类似于地球的情况，因为地球的扁化改变了其引力场的分布。不过，这种效果异乎寻常地微弱。虽然我们很难给电子的大小指定一个精确的数值，但我们可以把它定性为一个半径为 10^{-15} 米的经典的小型电球，其周围围绕着一个体积约为其一千倍的、由虚粒子构成的球形云。目前最精确的测量结果已经验证了电子球体的缺陷如果用其在自旋方向上的半径和横向方向上的半径之差表述，那么这个量不超过 10^{-31} 米。因此，电子电荷在两个正交方向上的半径之差为经典电子半径的 $1/10^{16}$ 数量级（相当于万万亿分之一！）。这与衡量地球对称性破缺的因数 $1/300$ 相差甚远。如果电子像地球那么大，那么它的赤道半径和极地半径之间的差异不会超过一个分子的大小！

尽管这些数量级看起来小得令人难以想象，但物理学家已经能够以这种难以置信的精确度来检验电子的完美球形。通过这些试图进一步降低电子电偶极矩上限的实验，人们可能很快就会发现电子电荷分布在 10^{-32} 米或更低的数量级上的不对称性。实现这种测量的设备，比起里歇尔的摆钟和前往极地与秘鲁安第斯山脉的勘测员的望远镜要复杂得多。激光在实现如此精确的精度的方面发挥了至关重要的作用，这在这些仪器出现之前是无法想象的。目前的测量精度已经可以否定电子周围的云中某一些假想粒子的存在。

如果通过提高测量精度，我们最终发现了对称性破缺，那么我们可能会在量子真空中发现新的粒子，从而有可能为占宇宙大部分物质质量的神秘暗物质的性质提供线索。驱动这类研究的基本想法与在 18 世纪驱动法国皇家科学院测量地球的想法相同。如果我们能够回答一个基本的科学问题，那么我们就应该尽可能去找到答案，即使过程很困难，并且需要付出很多努力。在这个意义上，今天的科学家们与启蒙运动时期的科学家并没有什么不同。

基础科学、商业、国力与技术

总之，路易十四和路易十五统治时期的科学史揭示了基础研究和应用研究之间很早就形成的联系。科学家们为了满足他们对光速或其在空气和物质中的传播的好奇心而试图回答的问题所引发的新发现，在导航和时间测量方面有着实际的应用。于是，在美洲的殖民帝国和亚洲的欧洲贸易站扩张之时，这些应用为贸易的发展做出了贡献。反过来，出于商业目的而进行的远行也使得绘制地图和测量距离成为可能，从而推动了知识的发展，例如，在人们首次估算光速的时候，知道卡宴和巴黎之间的距离正是计算光速的基础。

从那时起，很明显的一个事实是：科学研究是一项昂贵的活动。当皇家科学院派遣莫佩尔蒂和拉·康达明去测量地球形状的时候，他们各自带了一个团队，其中包括天文学家、数学家、负责量尺和其他必要仪器的匠人，以及大量的后勤人员。而这次出行，其中一个团队耗时几个月，另外一个则耗时好几年。显而易见地，当时很有可能就会有人提出疑问，花这么多钱来满足院士们的好奇心是否是合理的，正如我在前面引用的莫佩尔蒂的文字所示。他小心翼翼地写道，这些探险不是简单地为了回答"哲学家们时而浮现出的、无用的微妙想法"的猜测，而是对天文学，特别是对航海有至关重要的意义。

在"无用的"基础科学和对人类活动有用的应用研究之间的无形对立在那时就已经存在了。今天的物理学家们，在为他们的基础研究的实验项目撰写提案以申请资助的时候，不可避免地会用到同样的论证。我想，我的同事们在为极其精细的电子电偶极矩测量实验申请资金支持的时候，他们应该模仿莫佩尔蒂的做法，谈一谈他们的实验对我们理解宇宙学的潜在重要性。

科学能够作为确保国家实力和影响力的一种手段，这也是 17 世纪和 18 世纪科研得以发展的一个重要因素。英国皇家学会（1660 年）和法国皇家科学院（1666 年）几乎同时成立，这证明了当时这两强之间的竞争关系。惠更斯的故事也表明了"伟大世纪"时期法国的影响力：他曾经是皇家科学院和巴黎皇家天文台多年的成员，他用法语创作其著作，并将这些著作献给太阳王（路易十四）。意大利人让 - 多梅尼科·卡西尼来到巴黎，兴起了一个遍布学者和天文学家的时代，还有丹麦人罗默的到来，这些也表明了法国在 17 世纪和 18 世纪的吸引力。

彼时，伟大的科学探险活动无疑是为了彰显国王的声威而获得资助的，这样国王就可以表明他有财力派遣他的科学家到世界各地去回答那些深刻的问题。如今，建造大型仪器——粒子加速器或巨型望远镜——其目的是回答基础科学的问题，同样也是为了巩固资助这些仪器的国家的科学和文化影响力。

对光的研究和对时间与空间的测量，从"伟大世纪"和启蒙时代起就交织在了一起，接下来它们始终共同发展，一直到今天。在可见光之外，人们即将迎来不可见辐射，比如无线电波、微波和 X 射线。能够产生和利用这些辐射的仪器使得以极高精度测量时间和勘测地球成为可能，这种精确度之高，是惠更斯和莫佩尔蒂无法想象的。而且，除此之外，它们还让我们能理解、能做到的事情多了许多。

第三章

法拉第实验室的沉思与浮想

　　几年前，我应邀来到著名的研究机构——大不列颠皇家研究院做了一个讲座，作为"周五晚间讲座"系列中的一讲。创立于1799年的皇家研究院位于伦敦市梅费尔区的一座宫殿建筑之内，坐落在优雅的阿尔伯马尔街道上，靠近白金汉宫。"周五晚间讲座"总是按照一套一成不变的仪式来举行，在发表演讲之前，我会被告知仪式细则。我必须穿上燕尾服，进入这座两个多世纪以来接待了英国科学界所有一流人物的、挂满了红色帷幔的圆形剧场。我必须在20点从演讲台左边的门进入，而讲座的主席则会从右边的门悄悄进入。没有任何一句多余的话，我必须在20点钟准时在聚光灯下开始我的演讲，并在21点钟声敲响的时候结束，事实上这座钟就位于我的对面，我能清楚地看见每分每秒时间的流逝。令我更加难忘的是，在观众完全入场之前，我不得不被单独"关在"毗邻圆形阶梯教室的一间等待室里。这种"隔离"是为了确保，如果我突然感到怯场，我不能像19世纪的一位演讲者那样，在关键时刻逃跑——这迫使皇家研究院当时的主任迈克尔·法拉第（Michael Faraday）不得不临时上阵替他做了演讲。

　　我欣然接受了这些"严苛"的条件，因为能够在这个地方主讲关于光的专题是一种莫大的荣誉，很多光学和电磁学的基本发现，都曾在这里做出并进行展示。托马斯·杨在1801年至1803年之间，在这里发表了关于光干涉现象的演讲；迈克尔·法拉第介绍了他关于电磁感应的发现；麦克斯韦在1861年的演讲中介绍了色觉；开尔文勋爵在1900年提到了古典科学天空中两朵著名的乌云，拉开了量子物理和相对论革命的大幕。所有这些辉煌的历史，比那些我不得不"忍耐"的奇怪"规矩"更让我印象深刻，让我不由地接受了这次的"挑战"，用我那口音浓重的"高卢系英语"向观众们谈论量子光学。

大不列颠皇家研究院是一个独特的机构，有点像是英国版本的法兰西公学院。像后者一样，它就科研前沿的重要课题提供公开讲座，且并不授予学位。它和皇家学会的关系就类似于法兰西公学院和法国科学院。皇家研究院的成员们通常也是皇家学会会员，就像法兰西公学院的教授通常也是法国科学院的院士一样。皇家研究院和法兰西公学院是各个领域的科学进行实验室研究的地方，而皇家学会和法国科学院则更像是以专题论文形式介绍研究情况并给予相应奖励或表彰的机构。19世纪托马斯·杨向皇家学会提交的论文，得到了马吕斯和菲涅耳向法国科学院提交的论文的回应。法拉第在皇家研究院进行的实验，也应和着同一时期安培（André-Marie Ampère）和毕奥（Jean-Baptiste Biot）在法兰西公学院进行的实验。

讲座结束后，我参观了位于皇家研究院地下室的法拉第实验室，科学历史的气息萦绕此地，牵动着我的心绪。这里有法拉第的实验设备，比如最早的电动机、变压器和发电机，借助这些由线圈和磁铁组成的简单组件，这位自学成才的科学家提出了物理学中"场"的概念。我还看到了一些玻璃容器和电极，法拉第用这些器材建立了电解定律。在实验室隔壁的图书馆里，我浏览了法拉第和安培之间的通信，法拉第用英语写作，而安培用法语。在精致又礼貌的措辞背后，我感受到了两个人之间激烈的科学竞争和他们背景的差异。法拉第的直觉弥补了他在数学方面的不足。他自己也承认，他看不太懂他的法兰西同行——安培的计算过程，但这并不妨碍他批评后者工作的这个或那个方面，也不妨碍当他在发现某些效应时，面对安培的抗议，坚决地捍卫自己第一发现者的地位。

这种与旧日科学的接触让我产生了一种既陌生又熟悉的复杂感受。陌生，是因为我可以感受到学者们面对旧时代问题时的疑虑和犹豫，而当初困扰他们的问题，放在今天连学生们都可以轻易解答，由此可见，当我们已经知道历史的走向时，把自己放在过去时代的研究者的位置上，跟随着他们的推理，想象他们的内心活动，是多么的困难。熟悉，是因为我在法拉第和安培的通信中，看到了今天的研究人员与世界各地的同事之间那种类似的联系。穿越了英吉利海峡、超越了刚刚从长期战争中走出来的国家之间的竞争，终于出现了对科学真理的共同探索，当然，这并不意味着竞争和对"首先发现"的追求就不存在了。实际上，在这一点上，两百年来情况并没有发生任何变化。

不过，在皇家研究院度过的那个夜晚，也让我产生了一丝沮丧。尽管法拉第博物馆拥有对于行内人来说至高无上的"宝藏"，但是对于大众来说，却是一个相对不为人知且人迹罕至的地方。然而，在这里诞生的概念和设备彻底地改变了我们的生活。普通大众对这些科学革命知之甚少，如今的科学家在这段历史的痕迹面前所能感受到的巨大情感冲击，对于大多数没有接受过科学训练的人来说，是无法理解的。就在那个晚上，我萌生了撰写一部关于"光"的科学史的想法，这段历史在上一章开篇，在这一章中，我还将继续我的讲述。我认为，想要理解当代关于光及其与物质之间相互作用的研究的范围，有必要将其置于整体背景之中，试图与非科学界人士分享各种科学想法之间的关联以及所采用的科学方法的连续性，一言以蔽之，让大众能够感受到被认为是牛顿所说的那句话的深刻含义，即每个科学家都是"站在他之前的巨人的肩膀上"看世界的。

因此，在惠更斯和牛顿的竞争故事之后，让我们继续这部关于光的历史。虽然启蒙时代名义上是"光的时代"[1]，但是它并没有给人们对光辐射认知带来多少新的想法或实验，也没有真正地让我们在光的波动理论和微粒理论之间做出决断。在这个问题上，决定性的进展发生在 19 世纪的前 20 年，即拿破仑战争和复辟时期。这段历史的主角是英吉利海峡两岸的英国科学家和法国科学家，尽管两国之间存在着冲突和竞争，但他们从未停止过科学合作。

---

1 启蒙时代（Siècle des Lumières）的法语在字面意义上就是"光的世纪"。

杨对牛顿的挑战

这一时期，这一领域的进步主要要归功于两位科学家，来自英国的托马斯·杨和来自法国的奥古斯丁·菲涅耳。就像 17 世纪和 18 世纪的那些伟大前辈们一样，杨拥有一颗全才的大脑，他既是语言学家，也是医生和物理学家。他为英国公众所熟知，是因为他在商博良（Jean-François Champollion）之前就开始破译法国和英国的军事探险队从埃及带回的古埃及象形文字。最终，是商博良通过分析保存在大英博物馆的那块著名的罗塞塔石碑，得到了这次破译工作的完整"密钥"，但杨此前已经猜出了一些对这项工作非常有用的元素。长期以来，在英国和法国之间，始终存在着关于这一重要的、语言和历史发现的原创归属的争论，不过争论的内容大体都带有一些主观性。而杨与菲涅耳之间的科学竞争则不然，这一竞争从未失去科学所需的客观性。

杨接受惠更斯的想法，反对牛顿的观点，这在一个崇尚牛顿的国家需要很大的勇气，从 1801 年起，杨在皇家学会的贝克尔讲座（Bakerian Lectures）中，提出了基于一系列实验的光的波动理论，首次解释了光的干涉现象。在其开场讲座中，杨提出了一个色彩理论，该理论基于"光是由类似于声音的波组成"的观点。惠更斯已经有过这样的论述，然而，杨又加入了光的波长这一基本概念。光的振动是由一连串的波峰和波谷组成的，以光速在以太中传播，就像湖面上水波的传播一样。这些波相互叠加，其效应相加或相减。如果它们在同一点上同时达到峰值，那么它们的效应会相互加成，导致"更亮"的效果。如果其中一个光波的波峰和另一个光波的波谷相遇，它们就会相互抵消，从而产生黑暗。

杨明白，光的颜色与它的波长直接相关。因此牛顿环不再是一个谜团。取一个平凸透镜，使其下凸面与一个透明玻璃片直接接触，如果我们观察通过这一装置所透射的白色阳光，可以看到以接触点为中心的彩虹色圆圈。这是由于不同颜色的光波都产生了干涉——直接透射的光波以及在透镜凸面和玻璃片上表面之间反射一次的光波之间的干涉。当两光波的光程差，即玻璃平面和球面之间间隔的两倍，等于波长的整数倍时，这些波就会得到增强。相反，当这个光程差等于半波长的奇数倍的时候，两个光波就会相互抵消。当两个玻璃表面之间空气夹层的厚度随着相对接触点的距离增加而增加时，相长干涉呈一组同心圆出现，它们的一组半径取决于光的波长。于是，牛顿所提出的、模糊的"突发"概念可以被一个非常清晰的模型所取代。通过测量各种颜色的环的半径或直接采用牛顿所测量的数值，杨能够估算出对应于光谱中不同颜色的光的波长，从 0.0000266 英寸到 0.0000174 英寸，也就是从红色到紫色。

这些波长等于它们的周期与光速的乘积，当时布拉德雷的天文学测量

托马斯·杨
(1773—1829)

每一种光波振动的绝对长度和频率如下表所示：假设光的速度为 8.125 分钟内传播 500 000 000 000 英尺。

颜色		空气中一个波动的长度（英寸为单位）	一英寸中的波动数	每秒波动的次数（万亿）
红	极端	0.0000266	37640	463
		0.0000256	39180	482
橙	中间色	0.0000246	40720	501
		0.0000240	41610	512
黄	中间色	0.0000235	42510	523
		0.0000227	44000	542
绿	中间色	0.0000219	45600	561
		0.0000211	47460	584
蓝	中间色	0.0000203	49320	607
		0.0000196	51110	629
靛	中间色	0.0000189	52910	652
		0.0000185	54070	665
紫	中间色	0.0000181	55240	680
		0.0000174	57490	707
	极端	0.0000167	59750	735

$(\approx 2^{48})$

图 3.1 托马斯·杨绘制的关于不同颜色可见光的波长（以英寸为单位）和频率的表格，从上到下分别为：红色光、橙色光、黄色光、绿色光、蓝色光、靛色光和紫色光。这些频率的计算是基于自布拉德利以来当时所知的光速值（光在 8 又 1/8 分钟的时间内，从太阳来到地球，行进了 5000 亿英尺）（图片来自杨在 1801 年 11 月的贝克尔讲座）。

已经给出了精度相当高的光速数值。因此，杨可以在人类历史上第一次测量光波的周期。黄色光的频率相当于每秒 561 万亿次振动，这个数字接近 2 的 49 次方（2 乘以自身 48 次！）。这是人类第一次能够准确地估计一个与我们的日常经验所习惯的数量级相去甚远的大数量。直到两个世纪后，由于激光的出现，我们才能够设计出可以直接数出这些巨大频数的设备，从而创造出精度极高的光钟，比惠更斯的摆钟，甚至哈里森的航海时计都要精确数十亿倍。

杨还首次给出了光的衍射现象的精确描述。来自点光源的光线照在一根细线上，在细线投射的阴影内外会形成平行于细线的明暗条纹。杨指出，这些条纹对应的是越过细线两侧光波的干涉。这种干涉效应存在的关键性证据就是，当照射细线的光在一侧被一块纸板挡住后，条纹就消失了。用白光观察到的衍射条纹显示出了彩色的虹彩，这也可以用干涉的概念来解释，因为不同颜色的光波占据了不同的条纹位置。

杨对衍射的研究让他发现了反射性表面上刻槽的色散特性。他利用这些槽纹细小凹凸上被反射光之间的干涉来解释这些特性。我们可以通过观察在 CD 盘或者 DVD 盘上反射的灯光或太阳光来观看这些彩色的干涉现象。由多组平行金属线制成的衍射光栅也利用了同样的干涉效应，曾被夫琅禾费用于研究太阳光谱（见第一章）。自从杨的时代以来，通过在玻璃或金属表面塑刻均匀间隔的槽纹而制成的光栅就成了光谱仪中实现光色散的基本构成，相对于牛顿时代的棱镜效果更好，从而取代了后者。

这位英国物理学家所做的最著名的实验，后世称为"杨氏双缝实验"。这个实验大概是在 1801 年完成的，其描述发表于 1807 年。杨在一个屏幕上投射一束光，屏幕上扎了两个彼此相邻的小孔，这样就获得了两个距离非常近的光源，它们的光波在屏幕的另一侧发生了干涉。杨通过一块平坦的纸板收集发生干涉的光线，他观察到了双曲线形的条纹，明暗交替。这些条纹对应于与两个小孔的光程之差分别等于半波长的偶数倍或奇数倍的点的集合。就像细线衍射的图像一样，白色的太阳光经过双缝干涉会得到彩虹色的条纹，这是因为干涉现象对于不同颜色的不同光程差都同样会发生。

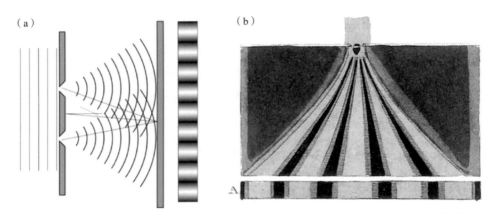

图 3.2 杨氏双缝实验。(a) 实验原理。在一个不透明的屏幕上，扎有两条相邻的平行狭缝，一束光线透过两条狭缝，形成了两个点光源，它们辐射的光波发生干涉，并在屏幕上形成条纹（来自维基共享资源）。(b) 杨在 1807 年的《自然科学会报》(*Philosophical Transactions of the Royal Society*) 上发表的干涉绘图。

    杨还带领着两名潜水员做了另一个水面上的振动波干涉实验，他将这个实验和双缝干涉实验进行了比较，为光的波动本质给出了显著的证明。微粒模型的支持者试图将这种现象解释为相互作用，他们提出小孔边缘施加在光微粒上的力造成了光线的偏折。他们对细线衍射现象也给出了类似的解释，认为光线与细线边缘的相互作用偏折了光线原本的直线路径并落入了细线阴影。不过这些理论并没有存活太久，因为菲涅耳在随后的几年中，对杨氏光波理论提供了细致的说明与澄清。

光的偏振

    不过，在介绍菲涅耳的研究工作之前，我们得先回到卢森堡宫，夕阳在宫殿窗户上形成了反射，照向了马吕斯家的公寓。这位工程师是巴黎综合理工学院最早的几批毕业生之一，曾经参加过埃及－叙利亚战役，他萌生了一个想法：透过一块冰洲石来观察宫殿窗户反射的光线。这块晶体的一面垂直于光线方向。当马吕斯绕着光线的方向旋转冰洲石的时候，他发现，寻常光透射的光强度在某一特定角度达到最大值，在这个角度再转过 90° 后达到最小值，而非寻常光则呈现相反的规律。对于以一定入射角度照到玻璃窗上的光线来说，寻常光可以完全消失，此时光线将沿着非寻常光的路径前进。此时转动冰晶石，当寻常光全部穿过时，消失的是非寻常光。从最大透射到完全消失，光的强度随着旋转角余弦的平方的变化而变化，这一特性后来被称为马吕斯定律。提醒一下，在直角三角形中，斜边与直角的某一边所形成的角的余弦等于这一边与斜边的比值。当这个角度从 0 增加到 90° 时，其余弦值从 1 减少到 0。

马吕斯观测到的效果，类似于惠更斯在分析连续穿过两块冰洲石的光线时所观察到的光线传输效果。由透明表面反射的光——在马吕斯的实验中是玻璃（但水也能得到类似的效果）——就像由冰晶石透射的光一样，呈现出某种各向异性，打破了围绕光线方向的旋转对称性。马吕斯将这种光的各向异性性质称之为"偏振"。他的实验表明，偏振不仅是光在通过某些奇异的晶体时所获得的特性，而且是在所有的反射和折射现象中都会表现出来的、光辐射的普遍特性。

在马吕斯观察到"偏振"现象的同期，英吉利海峡的另一端，托马斯·杨正在为证明光的波动本质而努力积攒证据，不过，直到 1812 年马吕斯去世，他依然坚持试图用微粒模型来解释偏振现象，认为这是由于"光分子"的各向异性所造成的。在"光分子假说"这条路上，追随马吕斯的还有当时大多数物理学家，特别是法国的让－巴蒂斯特·毕奥和英国的威廉·沃拉斯顿（William Wollaston），这体现了波动理论在当时持续面对的重重抵抗。

菲涅耳与波的胜利

从 1815 年起，菲涅耳继续了托马斯·杨的实验，并将其扩展到对光的偏振的分析上，最终让光的波动理论取得了真正的胜利。菲涅耳表明，波动理论能够定量和准确地解释所有关于光辐射在普通透明介质以及双折射晶体介质中传播的实验。他的解释比那些支持微粒理论的人所创造出来的、试图为牛顿的观点辩护的、越来越复杂的模型更简单、更准确。最重要的是，他清楚地确定了光是一种横波，在垂直于其传播方向的平面内振动。由双折射现象或由透明介质或镜子表面的反射所产生的偏振光，在一个明确的方向上振动，而来自太阳的自然光或灯光则在一个随机的横向方向上振动，并随着时间的变化而迅速变化。

关于菲涅耳的工作，我们得多说几句，因为它标志着我们对光和光学的认知进入了一个关键的阶段。菲涅耳不会说英语，因此不知道杨用英语所发表的关于光的研究的精髓，但是菲涅耳靠着重复杨所做过的大部分的干涉和衍射实验开始自己的研究，不知不觉地以相差数年的进度追随着他的脚步。他在动荡时期的艰苦条件下进行了最初的实验。作为一名保皇党人，他不得不在百日王朝²期间逃离巴黎，逃往诺曼底的老家避难，他没能带上他的光学仪器。在诺曼底，他尝试着用一些临时性的手段进行实验，这证明他具有极其出色的聪明才智。为了创造一个点光源，他用牛顿已经使用过的方法，让一束阳光通过在护板上钻的小孔进入他的房间。由于他没有玻璃透镜，他用一滴蜂蜜来聚焦这束光线，从而创造了一个准点光源，然后用它来进行衍射实验。

在这次被迫流亡期间和波旁王朝复辟后回到巴黎的几年里，菲涅耳通过精确地推广惠更斯的次波原理，建立了障碍物衍射的定量规律。他观察到、并以更严谨的数学方式解释了杨在几年前所描述的条纹和干涉现象。他表明，相对光的波长尺寸非常大的障碍物，一般会产生一个轮廓清晰的阴影，在几何阴影内，照明程度会迅速下降。这解释了光辐射的直线传播，回应了牛顿的批评，即波动理论只能导致光在屏幕后面荒谬地出现，甚至远离这些障碍物的边缘。

1819年，菲涅耳在巴黎的法国科学院介绍了他关于衍射的论文，在随后的讨论中，西梅翁·德尼·泊松（Siméon Denis Poisson）院士指出，在

---

2 百日王朝（1815年3月20日—7月8日）又称第七次反法同盟战争，是指拿破仑一世从厄尔巴岛逃离后重返法国，至路易十八二次复辟的一段时期。拿破仑第二次重返帝位总共111日，因此史称"百日王朝"。著名的"滑铁卢战役"就发生在此期间。

奥古斯丁·菲涅耳
（1788—1827）

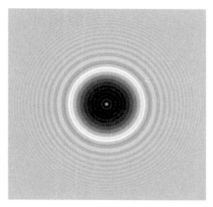

图 3.3　泊松 – 菲涅耳光斑：在一个不透明圆盘的阴影中心出现了一个亮点（图片来自巴黎高等光学学院）。

一个特例中，波动模型会导致一种绝不可能的后果，按照他的说法，这恰好证实了牛顿的批评。被一束平行光线照亮的、不透明圆盘的阴影，必定会在圆形阴影的中心出现一个亮点，因为来自障碍物周围波平面的所有次波出于对称性必定在这一点上进行相长干涉。在泊松看来，这个结果显然是荒谬的，所以菲涅耳的理论肯定是错误的。这个实验后来由弗朗索瓦·阿拉戈（François Arago）在一群院士们面前进行，院士们惊讶地发现，阴影的中心果真出现了一个亮点。因此，菲涅耳的理论总体上证明了直线传播的光线的存在，也解释了微粒理论无法预测或解释的反直觉的现象。

　　为了以最简单的方式进行演示光学定律的实验，菲涅耳经常使用只有一种颜色的光，即经过彩色玻璃窗过滤的太阳光，他称之为同质光，我们现在称之为单色光。在单色光的情况下，衍射条纹清晰可见。当菲涅耳用白光进行实验时，他也发现了杨氏已经观察到的、衍射条纹的彩色和模糊化效应。

　　菲涅耳还进行了杨氏双缝实验的变体实验，使来自点光源的光被两面镜子反射，这两面镜子之间形成非常接近 180° 的钝角，然后让这两束反射光相互干涉。来自两个非常接近的像的辐射产生明暗交替的条纹，正如杨通过他的小孔实验观测到的一样。而在菲涅耳版本的实验中，光线没有刮擦任何物质障碍，所以不能用光微粒与物质相互作用来解释。

矢量相加，光波相扰

菲涅耳研究工作的一个重要方面是将波的叠加概念和干涉现象普遍化。我们能在惠更斯的次波原理和杨的研究成果中发现这方面工作的雏形，但正是菲涅耳在严格的数学基础上，为之前始终是"定性"的想法给出了一个精确的形式。想要了解菲涅耳的想法，必须首先引入单色光波的相位概念。菲涅耳将 0 到 2π 弧度之间的某个角度与给定点位和给定时刻的单色光的振动状态相关联，从而明确了这个概念（弧度是数学中测量角度的自然单位，在第一章中已定义）。

为了直观理解所谓的"相位"究竟是什么，想象一下，将一个小球贴在一根自行车轮辐的末端，然后让车轮绕着水平轴旋转。如果你将一只眼移至车轮上方，在车轮旋转的平面内从"边缘"观察车轮，你会看见小球以线性正弦运动的方式振荡，其振幅等于轮子的半径。这种振荡是旋转运动在直线上的投影，很好地模拟了线性偏振光波的横向振动。这个小球代表了每个时刻光振动的末端。

现在，偏向一侧再观察这个旋转的车轮，可以看到小球在它所连接的辐条末端转动着。这根辐条的方向与水平方向形成了一个角度，每旋转一圈就增加 2π 的弧度。在任何时候，从上方所看到的小球的投影位置都可以与它所连接的辐条与水平方向形成的角度相关联。这个角度就是所谓的在那一刻的振荡相位。相位原点的选择是任意的。我们可以定义，当辐条位于水平方向时，相位是 0 和 π，此时从上方被观察的小球开始变向。于是，当小球在水平方向上投影的速度达到最大时，其振荡相位是 $\pi/2$ 或者 $3\pi/2$，取决于小球的运动方向。

现在，想象一下，将另一个小球连接到车轮的另一根辐条之上。从上方看，这两个小球以相同的频率和幅度进行振荡，但相位不同，因为它们分别连接的辐条会在不同的时刻通过水平线。现在，你应该对振幅相同、相位相异、在同一方向上偏振的两个波有一个很直观的感受了。你可以改动实验：将三个小球分别附在三根彼此相隔120°的辐条上，这就很好地展示了三列振幅相同，两两之间相位差为 $2\pi/3$ 弧度的波。如果你不把小球固定在轮辐的顶端，而是把它们固定在距离轮轴更近的距离上，就可以用同样的方式表示相同频率但不同振幅的波。

　　为了描述波在任何一点的振动状态，菲涅耳将其关联到一个抽象平面内的一个矢量上，这个平面后来被称为菲涅耳平面。在我们如上所述的类比中，这个平面正是自行车车轮所在的平面，球即光振动的末端。菲涅耳矢量的长度与该点光振动的幅度成正比，并在其平面内像钟表的指针一样旋转，在一个光周期内转一圈（2π 弧度）。当我们以这种方式将光表示为给定时刻的向量时，我们"冻结"了它，就像一张快照，"定格"了自行车车轮的转动。菲涅耳矢量是快速旋转的指针，正如杨首先发现的那样，每秒旋转数百万亿次。我们可以把它们看作是现代光钟的指针，如今的光钟能够数出这

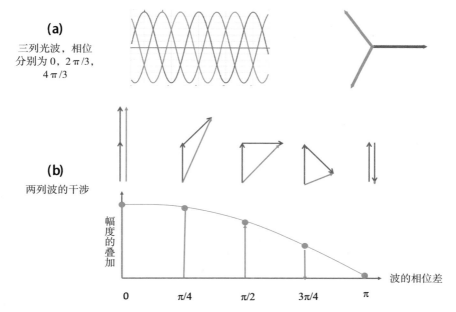

图 3.4　单色波的菲涅耳表示图。（a）三列相同振幅、相互间相位差为 120°（$2\pi/3$ 弧度）的波随时间的演化（水平显示）。它们的菲涅耳矢量长度相等，分别指向菲涅耳平面上的一个等边三角形的三个顶点。这三个矢量之和为零。（b）相位差在 0 和 π 弧度之间变化的两列波的干涉：合成光场的振幅（红色箭头）从最大值（单个波振幅的两倍）下降到零（此时两个菲涅耳矢量相反）。光的强度随之从亮条纹变成暗条纹。

些频率。早在两个世纪之前，这些矢量已经被用于菲涅耳的计算之中，以虚拟的方式，沿着光线传播的方向追踪时间的进程。

这种矢量表示法可以让我们对干涉现象进行图形化的描述。当几个频率相同、偏振也相同的光波叠加在一个点上时，代表合成光场的矢量可以通过在菲涅耳平面的抽象空间中，将与这些波相关联的矢量相加而获得。要将两个矢量相加，我们需要平移第二个矢量，使得其原点与第一个矢量的终点重合。然后，和矢量就是连接第一个矢量的原点和第二个矢量的终点的矢量。如果两个矢量指向同一个方向，则它们具有相同的相位，它们相对应的波在同一时间达到最大振荡幅度，因此它们的效果叠加，从而亮度得到了增强。对于杨氏双缝实验或菲涅耳双镜实验来说，在这些矢量叠加的点上，两个光源辐射的合成振幅是两个光源之一给出的振幅的两倍，而观察到的光的强度，与这个振幅的平方成正比，也就是四倍。这时，相应的点位于一条亮条纹之上。

反过来，如果与两列干涉波相关联的菲涅耳矢量指向彼此相反的方向，则它们被称为相位相反，其矢量之和将被抵消。相应的点位于一条无照明的暗条纹之上。在这两种极端情况之间，两列叠加波的菲涅耳矢量在几何上由菱形的对角线表示，两个矢量确定了菱形的两条邻边。这条对角线的长度随着两列波光程差的变化而以一种正弦规律连续变化，从其长度等于菱形边长的两倍（明条纹）直到为零（暗条纹）。

这些叠加和干涉效应可以推广到任何数量的相同频率和相同偏振的波的组合。例如，三列振幅相同、菲涅耳矢量彼此形成120°角的波发生干涉，结果会给出一个零场。三个菲涅耳矢量相加形成了一个等边三角形，第三个矢量的末端与第一个矢量的始端重合。一般来说，一系列振幅相同、相位在0到2π弧度之间以规则扇形排布的矢量之和，会形成一个封闭的多边形。因此，相应的波的叠加被相消干涉所消除。

我们可以通过菲涅耳矢量表示来简单方便地、以普适性的方式获得费马原理。让我们估算一下A点处一个单色光源所发射的光场在B点的振幅。根据惠更斯-菲涅耳原理，我们可以想象在点A周围环绕着大量的、任意形

状的一系列表面，而 B 位于这些表面的外侧，于是可以把 B 处的光场描述
为分布在这一系列表面中最后一个表面上的、虚拟光源集体所发射的场的叠
加。而这个表面上任何一点的场又可以被看作是分布在倒数第二个表面上的
虚拟光源集体所发出的场的叠加，依此类推。因此，B 点的场将由无限多的
菲涅耳矢量之和产生，与这些矢量相联系的是从 A 到 B 的、穿越了所有表
面的一切曲折路径，沿着这些路径，不同表面上的虚拟光源将累积其连续的
相位。

就像时钟的指针一样，通向 B 点的路径上每个矢量的方向都指示了光
从 A 点出发开始在路径上耗费的时间。最终，相应的波会叠加在一起，但
只有传播时间差距远小于一个周期的路径之间会发生相长干涉。所有偏离这
个平稳时间的路径都以全局相消的方式发生干涉，因为它们的菲涅耳矢量在
相平面上形成了一个展开的扇形，对在 B 点上观察到的光振幅没有贡献。因
此，它们可以被清除——例如通过在 A 点和 B 点之间插入光阑来完全消除
它们——而不会改变在 B 点观测到的辐射状态。至此，我们再次得到了光线
的概念，即具有平稳时间的轨迹[3]。

旋转的振动：圆偏振

上一节中的演示推论，仅仅适用于在现实空间（区别于抽象的相位空
间）中沿着相同方向振荡的波。菲涅耳在用偏振光进行实验时发现了这一
点，他展示了沿着不同的空间方向上振动的波不能产生暗条纹。特别是，
他展示了，由冰洲石晶体透射产生的寻常光和非寻常光永远不会发生相消
干涉。

这又是叠加原理的结果，我们能在现实空间中看到，而不是在菲涅耳平
面中。沿着空间中不同方向振荡的两个正弦振动永远不可能相互抵消。想要
确证这一点，只需考虑沿着两个正交方向发生的振荡的组合，比如，一个正

---

3 费马原理又被称为"平稳时间原理"。

交坐标系的 Ox 轴和 Oy 轴。如果它们的相位相同，并且振幅也相同，那么合成的振荡是在 Ox 轴和 Oy 轴夹角的 45° 二等分线方向上的振动。而如果它们的相位相反，产生的振动将沿着两个轴的另一条 135° 等分线，但它的振幅不会是零。

为了建立偏振光场的叠加规则，菲涅耳将光视作一种假想的、具有弹性性质的以太的横向振动。于是，沿着不同方向的振幅的合成可以通过一个力学的类比来定性地理解。我们考虑一个摆的运动，摆由一根线以及线末端的一个小质量物体组成。我们沿某个给定的方向将该质量移出其平衡点，然后在不赋予它初始速度的情况下将其释放：物体将开始沿着一条笔直的线段振荡，呈现一种类似于线偏振的情形。由此，我们可以让这个摆锤在 Ox 方向或与其正交的 Oy 方向上摆动。如果我们从一个沿 Ox 和 Oy 的初始坐标均不为零的位点开始，以同样的方式释放该摆，得到的振荡总是线性的，其方向与 Ox 轴形成一个可调的角度。通过合成两个相位相同、偏振方向不同的振子的运动，可以得到一个新的线偏振。

现在我们假设将摆从它的平衡位置移开，同时给它一个初始的横向冲量。我们可以直观地预测，摆的振荡将画出椭圆的运动轨迹，如果初始冲量的幅度恰当，则会是圆轨迹。沿着 Ox 方向移动该质量，同时在 Oy 方向上给它一个冲量，相当于结合了方向正交、相位相异的两个振荡。因此我们可以理解，如果夹角为直角的两个线偏振的振动相叠加，并且给其中的一个分量赋予一个相位的提前或延迟，将产生一列椭圆偏振波，其矢量将在垂直于光束的平面内以波的频率旋转。如果一个振动分量相对于另一个振动分量其相位超前 90°，并且它们的振幅相等，那么产生的偏振将会是朝一个方向旋转的圆形。如果相位差（相移）变号，从 +90° 变为 –90°，会得到一个朝相反方向旋转的圆偏振。对于其他的相位差值，光的偏振将是椭圆形的。

为了让光发生圆偏振或椭圆偏振，菲涅耳让一束偏振光通过一个双折射波片，这种波片的性质让它能以不同的速度传播光的两个相互正交的偏振，并且不在空间上分离它们。通过用与快慢两种传播方向呈 45° 的偏振光照射这个波片，得到了一种波，该波沿这两个轴的振动分量具有相同的振幅，但

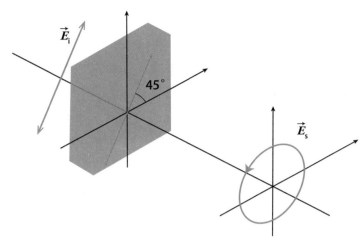

图 3.5 一个四分之一波片在沿着快速方向（水平方向）和慢速方向（垂直方向）上线性偏振的两波之间产生了 π/2 弧度的相移。沿着这两轴的等分线方向线偏振的入射波出射时变为圆偏振。

可以通过调整波片的厚度来调整相位上的延迟。

对于所谓的**四分之一波厚度**来说，两个分量之间会产生 90° 的相移，导致出现一列圆偏振的透射波。为了研究这种新的偏振形式，菲涅耳让这列波穿过光轴取向合适的第二块波片，重新建构了一个线偏振，然后他可以借助冰洲石对该偏振进行检偏。菲涅耳发现的圆偏振光波沿着其传播方向携带角动量，当它们被物质吸收时可以传递给物质。正如我在第一章中所讲过的，这些圆偏振光波在我早期科学生涯中所进行的光抽运实验中发挥了重要作用。

为了完成对偏振光干涉的分析，菲涅耳必须解释为什么非偏振的自然光也能观察到干涉，他将这种光描述为具有随机的横向偏振，并随时间迅速变化。关键的一点在于，发生干涉的波来自一个单一的光源，其发出的光被分离成两个分量，然后在检测平面上重新组合在一起。在这两列波中，光的偏振以同样的方式变化，干涉是由与同一方向的光振动相关联的菲涅耳矢量的组合而产生的。这个方向随时间迅速变化，但发生干涉的波列同时跟随这些变化，因此可以进行相长或相消干涉，这取决于它们的光程差大小。

只要这个光程差不是太大，这个规律就是成立的。如果光程差太大，这两列叠加的波是由同一个光源在相距甚远的两个时刻发出的，那么在这两列波中检测到的振动方向以及它们的相位就不再是相同的。两波振动之间这种相干性的丧失，导致了在远离中央条纹的时候，条纹的对比度会衰减。这种对比度下降的原因还在于，即使是被彩色玻璃过滤后的光，也并不是完全单色的。与波长相近的分量相关联的条纹最终会随着光程差增大而变得模糊。因此，在现代光学中非常重要的"波的空间与时间相干性"的概念，在菲涅耳的研究工作中已经初具雏形。

这些力学类比再加上简单的假设，即在穿越两个透明介质之间的分离面时，光的振动必须满足连续性的约束，让菲涅耳可以建立相关的公式，能够根据光线与屈光面的法线所夹的角度，给出被折射光和被反射光的相对占比。这些公式，后来被称为菲涅耳定律，解释了马吕斯所发现的玻璃反射的偏振特性。它们表明，光落在两种介质之间的界面上时，偏振方向垂直于入射面的光相对于在该平面内偏振的光会被反射得更多。这样对于偏振随时间迅速变化的自然光来说，其平行于介质表面的偏振分量会被反射得更多。

对于某个特定的入射角来说——具体取决于介质的折射率，反射会将非偏振的自然光转变为偏振平行于屈光面的反射光。这个特殊的入射角被称为**布儒斯特角**，是以最早发现它的英国物理学家的名字命名的，当光线以这一角度入射时，被屈光面反射的光的偏振垂直于入射面，此时反射光线和透射光线形成一个直角。

菲涅耳还对笛卡尔和牛顿曾经观察到的全反射现象产生了兴趣。当一条射线在折射介质中传播并落在将其与空气隔开的屈光面上时，如果其入射角的正弦值大于介质折射率的倒数 $1/n$，则该射线会被完全反射。这时，没有任何光线穿过屈光面。因此，一个在水下游泳的潜水员抬头看向水面时，如果他向一个倾斜的方向看过去，就发现水面像是一面完全反射的镜子，另一方面他也可以看到在他头顶正上方的空气中发生的一切。菲涅耳的光波理论表明，事实上，入射光即使在被完全反射时，其一部分也会渗入空气之中，以一个薄薄的光层的形式出现于分离两种介质的屈光面上，这被称为**隐失波**，其厚度在波长的数量级上。

数学照亮光学

通过在一个抽象的平面上用一个矢量来表示一列单色的偏振光波，菲涅耳实际上是把复数引入了物理学。菲涅耳平面（也就是数学家所说的"复平面"）上的矢量，与这些数字的几何表示有关。一个普通的数字对应于实轴上的一个点，而一个复数是实部和虚部的加和，对应于复平面（关联了实轴和与其正交的虚轴）内一个矢量的末端。这个矢量在实轴和虚轴上的投影分别等于该复数的实部和虚部。掌管着干涉现象的菲涅耳矢量的合成和叠加规则，实际上仅仅是翻译了它们所代表的复数的代数加法特性。

由不同频率的振动组成的光可以被分析为服从叠加原理的不同单色光波的总和。约瑟夫·傅里叶（Joseph Fourier）是一位与菲涅耳同时代的物理学家和数学家，他在 1820 年代开发了一系列数学工具，即傅里叶级数和傅里叶积分，借助这些工具，可以将一个随时间变化的量描述为一些与振幅相关联的分量的叠加，这些振幅可以通过复平面内以不同频率旋转的矢量来表示。傅里叶分析很快就被应用于描述光波。

让我们从一个简单的例子开始，假设一个光源发出的偏振光是若干列相同振幅的单色波的叠加，它们的频率是某个基本频率 f 的倍数，组成了一支包含了 N 个等间距频率的频率梳。再进一步假设，所有这些波在初始瞬间的相位是相同的。从这一刻起，与这些波相关联的各个菲涅耳矢量开始在相平面上旋转。在 $1/Nf$ 时刻，最快波的菲涅耳矢量将比最慢波的菲涅耳矢量多转一圈。此时，全体波列的菲涅耳矢量在相平面上形成 2π 弧度的扇面，发生相消干涉，由此产生的光强度会自我抵消。

这些不同的光分量之间相位相异，但依旧继续旋转。在经过 $1/f$ 时间之后，它们都将转完整数的圈数（尽管是不同的整数），回归到等相位的状态。总和波脉冲将再次出现。因此，光频梳信号由一连串的光脉冲组成，每个脉冲持续时间的数量级为 $1/Nf$，在每隔 $1/f$ 的时间倍数时刻有规律地自我重复。这支频率梳构成了一个周期性的傅里叶级数。在菲涅耳和傅里叶的时代，这样一组以固定时间间隔产生相位发散和聚拢的波列只是理论上的数学建构。

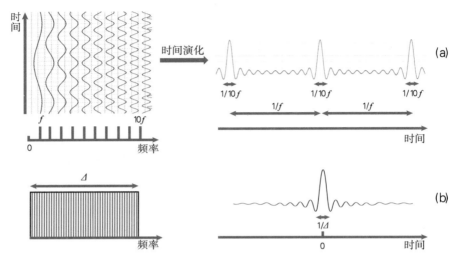

图 3.6　傅里叶级数和傅里叶积分的例子。(a) 具有相同振幅、频率为 Nf（$N = 1$ 到 10）的 N 列波的总和，它们在 $t = 0$ 时刻具有相同的相位。这个总和的离散频谱是一支包含了等间距频率的梳子。它的时间演化由持续时间为 $1/10f$、周期为 $1/f$ 的一连串周期性脉冲所描述。(b) 在保持 $Nf = \Delta$ 不变的情况下，当 f 趋向于 0 时，总和波的频谱变得几乎连续。它的时间演化可以通过傅里叶积分来描述，其形式为持续时间为 $1/\Delta$ 的单个光脉冲。一般来说，我们可以通过两种等效和互补的方式来描述在给定时刻同相的单色波的叠加：频谱描述（左）或者时间演化描述（右）。允许我们从一种描述转换到另一种描述的数学运算被称为**傅里叶变换**。正如这个特定的例子所示，傅里叶变换导致频域分布宽度和时域分布宽度的乘积约等于 1。这一数学结果在量子物理学中具有特别重要的意义。

如今，这样的波列可以用激光生成，它们在我前面提到的极其精确的光钟中发挥着重要作用。

　　现在，让我们通过增加分量的数量 N，并压缩频率间隔 f 使其趋于 0，从而保持 Nf 不变，Nf 等于一个有限的频谱宽度 Δ。于是，傅里叶级数就变成了一个连续的和，称之为**傅里叶积分**。随着各分量之间的频率间隔趋于零，总和波的时间周期 $1/f$ 变得无限长，从而光场由持续时间为 $1/\Delta$ 的单个脉冲组成。

　　因此，傅里叶积分描述了一个孤立的光脉冲是如何能够被分析为具有离散的频率的且在一个宽度与脉冲持续时间成反比的频谱上的单色波的总和。代表脉冲频域分布的函数以及代表其时域形状的函数互为对方的**傅里叶变换**。这些函数具有在时域和频域成反比的宽度，这一事实是波叠加的一个基本属性。菲涅耳所引入的相平面表示方法可以让我们对此给出一个简单的解释，将他给出的空间干涉解释推广到时间干涉。当我们谈论海森堡不确定性关系时，也会在量子物理学中看到傅里叶变换的宽度倒易这一基本数学特性。到那时，这一特性将具有新的和令人惊讶的物理意义。

根据傅里叶分析，一个光谱宽度为零、完全单色的光波，必须具有无限的持续时间，换句话说，必须在无限的时间内是一道强度不变的光。如果波在一个有限的时间段内建立起来然后发生衰减，它就会自动获得一个与其持续时间成反比的频谱宽度。通过使用光圈持续时间为 T 的快门中断连续的单色波，我们可以得到一个频谱宽度数量级为 $1/T$ 的脉冲。我们可以通过光谱实验来验证这一点，即在摄谱仪中使脉冲光产生色散。在菲涅耳的时代，最短的快门时间在 1 微秒的量级，这对应于大约 1 MHz 量级的光谱宽度，与当时的棱镜或光栅分光计的分辨能力相比，是非常小的。如今，我们借助激光，可以产生非常短的光脉冲，达到皮秒（10^{-12} 秒）、飞秒（10^{-15} 秒）的数量级，甚至更短，它们的光谱宽度可以达到数千亿赫兹，很容易被测量到，这证实了傅里叶分析的预测。

傅里叶变换的特性使我们得以确立一个实现给定精度的频率测量所需满足的根本条件。如果我们想在频谱中区分两个相邻的频率 f_1 和 f_2，实验必须至少持续 $1/(f_1-f_2)$ 的时间，时间越长，频率差越小。这让我们得到了一个类似于道德规范的原则：我们所追求的精度越高，就必须为测量投入更多的时间（和精力）。

应该注意的是，只有当构成一个频谱分布的所有波列在某一时刻相位相等，并且在此之后它们均继续以自己的固有频率进行振荡，不随时间推移产生相位扰动的情况下，该频谱分布才会对应于一个短光脉冲。自然光——无论是太阳光，还是菲涅耳所使用的灯光——不属于这种情况，它们的不同频率的分量在振幅和相位上都在发生快速和随机的变化。对于这样的光源，频域上的分布并不意味着时域上的倒易分布。这就解释了为什么具有宽频谱的太阳光会在一点上产生连续的照明，而不是短暂的闪光。

物理学后来告诉我们，自然光实际上是多个短光脉冲的叠加，它们在空间和时间上重叠，由光源的众多原子独立发射。根据傅里叶的法则，每个原子都会发射一个波列，其持续时间为其发射时间的倒数所限制。

再会光速

早在 1820 年代，光的波动理论已经取得了决定性的进展，它用一套对波叠加原理给出简单普适描述的数学形式系统，以极高的精度解释了所有可观察到的光学现象。支持微粒理论变得越来越困难，后者必须不断增加特殊的假设，并且给出的预测与实际观察到的光在各向异性的晶体介质中传播时的一些效应完全相反。

对此，一个决定性的测试尚待完成：测量物质介质中的光速。微粒理论预测其会大于真空中的光速，而波动理论的主张则完全相反。1838 年，阿拉戈提议这项测试，之后由两位年轻的法国物理学家伊波利特·斐佐（Hippolyte Fizeau）和莱昂·傅科（Léon Foucault）分别独立完成。他们的实验是人类首次对光速的地面测量，在此之前，光速只能通过天文观测来估计。

在 1849 年进行的第一个实验中，斐佐利用伽利略的原始想法测量了空气中的光速。我们之前已经介绍过，该方法即快速中断一束长距离往返的光，并测量信号返回光源所需的时间。斐佐的实验并不是在托斯卡纳山脉的两处山头之间进行，而是在巴黎的两处地点之间：位于叙雷讷（巴黎近郊）的房子和他父母所居住的蒙马特（巴黎城北的一座小山）的公寓之间，两者距离 8.6 公里。他对伽利略的方法进行了改进，将手动回照光线时会产生不可避免的延迟的人类助手替换为一面能即时反射光线的镜子。

他使用了两个类似于天文望远镜的光学装置，一个放置在叙雷讷，另一个放置在蒙马特，这样，光线在走完 17.2 公里的往返路程后不会严重发散。他并不是靠徒手来释放和遮挡光线的，而是用一个快速旋转的齿轮，其齿缝能够让光以几十微秒的短脉冲形式通过。光源是一块被加热至白炽的白垩。它的光线由一个聚光透镜聚焦，通过一片经过恰当调整的半反射薄片的反射，被传送到蒙马特的镜面上。光线在经过这个薄片的反射之后，在聚光透

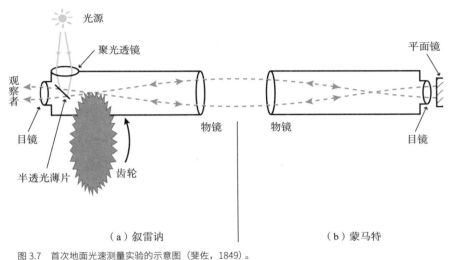

图 3.7　首次地面光速测量实验的示意图（斐佐，1849）。

镜的焦点处穿过旋转齿轮的边缘，然后被一个用作望远镜物镜的透镜转化为一束平行光。到达蒙马特的光波被第二台望远镜聚焦在镜面上并被反射，然后沿着来时的路径以相反的方向返回，最后回到叙雷讷并穿过齿轮边缘。最终，返回的光线落到了半反射薄片上，透射过这个薄片的光线被一个目镜汇聚，进入斐佐的眼中。

当齿轮慢速转动时，光线以间歇光脉冲的形式进入斐佐的眼睛，以微弱的光流在他的视网膜上留下一个持续的影像。当齿轮的转速达到每秒 12.5 转时，光会突然消失，当转速超过该数值时，光会重新出现。斐佐知道，对于这一特定的转速，在光往返一次的时间后，齿轮上的齿缝被其紧邻的齿所置换，从而阻挡了反射光。在重复观察数次，并用转速计测量了与光的截止对应的转速后，斐佐确定了光从他家到蒙马特往返一次所需的时间，并推导出空气中光速的数值为 315 000 公里 / 秒，这一结果与布拉德雷在上一个世纪通过测量恒星光行差所推导出的结果接近。请注意，空气中的光速与天文观测所确定的真空中的光速必然不同，但理论上二者仅相差 0.03%，因为空气的折射率接近于 1.0003。

傅科进一步削减了光的传播距离，从而首次在单个实验室的有限空间内测量了光速。通过将光波的路径减少到若干米，他创造了一个装置，可以直接比较光在空气中和物质介质中的传播时间。光传播的总路径只有 15 米，这就要求过滤光线的装置有很高的旋转速度。傅科用一面可旋转的小镜子 m 取代了斐佐的齿轮，m 旋转的频率可以达到 800 赫兹。一束光（来自太阳的像，由一个被称为"定日镜"的装置生成）在 a 点通过一个光阑，然后被聚焦在镜子 m 上。当 m 静止且方向恰当时，光线能够到达放置在 7.5 米之外的凹面反射镜 M，并返回到 m，最后重新汇聚于 a。为了区分入射光线和反射光线，一块半反射薄片被放置在监测目镜之前，分开一去一回两个方向的光线，并将 a 的像成在 α 点，与 a 相对于薄片对称。当镜子 m 旋转时，反射光线扫过一个很大的扇面，并周期性地返回观测者的眼中，在几乎与 α 重合的一点上形成一个低强度的余留像。当镜子 m 的旋转频率达到几百赫兹时，傅科观察到的像不再位于 α 处，而是位于偏移了几分之一毫米的 α' 点上。这一偏移对应于入射光线 am 和反射光线 ma' 的方向之间存在的一个几分的角度。返回光源的光线被偏转的角度实际上是镜子 m 在光线于 mM 之间往返的时间里转过角度的两倍。通过测量 α 和 α' 之间的距离以及镜子的旋转频率，傅科推导出了空气中的光速，得到的结果与斐佐的结果接近。

然后他重复了这个实验，并将一根装满水的管子放在 m 和 M 之间，他发现这次光到达了点 α''，该点比 α' 更远。也就是说，光线被旋转的镜子 m 反射到一个方向 ma''，该方向与 am 所形成的角度比 ma' 的更大。因此，水中的光速比空气中的光速更低，这两种介质的折射率之比为 $n = 1.33$。最后，傅科修改了这个装置，使得被 m 偏转的光线形成了两道对称的光束，一道射入空气中，另一道射入水中，两道光束分别被两个相同的镜子 M' 和 M 反射。然后，他就能够通过比较在同一实验中获得的光源点 a 的两个像的位置 α' 和 α''，直接测量光在两种介质中的传播速度之比，而甚至不需要测量镜子 m 的旋转频率。这个关键的实验被认为是给予光的微粒理论的"最后一记重击"。

这也同时给傅科和斐佐之间的友谊带来了"最后一记重击"，在此之前，他们在 1840 年代曾经在新兴的摄影技术和干涉测量术方面有着密切的合作。在傅科完成实验的几周后，斐佐也进行了一个非常类似的实验以测量水中的

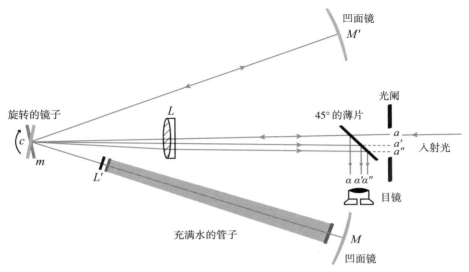

图 3.8　傅科测量光在空气和水中的传播速度的实验示意图（1850 年）。这是人类第一次在一个实验室内、在仅仅几米的尺度上测定光速。

光速，二人的实验只存在一些技术细节上的不同。他再次证实了光在水中比在空气中走得更慢。尽管他是首先筹备实验的人，但他并不是第一个做出这一重要发现的人。当他得知，他的好友傅科也要和他走上同一条"独木桥"之后，为了避免在二人之间发生一场激烈的竞赛，他曾建议两人一起合作，但只是徒劳。傅科拒绝了合作并抢先得到了成果。有时，研究人员之间的友谊无法在对一项重要科学成果的竞争中续存，这不是第一次，也不是最后一次。

　　次年，斐佐从自己的新实验中得到了慰藉，他测量了沿光束同方向或反方向流动的水流中的光速。他使用了一种与他之前的齿轮实验完全不同的方法进行了一个干涉实验，该实验测量两束光的光程差，一束光在水流中与水流同向，另一束逆水流而行。他展示了水流仅将其一部分的流速传给了水中的光波速度。这一曾被菲涅耳凭直觉洞见的特性要到半个世纪后，在爱因斯坦狭义相对论的框架中，才能得到真正的解释。

　　另一边，傅科在 1862 年应奥本·勒维耶的要求，翻新了一个改进版的旋转镜实验。这位海王星的发现者彼时已经成为了巴黎天文台的台长，他希望获得一个尽可能精确的真空中的光速值，以便精确地估算天文单位，即从地球到太阳的距离。傅科通过延长光的路径超越了他 1850 年测量的精度，他让光线在沿之字固定的一组镜子上多次反射，然后再回到旋转的镜子处。他得到了 298 000 公里 / 秒的数值，非常接近现代采纳的数值。这个实验是在巴黎天文台进行的，正是在罗默首次估算光速的地方。因此，在古典光学历史上的这一关键时刻，我们又回到了它开始的地方。

事实上，在 1860 年代初，我们达到了这段历史的转折点，在这一时期，关于光的发现将与那些独立发展的、欲阐明电现象和磁现象的发现相遇。在这两条研究分支的交汇处，麦克斯韦将在 1861 年至 1865 年期间建立一个将电学、磁学和光学统一起来的理论，在揭开光的部分奥秘的同时也预示着新的未知。但是，在开始讨论古典光学历史的这一最终篇章之前，让我们快速总结一下它在 19 世纪中叶前所取得的科学成果。

彼时，人们已经确证，光是叠加的横波，波长分布在 0.4 ~ 0.7 微米之间，从紫色到红色，以数千万亿赫兹的频率振动，并在真空中以接近 300 000 公里 / 秒的速度 c 传播。透明物质介质由折射率 n 来表征，n 是一个大于 1 的实数，取决于频率的大小，并且在各向异性的介质中还取决于光线的传播和偏振方向。光在透明介质中的传播速度 c/n 比在真空中小，并取决于光的颜色，这解释了棱镜和薄片的色散效应。光的干涉、衍射和色散的所有效应都受叠加原理所支配，这在数学上以一种用复数代表波的振幅的形式系统来表示，复数在一个抽象的平面上作为矢量进行加和。光在吸收介质中的衰减依靠引入复数折射率 n 的概念来处理，光线消逝前所走的长度与该复数折射率的虚数部分成反比。

还有一些尚未解决的问题，最引人注意的就是光的振动的本质。所有已知的振动现象都传播于某种介质中，其中的成分会因振动而移动，无论是使空气分子发生振荡运动的声音，还是使漂浮的软木塞在垂直方向上振荡的液体表面的波动，又或者是像鼓面这样的固体表面的颤动——其驻波可以通过撒上一层会积聚在鼓面恒定不动的线状区域的粉末来使其具象化。

对于物理学家们来说，一个自然而然的设想是，光体现了一种假想的介质——以太——的振动，自笛卡尔和惠更斯的时代以来，以太自相矛盾的各种特性就引起了学者们的兴趣。这种介质必然是由非常稀薄的元素组成的，因为它弥漫于所有的透明介质中。同时，它还必须刚性极强，才能够以如此高的速度传导光的振动。最后，它必须具有非常特殊的弹性特性，才能仅仅传播与声音的纵向振动性质非常不同的横向振动。19世纪上半叶，好几位物理学家对这种以太产生了兴趣，并建立了各种令人信服的模型，来描述其自相矛盾的特性。

除了关于以太的问题，在当时所有的科学研究中隐含的另一个谜团是关于光在传播过程中遇到的物质的性质，无论是光发生反射或透射的屈光面表面，还是光所通过的玻璃、水或晶体等均质介质。比如，是什么使某些介质具有光学各向异性？是构成它们的物质本身的一种特性，还是将这些介质浸没在其中的以太通过与它们接触而获得的属性？当光被一个不透明的物体吸收时，后者会被加热。这种从光传递到物质的热质元素的本质是什么？以太又在这一过程中起到了什么样的作用？

甚至当一个不透明的物体被置于三棱镜所展开的太阳光的可见光谱范围之外时，这种加热貌似也会发生。天文学家威廉·赫歇尔（William Herschel）在1800年观察到了这一现象，几年后又被托马斯·杨验证，后者认为这种"热质"辐射是一种与光具有相同性质的波动。斐佐和傅科在友好合作时期曾进行过一些实验，试图证明确实存在红外辐射并产生了干涉，但他们的实验并不是很精确。在可见光谱的另一端，自从德国学者约翰·威廉·里特（Johann Wilhelm Ritter）[4]的观测以来，物理学家们一直怀疑存在着一种紫外的"化学辐射"，其性质能够让浸泡过氯化银的纸变黑。这种辐射的本质又是什么？

要回答所有这些问题，仅仅解释"以太是什么"是不够的，还必须回答一系列关于与光相互作用的物质的本质的基本问题。在原子的存在依然是一

---

4 里特（1776—1810）是德国的化学家、物理学家和哲学家。1801年他发现了紫光之外的"化学辐射"能够让氯化银显著变黑。

个假说的时代，光的奥秘与其物质环境的奥秘是密不可分的。19世纪下半叶，从麦克斯韦的研究开始，尤其是到了 20 世纪初，随着相对论和量子物理学的出现，将为所有这些问题提供决定性的答案。

从启蒙时代的沙龙到法拉第的实验室

我们现在来到了 19 世纪上半叶，与光学在此交汇的是当时贯穿物理学的另一大潮流：电学和磁学的新发现。一直到在此之前的世纪末期，磁体的特性和电的表现形式在很大程度上仍然是神秘的。天然磁体，主要是磁铁矿这样的氧化铁，自古以来就为人们所知，各种形式的指南针——就是将小铁针与磁铁矿摩擦从而被磁化，进而能够指向靠近地理北极的方向——自中世纪以来一直被中国和欧洲的商人用于导航。

第一篇关于磁学的专著是由一位生活在伊丽莎白时代[5]的英国医生和天文学家——威廉·吉尔伯特（William Gilbert）撰写的，他与年轻的伽利略是同时代人。吉尔伯特描述了磁石的磁极之间的吸引性和排斥性：两个同性磁极相互排斥，而两个异性磁极相互吸引。他还提出，地球就是一块巨大的磁体，对指南针指针施加了一种力量，使得它寻北的一极被吸引指向地球的磁极，这一磁极接近北极星所指示的地理极点。他用一块磁石雕刻出了一个地球的模型，并在这个复制品上描绘了引导水手们的磁化指针的力线网络。令人注意的是，磁学和光学一样，从诞生之日起就与天文和导航有着密切的联系。

吉尔伯特还将铁与磁铁矿摩擦产生的磁化与琥珀等物质的起电进行了比较，后者是指某些物质在被一块布、皮革或毛皮摩擦后，能够获得吸引轻质物体（灰尘或小纸片）的特性。他发现，磁体所施加的力是永久性的，而带电物质所产生的力在一段时间后会消失。于是他创造了"电"这个词（来自

---

5 伊丽莎白时代（1558—1603）是英国伊丽莎白一世女王统治英国的一个纪元。历史学家常常将其描绘为英国历史的黄金时代。

希腊语中的"琥珀"一词）以描述这些转瞬即逝的效果，并坚持认为电和磁之间没有任何共同之处，尽管这两种现象可以以类似的方式被诱导产生。

18世纪见证了静电起电机的发展，它通过在两个相互绝缘的金属部件上施加摩擦来积累电荷。摩擦可以通过快速旋转一只与皮革垫相接触的玻璃转轮来实现，电荷则用金属梳刷蹭玻璃转轮来收集。人们学会了如何将这些电荷储存在电容器中，比如莱顿瓶，它的主体是一个由不导电的玻璃制成的容器，内部有一张皱锡箔，外部包围着一卷金属层。对这些设备的研究使人们得知存在着两种形式的电，一正一负，在中性物质中以同等数量共存。静电起电机通过摩擦在这两种形式的电之间造成了不平衡，在瓶子的绝缘玻璃壁的一侧积累了额外的正电荷，在另一侧则积累了负电荷。当用一根导线连接瓶子的内部和外部时，两种电荷将沿着导线流动并相互抵消。如果实验者以双手放在两极上来桥接两极，这种电的流动也可以通过他的身体。电流也可以沿着一连串手牵手的人们传递。由此产生的电冲击——一道使得参与者的肌肉发生剧烈收缩的不折不扣的雷击——是一个时髦的表演项目，是在王公贵族的宫廷和布尔乔亚的沙龙里进行的诸多展示性实验中的一个。本杰明·富兰克林（Benjamin Franklin），推翻英国人的美国反抗政权派驻巴黎的公使，是这些沙龙的常客。他是第一个区分出这两种形式的电荷的人，通过发明避雷针，他证明了闪电和莱顿瓶内外两极之间的电荷流动产生的电流具有相同的本质。

第一个真正定量的电学实验是由夏尔·奥古斯丁·德·库伦（Charles Augustin de Coulomb）在1784年进行的。他使用扭秤测量了两个带电的金属球之间的相互作用力。该扭秤就是一根水平的绝缘杆，杆中点有一根线将杆悬吊着。杆的两端粘着两个相同的金属小球，当该设备偏离平衡位置时，小球受到吊线扭转的作用，会在水平面内转动。其中一个小球通过与莱顿瓶的某一极接触而带了电荷，然后使其靠近第三个置于扭秤双球行经的圆周路径上的带同种电荷的小球。两个带电小球之间的力让装置发生转动，直到与吊线的扭力达到平衡，该扭力与相对于平衡位置的转动角度大小成正比。在对仪器进行校准后，通过测量这个角度，可以求出两个电荷之间的电斥力大小。库仑表明，相同符号的电荷相互排斥，相反符号的电荷相互吸引，吸引力或排斥力与两个电荷量的乘积成正比，与它们距离的平方成反比。他用磁铁重复了同样的实验，并表明南极和北极之间的吸引力也与它们间距的平方成反比。库仑所发现的静电力定律和磁力定律在数学形式上类似于万有引力定律，后者也与距离的平方成反比，只不过纯引力作用下的物质之间永远相互吸引。

1797 年，英国人亨利·卡文迪什（Henry Cavendish）用类似库仑实验的扭秤测量了两个铅块之间引力的绝对值。这个实验确定了牛顿定律表达式中的引力常数 G，从而首次估算出了地球的质量 M。地球的重力加速度 g 实际上等于 GM/R^2，其中 R 是地球的半径。在已知 g 和 R 的情况下，通过对 G 的测量，就能立即得出 M 的数值，大约等于 6×10^{24} 千克。至此，启蒙时代，一个人们确认了地球形状的时代，以一个明确了地球质量的基础实验完成了科学上的"告终"。我们得知了所居住星球的另一个重要参数。

库仑的实验关注的是静止的电荷或磁荷相互间施加的力。当实验对象扩展到移动电荷时，电学和磁学的研究将取得决定性的进展。意大利医生路易吉·伽伐尼（Luigi Galvani）在这个方向上迈出了第一步，他在 18 世纪末进行了人类历史上的第一个电生理学实验，表明沿着金属线流动的电流可以让被解剖的青蛙的肌肉产生收缩。除此之外，当他在潮湿的环境中用由两根不同种金属的导线连成的环路的两端来接触青蛙一根神经上的两点时，也会发生肌肉收缩。这一实验给了亚历山德罗·伏特（Alessandro Volta）以灵感，设计出了以他的名字命名的电池（即"伏打电堆"）。伏特抛开了伽伐尼的青蛙以及生物学方面的问题，在 1799 年，他制作出了一叠锌盘和银盘，用浸泡过盐水的纸板圆盘将它们依次隔开，并通过用金属导线连接这叠圆盘底部和顶部的锌盘和银圆盘获得了电流。

19 世纪初的后续实验表明，这种电流的产生是由于盐水和浸在其中的金属圆盘的表面接触时发生的化学反应：锌与水接触时发生氧化，水在与银盘接触时释放氢气。我们现在知道，锌在被氧化的时候会释放出电子。它们流入导线并通过电池，还原水中的以 H^+ 离子形式存在的氢元素。于是，这些氢被转化为中性的 H_2 分子气体，以盐水中气泡的形式从电池中逸出。

　　伽伐尼和伏特的实验立即在欧洲引起了轰动，吸引了科学家甚至政界人士的注意。1800 年，第一执政官拿破仑·波拿巴出席了伏特的一次实验演示，并在法国科学院设立了一个奖项，奖励那些就当时所谓的伽伐尼电流（les courants galvaniques）写出最佳论文的人。

　　一位来自意大利特伦托市的法学家吉安·多梅尼科·罗马格诺西（Gian Domenico Romagnosi）参与了角逐，并在 1802 年向法国科学院提交了一篇文章，文中相当含糊地描述了一个实验，貌似表达了伽伐尼电流会对磁针产生影响。这一观察与自吉尔伯特以来确立的并被库伦所支持的观点——即磁和电是完全不同的现象——截然相反。罗马格诺西的论文下落如何，至今仍然是个谜。除了在法国科学院的邮件到达簿上注明了它的收到日期之外，它没有留下任何的痕迹，没有任何关于它的报告，当然，它也没有被授予任何奖项。它是被弄丢了吗？还是因为它用了非常晦涩的语言反对了当时关于电和磁的主流理论并因此被拒绝了？事实上，我们对罗马格诺西的研究的所有了解，都来自几年后他在特伦托市的一份报纸中所作的简短且不精确的描述，而科学界对此基本一无所知。

　　直到 18 年后，即 1820 年，电和磁之间的关联才被丹麦物理学家奥斯特（Hans Christian Orsted）的一项基础实验明确地建立起来。奥斯特表明，先将一根经过磁化的指针调整，使其平行于一根水平的金属线，之后一旦把金属线连接到伏打电堆的两端时，指针就会向垂直于金属线的方向发生偏转。他发现，根据指针是位于金属线的上方还是下方，作用在指针上的横向力会改变符号。这表明，电流施加的磁力实际上是在垂直于导线的平面内打转，如果逆转电流方向，这些力也会随之反向。奥斯特发现的这一现象很快就被应用于电流计之中，这是一种通过监测电路对放置在其附近的小磁针的指向的影响来测量电路中电流强度的仪器。

　　由于奥斯特的实验拥有罗马格诺西的论文无可比拟的精确性，实验的消息迅速在欧洲大陆流传开。法国科学院院士阿拉戈在日内瓦观看了这个实验的演示，于是向时任巴黎综合理工学院教授的安德烈－马里·安培

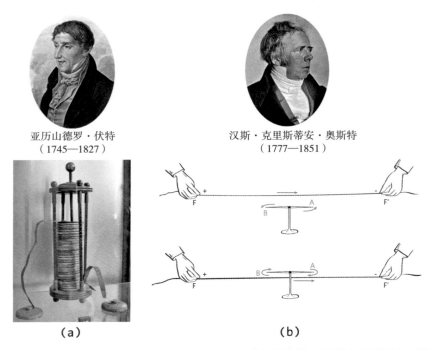

亚历山德罗·伏特
（1745—1827）

汉斯·克里斯蒂安·奥斯特
（1777—1851）

（a）

（b）

图 3.9 （a）伏打电堆。（b）奥斯特实验的示意图。该图显示，根据小磁针位于导线的上方还是下方，电流施加在小磁针上的力是相反的。

（André-Marie Ampère）提到了这个实验。虽然安培继承了他的导师库仑的成见，在观念上否认电现象与磁现象之间存在任何关联，但他还是决定重复奥斯特的实验，并且将其推广到其他的情况。他表明，流经一根导线的电流不仅会对磁体施加磁力，而且还能吸引另一根具有同向电流的平行导线，而如果另一根导线具有反向电流，则两根导线彼此排斥。他在巴黎的家中进行了这个实验，用一个结合了电路与天平的装置来测量施加在导线线段上的力。这个原理非常简单的装置目前被陈列在法兰西公学院的教职员休息室中。1824 年，安培被任命为法兰西公学院的物理学教席教授。

以这些实验为基础，安培与毕奥、萨伐尔（Félix Savart）和拉普拉斯（Pierre-Simon, marquis de Laplace）合作建立了一个公式，既能给出两个电流元之间的磁力与它们的相互间距以及电流方向之间的关系，也能给出单个电流元对一个小磁体施加的转矩。安培还表明，用一根导线在圆柱体上绕成

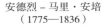

安德烈 - 马里·安培
（1775—1836）

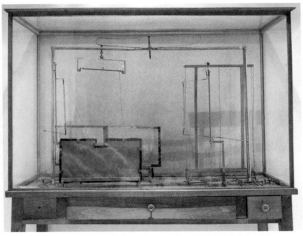

图 3.10 安培用于测量电流之间相互作用力的实验装置。图片由法兰西公学院的帕特里克·英伯特（Patrick Imbert）提供。

的螺线管，在有电流通过时，会表现得像一个磁铁，其磁极位于圆柱体的两端。螺线管所产生的磁效应与磁铁所产生的是相同的。两个通有电流的螺线管，根据它们靠近的两极是异性还是同性，会彼此吸引或排斥。这一类比让安培假设，被磁化的物质实际上是由很多分子尺度上的小电流环组成的，这个模型孕育着磁学的现代原子理论，我在本书的第一章中已经对该理论进行了略述。

奥斯特和安培致力于了解持续的、不随时间变化的电流的磁特性。迈克尔·法拉第（Michael Faraday）在 1830 年代再一次推进了对电磁学（这在当时还是个新名词）的理解。他表明，在一个闭合电路附近，磁体的运动会在电路中产生瞬时电流。这在某种意义上是奥斯特实验的逆向版本。丹麦的奥斯特表明了，电路中电流的出现会使小磁针产生运动，而法拉第则表明，磁体的运动反过来会在电路中产生电流。

我们考虑法拉第实验的一个简化版本，将一块磁铁落下并通过一只垂直放置的螺线管内部。如果螺线管的电路是开路的，那么该磁铁会像任何其他在地球引力场中的物质一样正常下落。如果电路闭合，该磁铁则会以相对慢了很多的速度通过螺线管，就像被一只无形的手暂时拉住了一样。磁铁在螺

迈克尔·法拉第
（1791—1867）

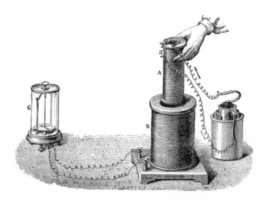

图 3.11　法拉第的一系列电磁感应实验之一的示意图：由电池供电的螺线管 A 被插入线圈 B。在 B 的电路中，由磁通量变化所感生的瞬时电流通过电流计 C 的指针偏转来检测。

线管内部的运动所感生的电流对它施加了一个与其运动方向相反的力。

法拉第将这种由变化的磁场对电流产生的影响称为感应。他还表明，这些实验可以在没有磁铁的情况下，用两个独立的电路来完成，比如用两个不同直径的螺线管以大套小。当他把由电池供电的螺线管插进外部的线圈中时，磁场通量的变化在后一个电路中会产生瞬时电流，并能用与之连接的电流计检测到。

"场"概念的诞生

法拉第未经过数学训练，他脑中对其所发现的现象只有一种直觉性和创造性的图像。他会将铁屑撒在一张展平的纸上，然后将纸置于一块磁铁上方，或置于一根通电导线所垂直的平面内，由此法拉第观察到了他所命名的"磁力线"。这些线族包围着载流电路的导线；它们从条形磁铁的一极伸出，从另一极进入，形成了很多被拉长的环形，这些长环形的长轴平行于条形磁铁。在法拉第看来，在磁铁和导线的附近有一群密密麻麻的矢量，在每一个位点上标注出了作用于铁屑上并使之偏转的磁力方向。

类似的实验还可以使静电荷产生的力线族具象化。实验将粉末状的小颗粒绝缘材料稀释分散在绝缘液体中，然后将与静电起电机两极相连的两个电

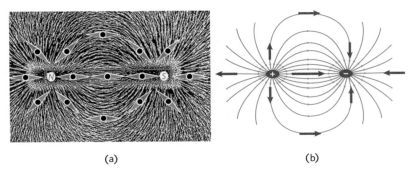

(a)　　　　　　　　　　　(b)

图 3.12　（a）通过将铁屑撒在一张平展的、位于磁铁上方的纸上，出现被具象化的磁场线。对这些线条的观察驱使法拉第将场的概念引入了物理学。图片上绘制的小指南针（红色北极，蓝色南极）显示了磁铁（其边缘由红色框标记）在不同位点所产生的场的方向。在条形磁铁内部，磁化方向与环绕在外部的场线方向相反。在磁铁的两极附近，穿过包含磁极的封闭表面的磁场通量为零：场线从表面的一侧进入（与指向磁极的红色针尖同向），从另一侧离开（与指向磁极的蓝色针尖反向）。这种通量之所以为零，是因为不存在磁单极子。（b）由两个相反电荷组成的电偶极子的场线。这些场线都从一个围绕着正电荷的表面离开，又都进入了一个围绕着负电荷的表面。电荷周围的电场通量是不为零的。与磁体的情况不同，电荷之间连线上的场与连接它们的环线上的场具有相同的符号。

极浸入液体中。于是，这些小颗粒获得了微弱的偶极矩，自发偏转直到与连接两个电极的曲线族同向，从而实现了电场线的可视化，这与铁屑将磁场线具象化的方式相同。

通过这一类实验，法拉第将"场"的概念引入了物理学。磁力线和电力线在空间中交织，就像一张网，其结构由产生它们的电荷、电流和磁体的分布决定。在法拉第看来，这些拥有取向的线具有实在的物理意义。这些线上各点处的切向矢量给出了施加在该点处的电荷上或小指南针上的力的方向。力的强度取决于该处场线的密度：场线越密集，力的强度越大；而场线之间越稀疏，力的强度也越小。

电场线网络和磁场线网络之间有一个很重要的区别。前者形成射线，从正电荷处发散，在负电荷处汇聚，相交于这些电荷所在的位点。后者与之相反，永不相交，总是形成闭环。它们类似于流动的液体中的流线，可以形成循环和涡旋，但绝不会交于一点。

电场线与磁场线在结构上的这种差异，可以通过定义所谓的场的散度来进行定量分析，这是德国数学家卡尔·弗里德里希·高斯（Carl Friedrich Gauss）在 19 世纪初引入的一个数学函数。一个点上的散度值是一个实数，等于场向量沿空间中不同方向的各分量的空间导数之和。这个量表示了场线向这一点汇聚或从这一点发散的趋势。在一个正电荷附近，电场线是发散的：它们都指向围绕着该电荷的一个小表面的外部，我们说通过这个表面的场通量是正的。在一个负电荷附近，情况正好相反：所有的场线都指向负电荷所在区域的内部，而通过这一区域的表面的场通量是负的。

一般来说，任何矢量场穿过一个闭合表面上的无限小面积元产生的通量在数值上等于该面积元的面积与场矢量在外表面法线上的投影的乘积。将穿过所有无限小面积元的通量相加后，就得到了矢量场穿过全部表面产生的总通量。根据一个高斯证明的定理，该通量等于这个表面所包围的体积内的场的散度的积分。用这个定理加上库仑定律可推导出电场在每一点上的散度的大小与该点处的电荷密度成正比。

另一方面，磁场的散度处处为零，这表示并不存在自由磁荷，即不存在所谓的磁单极子。一个磁体的正极总是伴随着它的负极。即使我们试图通过破坏磁体来分离磁荷，这种二元性也总是会被重建。根据高斯定理，磁场的零散度意味着它通过一个封闭表面的磁通量总是等于零，因此，在离开该表面的磁场线和进入该表面的磁场线对磁通量的贡献之间，存在着完美的平衡。

磁场线让人联想到稳流中不可压缩流体的流线。从流体的管状体积元的一侧离开的粒子流量必须与另一侧进入的粒子流量相等，从而流动物质的量在该体积内才是守恒的。高斯确立了磁场"零散度"与"磁通量守恒"的性质，他与德国物理学家威廉·爱德华·韦伯（Wilhelm Eduard Weber）合作研究了磁学中的定律，与法拉第的研究处于同一时期。

"通量"和"散度"的数学概念超出了法拉第这个实践派的、自学成才的实验者的理解范围：他仅仅对其所窥见的电磁场进行了非常定性的描述。然而，这位皇家研究院的实验室主任的物理直觉是非常出色的。他引入物理学的"场"是定义在真空中的，并没有涉及理论上的以太，他对此也只字未提。在这个意义上，我们可以说法拉第反而比在他之后的 19 世纪下半叶的物理学家们更接近现代。尽管法拉第有很强的直觉，但他并没有意识到存在于他的场线的切矢量和菲涅耳理论中的横向光振动之间的联系。这关键的一步将由一位年轻的苏格兰科学家迈出。

光、电、磁的交汇

1861—1865 年间，时任伦敦国王学院教授的詹姆斯·克拉克·麦克斯韦（James Clerk Maxwell）对安培和法拉第的实验进行了思考，他尝试用一些能明确表达实验特性的方程来描述它们。这些实验建立了分布在空间的电场和磁场与作为场源的静止或移动电荷之间的关系。法拉第的电磁感应效应表明，穿过导电线圈的磁场的变化对金属中的电荷所产生的影响等价于一个场矢量沿线圈导线旋转的电场，就像涡流的速度场一样。麦克斯韦推断，即使在不存在电路硬件的情况下，空间中任何一点的磁场随着时间的变化都必定会产生一个围绕该点旋转的电场。

按上述思路解释了法拉第效应的方程之后，麦克斯韦开始审视安培的研究。安培的实验表明，一个恒定的电流在其周围会产生一个磁场，用于描述该磁场的方程组的数学结构与法拉第方程中出现的电场涡流结构完全一致。然而，在不存在电流的情况下，安培的方程组不会产生任何场，这就打破了电场和磁场之间的对称性。为了重建这种对称性，麦克斯韦扩充了安培的方程组，他假设磁场涡流不仅可以由电荷流动产生，还可以由电场随时间的变化产生。他仅仅在安培的方程组里代表电流的项后加上了一个与电场的时间导数成正比的补充项。

最后，为了完善他的理论，麦克斯韦在法拉第方程组和修正过的安培方程组的基础上又加上了高斯发现的两个方程组。其中一个要求磁场散度处处为零，表达了"磁单极子不存在"和"磁场通量守恒"。另一个将通过一个封闭表面的电场通量与该表面内所包含的电荷联系了起来，这是库仑定律的另一种形式（高斯－库仑方程）。

在现代数学符号中，麦克斯韦所描述的场的涡流特性是通过引入一个被称为场的旋度的数学向量函数来表达的，由场在三个坐标轴上的分量的空间导数构建。但麦克斯韦当时没有使用这个概念，他所撰写的公式与我们如今借助散度、旋度场函数写出来的他的方程相比，形式更加复杂。

  总而言之，麦克斯韦获得了一组矢量方程，描述了在存在任何变化的电荷和电流分布的情况下，空间内电场和磁场的动态演化。这组方程甚至描述了在没有任何物质场源的情况下场的演变。就好像电荷和电流是脚手架，拆除后才显现出这一座数学建筑的美妙，它描述了一个不受任何约束的自由场的演变，它像波一样在空间内传播，无论与任何场源相距多远的距离。磁场的变化产生了一个电场，而电场的变化又产生了一个磁场，这两个场在传播的过程中相互衍生。这一组方程允许有无穷多组解，这取决于给定的初始条件。最简单的解是横向平面波，其电场和磁场在垂直于波的传播方向的一个法平面内振动，并且两个振动方向互相正交。

  这组方程式使得计算这些电磁波的速度成为可能。这个速度的平方必须等于两个常数 ε_0 和 μ_0 乘积的倒数，它们由库仑和安培引入，分别用来帮助

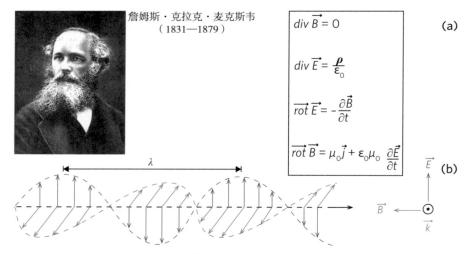

詹姆斯·克拉克·麦克斯韦
（1831—1879）

$$div\ \vec{B} = 0 \qquad\qquad \text{(a)}$$

$$div\ \vec{E} = \frac{\rho}{\varepsilon_0}$$

$$\overrightarrow{rot}\ \vec{E} = -\frac{\partial \vec{B}}{\partial t}$$

$$\overrightarrow{rot}\ \vec{B} = \mu_0 \vec{j} + \varepsilon_0 \mu_0\ \frac{\partial \vec{E}}{\partial t}$$

$\vec{E}$

(b)

$\vec{B}$

$\odot$
$\vec{k}$

图 3.13　麦克斯韦的电磁理论。（a）将电场 $\vec{E}$ 和磁场 $\vec{B}$ 与电荷分布（空间密度 ρ）和电流分布（密度 $\vec{j}$）联系起来的四个方程。常数 ε_0 和 μ_0 分别来自库仑和安培的定律。符号 div（散度）和 $\overrightarrow{rot}$（旋度）表示电场和磁场坐标的空间导数的相应数学运算，表达式 $\partial \vec{E}/\partial t$ 和 $\partial \vec{B}/\partial t$ 描述了这些场的时间变化（导数）。第一个方程表示：磁场无法从一点上发散，自由磁荷是不存在的。第二个方程表达了库仑定律：该定律表明电场线从电荷发散或向它们汇聚。第三个方程表达了法拉第定律，将磁场的变化与其感生的电场涡旋联系起来。最后一个方程描述了上一个方程的逆效应，源自麦克斯韦对描述安培定律的方程的修正。一个涡旋的磁场（由 $\overrightarrow{rot}\vec{B}$ 表示）的产生来自于电流 $\vec{j}$ 外加上必不可少的 $\vec{E}$ 的变化的项。（b）这组方程的一个解是在无电荷和电流的空间中传播的电磁场波动。波的电场和磁场相互正交，并与传播方向成横向。波的传播速度为 $c = 1/\sqrt{\varepsilon_0 \mu_0}$。由于这一数值与傅科所测得的光速相符，从而使麦克斯韦认为光辐射就是电磁波。

表述两个电荷之间的静电力和电流流过的两条导线之间的磁吸引力。通过用当时实验确定的这些常数值进行计算，麦克斯韦得到的 c 值为 308 000 公里/秒，非常接近傅科此前在巴黎测出的光速 298 000 公里/秒的数值。这不可能是巧合。麦克斯韦手稿中记录这一发现的那一页在位于伦敦的皇家学会的一个展柜中展出。在这页手稿的结尾部分，我们可以看到麦克斯韦用漂亮规整的笔迹写道：

> 这些结果之间的一致似乎表明，光和磁是同一实质的两种属性，并且光是遵照电磁学定律的在场中传播的一种电磁扰动。

这段带着浓重的英式含蓄（"似乎表明"）的句子毫无疑问是当时所有已知物理学中最重要的论述，甚至可能是整个物理史上最重要的。通过寥寥数语，它统一了三门数世纪以来都被认为是相互独立的科学：电学、磁学和光学。光和电磁现象实际上是同一个现象，这一认识的深刻意义不亚于牛顿意识到把苹果拉到地上的力与使月球保持在环绕地球的轨道上的力具有同样的本质。

公允地说，在麦克斯韦之前的约十年，光速 c 与库仑和安培的电常数和磁常数之间的关系就已经由德国人韦伯（Wilhelm Eduard Weber）和他的同事鲁道夫·科尔劳施（Rudolf Kohlrausch）注意到了。然而他们没有对这个巧合给出任何解释。

麦克斯韦的理论开辟了引人入胜的新视角。它做出的一系列精确的预测在随后的几十年里都得到了实验证实。光只是这组方程所描述的电磁波频谱中的一小部分。它之所以有特殊地位，只是因为由自然选择而形成的人类的眼睛只对波长在 0.4 ~ 0.7 微米之间的波敏感。该理论预测，在波长比可见光更长（即频率更低）的区域应存在红外电磁波，同时在频谱的另一端，在波长更短（即频率更高）的区域，应存在紫外辐射。这些预测证实了物理学家在 19 世纪上半叶已经窥见的现象，在此之前被模糊地描述为"热质辐射"的近红外辐射以及被描述为"化学辐射"的近紫外辐射都被赋予了更精确的含义。这些不可见的波逐渐被分辨出来，首先是在接近可见波的频率范围内，然后是在频谱的更远处。

一个重要的里程碑是德国人赫兹（Heinrich Hertz）在 1887 年所生成的波长约为一米的射频波。在频谱的另一端，另一位德国人伦琴（Wilhelm Conrad Röntgen）在 1895 年发现了一种神秘的辐射，他将其命名为 X 射线。后来的晶体衍射实验表明这是一种电磁波，其波长约为几十纳米，可见光的波长比 X 射线波长长 $100 \sim 1000$ 倍。

麦克斯韦方程组的一个基本属性是所谓的线性：这组方程的独立的解加起来会成为同组方程的又一个解。这一属性印证了菲涅耳在 1820 年提出的叠加原理：他的理论中光的振动正是麦克斯韦的波中的电场，二者均以同样的方式相互叠加和干涉。这组方程的另一个重要属性是，任何封闭表面上的场值都唯一地决定了该表面外的场。这一属性印证了惠更斯 – 菲涅耳原理。

一些谜团解决了，但另一些还存在

麦克斯韦的理论揭开了光的一部分奥秘。光与它所通过的透明介质或与吸收它的不透明物质之间的相互作用，只能是由于光波的场与存在于物质中的电荷之间的耦合。这些电荷的确切本质直到英国人约瑟夫·汤姆孙（Joseph John Thomson）在 1897 年发现电子之后才在世纪之交开始变得明确。不过，早在 1870 年代，年轻的荷兰物理学家亨德里克·洛伦兹（Hendrik Lorentz）就建立了一个模型来解释光的反射和折射，在这个模型中，介质中的电荷由于电磁力的作用而进行振荡运动。这一理论以麦克斯韦方程为基础，特别地，通过叠加效应解释了光在物质介质中的传播比在真空中的传播更慢这一事实。

为了描述传输于一块均匀透明介质薄片之中的电磁场，我们必须在入射场上叠加上在该场影响之下开始运动的电荷所辐射的场。在该薄片中，这些电荷以入射场的频率振荡，并朝同一方向辐射出一个与入射光线相干涉的感生场。如果该波的频率与介质的吸收频率不一致，那么由此引起的与入射场同向并具有相同偏振的感生场就有一个 90°（ $\pi/2$ 弧度）的相位差。根据叠加原理，在菲涅耳平面上，总场由代表入射场的矢量和代表薄片中感生场的矢量之和所描述，两矢量相互垂直。两者之和描述的这个总场在通过薄片时所累积的相位会大于入射场单独在真空中传播相同距离后获得的相位。这意味着，光穿过薄片耗时要比穿过同样厚度的真空更长，因此它在物质中的传播速度要更低。

各向异性薄片的双折射性可以用同样的模型来解释，即假定介质电荷振动的振幅是不唯一的，具体振幅取决于电荷所受到的在两个正交方向上振荡的电场的影响。这导致了偏振方向彼此垂直的不同透射场的不同相移，也就产生了依赖于偏振方向的两种不同的折射率。一个类似的模型定性地解释了光在吸收性介质中的衰减现象。在这种情况下，介质中的电荷受迫振动后向前发射的场与入射波相位相反。结果得到的总菲涅耳矢量，即入射场和感生场的总和，小于入射场单独的矢量：薄片吸收了场，透射强度降低。因此，波的叠加和干涉是解释电磁波在真空和物质介质中传播现象的关键。

虽然麦克斯韦方程揭开了光的许多神秘面纱，但它们并没有解决以太的问题，以太的奇怪特性只是被扩展到描述所有电磁现象发生的场景。现在，这个假想的、无法探测的介质所要传播的，除了光之外，还有整个不可见的电磁波频谱，这些电磁波的存在被麦克斯韦方程所预言，并且正在被实验者们一一发现。由于该理论对电磁波的速度给出了一个固定的数值，据此人们自然假定，以太必然是让这些波以接近 30 万公里／秒的速度传播的特殊介质。

地球绕日公转，会相对于以太运动，这意味着电磁波必然会感受到由这种运动所产生的"以太风"的影响，光会被以太所拖拽，就像斐佐实验中的光会被水流所拖拽一样。然而我们将在下一章中看到，试图检测出这种拖拽效果的系列实验均给出了否定的结果。这个谜团直到 20 世纪初，随着相对论的出现才得以解开，它最终将以太及其矛盾的特性从物理学中彻底摒弃。

19 世纪光的历史以更生动的方式说明了 17 世纪和 18 世纪的发现所揭示的科学研究的特点。马吕斯从玻璃窗的反光中发现了偏振现象，这反映出某些发现的意外性。科学发现的一个根本方面在于，科学家需要有能力理解命运在他的前进道路上所放置的线索的重要性。如之前所述，奥斯特系统地研究了他最初的观察所揭示的神秘的力的特性，而罗马格诺西则没有。这无疑解释了他们的研究的不同命运，一个被认可和赞美，而另一个则具有争议并且基本上不为人知。精密测量的重要性也再次彰显。在波动理论和微粒理论对双折射介质的偏振特性做出的预测上，让前者得以胜出的仅仅是微小的差别。这些细微的差异必须通过越来越精密的光学实验来检验。傅科和斐佐为了确定光速而进行的系列实验的逐步改进也展示了这种精确度上的竞争。

基础科学和应用科学之间的互补从 19 世纪起，变得比在之前的时代里更加明显。菲涅耳是最早几届毕业于巴黎综合理工学院的工程师之一，他在关于光的干涉和偏振的基础研究中的投入，仅是出于纯粹的好奇心，但他也试图将其发现应用于制造有用的设备。为了专心于实际应用项目，他有很长时间没有进行基础研究。他发明了以他的名字命名的透镜，这些透镜长久以来一度被装配于世界各地的灯塔之上，挽救了许多水手的生命。这些透镜，由排列成同心圆的、高度透明的玻璃棱镜组成，具有非常大的孔径，能够汇聚的光束强度远高于常规透镜，同时重量和体积却要小得多。通过在塑料盘上刻一系列同心圆而制成的平面菲涅耳透镜今天仍被用于各种设备中，比如相机或视频投影仪；它们还被用来将阳光集中在光伏电池上或被应用于太阳能烤箱。

除了光学之外，电磁学领域基础研究的副产品也至关重要。法拉第和麦克斯韦的发现推动了电气行业和通信行业的发展。法拉第的电磁感应现象被应用于直流发电机和交流发电机中，它们都是通过线圈中的磁体旋转而产生电流。这就是热电厂或核电厂将产生的能量最终转化为电力的方式。将电能反向转化为机械功的电机也是法拉第的科学发现的直接结果。电磁感应现象也在变压器中起着作用，变压器可以耦合两个相互影响的线圈中的电流，用于提高或降低工业电路和电力线中的电压。法拉第当然无法想象出他的发现在未来的所有应用，但是他已经瞥见了它们的潜力。据说，英国当时的财政部长格莱斯顿（William Ewart Gladstone）曾经问法拉第，他的研究能有什么用处，法拉第回复到："先生，有一天你可以征它的税。"

至于电磁波的应用，其实际重要性已无需赘述。正是赫兹发现的射频波在今天承载了无线广播和移动电话中的大部分信息。在频谱的另一端，伦琴的 X 射线在医学和许多检测物质特性的设备中发挥着基本的作用。当 20 世纪的量子物理学使人们得以理解物质和辐射之间相互作用的深刻本质时，又会出现电磁波的其他应用，这在很大程度上仰赖于激光的发明。

技术与基础科学之间的关系是一条双行道。如果说前者对后者的发展至关重要，那么反过来也是如此，对此 19 世纪的光学史仍然能给出许多例子。在地面上对光速的测量，源于伽利略一个古老的想法，只有在技术上取得了巨大的进步，可以产生和检测几微秒量级的光脉冲后，才成为可能，而这在 17 世纪是无法想象的。除此之外，使得镜子能够高速旋转的传动和涡轮机械，以及斐佐和傅科所使用的旋转计数器也都是在 17 世纪无法制造的。干涉装置被发明用于精确地测量波长，斐佐用它证明了水流的拖拽效应对光速的影响；在 19 世纪末，它们会在探测假想的以太的神秘特性方面发挥关键作用。也正是可见光探测器以及红外线和紫外线探测器的进步，在世纪之交实现对热辐射的精确测量，打开了通往量子物理学的道路。

值得一提的是，在麦克斯韦做出的决定性成果背后，存在着技术和基础科学之间关系的另一个更微妙的方面。他对工业革命时期机械装置的熟悉为其直觉提供了一个具体的支持，这极大地协助了他对自己的电磁学理论的推演。我在前文中的相关描述实际上是一种现代的观点，去掉了麦克斯韦为得出其著名的方程组而设想的机械性脚手架。事实上，他构建了一个电磁以太模型，由自由旋转的一群小轮子所隔开的一组六边形大元胞组成，轮子靠摩擦拉扯元胞使其产生转动。在六边形之间移动的轮子的平移速度代表了电流，而元胞的旋转则扮演了磁场的角色。至于电场，它与元胞对轮子施加的力成正比，使轮子自旋。根据力学定律，这个力对六边形施加的转矩等于元胞每单位时间内旋转速度的变化。这种关系的表达将电路中出现的电场与磁场的变化联系在了一起，实际上就是用机械学的语言描述了法拉第的定律。其他相同的类比驱使麦克斯韦在安培的方程中加入了与电场导数成正比的项，这就在他的方程中还原了电场和磁场之间的对称性。麦克斯韦在去世之前一直执掌着剑桥大学卡文迪许实验室，实验室的科学博物馆内展出了他为了给自己的电磁理论赋予具象而让实验室机械师所建造的复杂装置。他试图以这种巧妙的构造来展示的以太现在已经从物理学中消失了，而麦克斯韦的方程仍然像是从被矿石中开采出来的宝石一样熠熠生辉。

19世纪光的历史在最后印证了之前几个世纪所教给我们的东西：科学是一体的，不可分割的，科学发现往往源于从各个知识领域所获得的信息的结合，真理出现在看似完全不同的研究分支的汇流处。在启蒙时代之前，光学、天文学和对地球的测量协同发展，而在一百五十年前，电学和磁学也加入了它们。通常，同一批科学家会同时涉足这些不同的领域，这种情况甚至会发生在这些领域的相互融合被意识到之前。比如阿拉戈，他鼓励菲涅耳、傅科和斐佐进行光的研究，鼓励安培进行电磁学的研究；又如毕奥，他凭借研究光的偏振和电流之间的相互作用力而闻名。法拉第是又一个例子。除了对电感应的基本研究外，他还发现了在磁场作用下，在介质中传播的光的偏振平面会发生转动，今天我们称之为法拉第效应。所有的这些进展也得益于数学的进步，它使计算和模拟越来越复杂的效应成为可能。约瑟夫·傅里叶的工作至关重要，其他许多数学家的工作也同样重要，比如高斯、哈密顿（William Rowan Hamilton）和格林（George Green）——这只是其中的几个例子。

不同学科之间的结合甚至延伸到了物理学以外。伽伐尼关于电流生理效应的实验是当代神经生物学研究的前身，后者使用物理学的技术（当然比这位18世纪末意大利医生的技术更先进）来探索大脑的特性。同样也可以说，伏打电堆为电解研究开辟了道路，是现代化学的先驱。凭借对这种最早的电池的应用，青年法拉第的老板汉弗里·戴维（Humphry Davy）在皇家研究院（我们正是从这里开始了这场19世纪光的历史之旅）发现了多种新的化学元素。

物理学、生物学和化学还有另一个共同点，并非科学上的，而是历史上的：正是在1859年至1869年的十年间，出现了彻底改变这三个领域的重大发现。达尔文于1859年发表了关于物种进化的论文，麦克斯韦于1864年发表了关于电磁理论的文章，门捷列夫于1869年发表了关于元素周期律的发现。可以毫不夸张地说，正是在150年前那个不可思议的十年里，诞生了全体现代科学的要素。就光学而言，我们会看到，这将带来难以预计的后果。

第四章

开尔文勋爵的两朵乌云

在伦敦皇家研究院的红色天鹅绒帷幔圆形剧场中所做的最著名的一系列演讲中，有一场是英国著名物理学家开尔文勋爵（Lord Kelvin）在 1900 年 4 月所做的关于在 19 世纪遮蔽了物理学天空的两朵乌云的演讲。他的演讲以这样一句话开始：

> 动力学理论断言，热和光都是运动的方式。但现在这一理论的
> 优美性和明晰性却被两朵乌云遮蔽，显得黯然失色了。

其中，第一朵乌云与以太相关，它被认为是传播光的介质，我们在上一章已经讨论了其自相矛盾的特性。第二朵乌云是关于在热力学平衡的系统中，不同自由度之间的能量分配。迈克耳孙（Albert A. Michelson）测量地球相对于以太的速度的实验所得到的零结果，生出了第一朵乌云。而这第二朵乌云，说得是当物理学家试图根据能量均分定理计算当时最新测量的、受热物体产生的辐射的能谱特征时，会得到的荒谬的结果。

开尔文勋爵做演讲的那一年，恰逢世界博览会在巴黎召开，这场盛会生动地反映了彼时人们对科学的成功和其所预示的技术进步的信心。来自世界各地的游客们，戴着圆顶礼帽或大礼帽的绅士们和穿着裙撑的女士们，都可以通过自动人行道在展馆之间穿梭，法国戏剧家科特林（Georges Courteline）在他的一场短剧中对这一场景做了生动且不朽的描绘。所有人

都惊叹于当时各个大国所提出的科技创新，他们竞相展示着各自的行业领域中最引人注目的进步。同年在法国和德国所发行的世博会明信片描绘了对 2000 年的世界的憧憬。比如，其中一张明信片展示了一个世纪后，人类如何利用放射性来进行加热。只要有一小块镭将它的热量辐射于壁炉中，人们就不再需要木材或煤炭了。其他的明信片依照当时的新技术（比如电话和电影）憧憬未来，不过它们远远没有预见到 20 世纪真正带给我们的东西：电子设备、计算机、激光、GPS、磁共振成像——所有这些在 1900 年都是无法想象的。

斯蒂芬·茨威格（Stefan Zweig）怀念地称那个时代为"昨日的世界"。那个早已终结的无忧无虑的时代无法预见 20 世纪的种种科技，它们极大地丰富了我们相互交流、获取信息以及与世界互动的手段。这些新技术源于 20 世纪前 25 年中出现的两个基本物理学理论，开尔文勋爵的两朵乌云也因它们而得以最终消散。第一朵乌云预示了相对论的诞生，而第二朵则预示了量子物理学。这两个革命性的理论，诞生于对光的矛盾特性的质疑，以一种深刻的方式改变了我们对世界的观念，就像发生在 16 世纪的哥白尼学说革命一样[1]。

让我们回顾一下这些革命诞生的背景。19 世纪的最后几年对科学和技术来说是一个硕果累累的时期。在 20 世纪的大战之前这段相对和平的时期，欧洲和美国取得了惊人的经济发展，这得益于 19 世纪巨大的科学进步。对热力学定律的利用使船舶和蒸汽机车得以发展，极大地缩短了陆上和海上旅行的时间，从而促进了贸易。内燃机随着第一批汽车而诞生，汽车很快会取代马匹用于城市交通。莱特兄弟正在秘密地建造他们的第一架飞机。通过引入电动机和电灯照明，电磁学定律的发现彻底改变了工业世界。随着电话的发明和利用赫兹的电波进行无线电传输的首次尝试，通信技术取得了巨大的进步。

伦琴在 1896 年发现了 X 射线，贝克勒尔（Henri Becquerel）和居里夫

---

1 即"日心说"的革命。

妇在 1898 年发现了放射性，这在大众媒体上得到了广泛宣传，很快激起了人们对其可能的实际用途的各种猜测（描绘了壁炉中镭的明信片就是其中一个例子）。头三届诺贝尔物理学奖分别于 1901 年授予伦琴，1902 年授予亨德里克·洛伦兹和彼得·塞曼（Pieter Zeeman），1903 年授予居里夫妇和贝克勒尔，这些奖项得到了广泛的评论，彰显了在当时科学界的有限范围之外公众对科学的热情。

彼时科学界的核心只有几十位学者，他们和外行的民众一样，怀抱着对科学的乐观和热情。基础科学的进展给人的印象是，大自然的伟大奥秘已经被人类彻底揭开。麦克斯韦为电磁学和光学所做的工作，就像两个世纪前牛顿为力学和万有引力所做的工作一样，用一个统一的理论解释了看上去完全不同的现象。力学和电磁学得到了热力学的补充，并且随着吉布斯（Josiah Willard Gibbs）和玻尔兹曼的研究而达到颠峰——他们阐明了能量和熵的概念。这种基本知识激励了工业文明的发展，惠及每个人。实验方法的进步揭示着新的现象：无线电波、电子、光电效应、X 射线和放射性都被陆续发现。不过，大多数科学家认为，这些发现都将在既定的经典理论框架内得到解释。他们很快就会发现自己错了。

尽管开尔文勋爵指出了两个即将带来巨大变化的方向，但他自己却远远没有意识到它们的重要性。他一定认为这两朵乌云只是在晴朗的天空中飘过，它们所预兆的风暴只是暂时的。从本章开头所引用的那句话可以看出，他把热和光的问题联系在一起，把它们都看作是"运动的动力学理论"的一部分。热确实应该被描述为与构成物质的粒子的运动有关，并且可以转换为传播于以太之中的电磁波的运动。

实际上，抛开"乌云"的比喻不谈，开尔文勋爵真正想要强调的是，在 19 世纪末，使得经典物理学取得成功的各种理论之间，出现了内部矛盾。迈克耳孙的实验表明，麦克斯韦的光理论并不满足伽利略运动的相对性原理。更糟糕的是，麦克斯韦方程与能量均分定理（经典热力学的基本信条之一）的方程相结合，将会产生一个荒谬的模型，甚至无法描述受热物体的辐射光谱最明显的若干特性。这两个问题在 20 世纪的最终解决，意味着将有新的原则取代牛顿学说的公设，使物理学能够探索无限小和无限大的世界。而这需要彻底推翻深深根植于当时的物理学家头脑中的一系列关于时间和空间、质量和能量、决定论和偶然性的观念。

在这场物理学革命中，光起到了至关重要的作用。开尔文勋爵的两朵乌云下所隐藏的谜团的答案，不仅给光学带来新的启示，也适用于物理学的所有现象，从而彻底改变物理学家观察世界的视角。理论与实验之间的共生关系，以及基于纯粹好奇心的"蓝天研究"与技术进步之间的共生关系，在这场革命中也至关重要，就像在此前几个世纪中一样。仪器的进步具有决定性意义，比如测量光与物质之间热交换的辐射热测量计，或者那些基于新发现的光电效应的探测器。用于测量干涉条纹极小位移的干涉仪的进步也发挥了重要作用。而且，一如既往地，运气也很重要。

在我们的故事中，运气显然垂青了位于伯尔尼的瑞士专利局里一名拥有卓越直觉的年轻雇员，他在几年内就被推上了物理学界的巅峰。在 20 世纪初，阿尔伯特·爱因斯坦引领了相对论和量子理论带来的巨大变革。他对现代物理学的影响如此之大，以至于一个多世纪以来，很难找到一个无法在某一方面溯源到他身上的发现或发明。在他的帮助下，一系列至今仍未解决的关于我们宇宙的重大问题得到了明晰的表述，这是他杰出天才的又一明证。当然，在这段汇集了众多杰出科学家的历史中，爱因斯坦不是唯一的主人公，但为了统一我们的故事，我将把爱因斯坦放在故事的中心，通过他的思想棱镜描述这一新的物理学。

迈克耳孙和以太之谜

让我们从开尔文勋爵的第一朵乌云开始。美国物理学家迈克耳孙在另一位美国物理学家莫雷（Edward W. Morley）的帮助下，在 1881 年至 1887 年之间进行了一系列实验，试图测量地球相对于传播光的以太之间的速度，后者在当时被认为是使光在其中以 30 万公里 / 秒的速度 c 传播的介质。迈克耳孙的实验和斐佐在 1852 年进行的用于测量流动液体中光速的实验类似，前者使用了由迈克耳孙开发并以他的名字命名的特殊干涉仪。

一束光被一个半反射的分束器分成两支后，得到了两束相互成直角传播的光束，并分别射向两面镜子，镜子又将光反射回分束器。在分束器上重合的两束光之间会发生干涉。当干涉仪经过调整以使来自两束光的波前完全重合后，理想情况下，我们能在分束器后与光线的入射方向成正交的出射方向上观测到一片单一的色调，当两束光之间的光程差为整数倍波长时，该色调是明亮的，而当光程差为半波长的奇数倍时，该色调是暗的。

如果我们将其中一面镜子转动一个非常小的角度，使其中的一束光略微错位，单一的色调将被平行的明暗条纹所取代，当其中一面镜子沿着它反射的光束方向平移时，这些条纹也会发生移动。当光程差的变化为一个波长时，条纹的位移对应于一个干涉条纹间隔。这种位移让我们能够非常精确地测量在相互正交的方向上传播的两束光的光程差，或者换一种说法，在这两个方向的光传播的时间差。该装置被放置在一个漂浮在水银槽内的光学平台

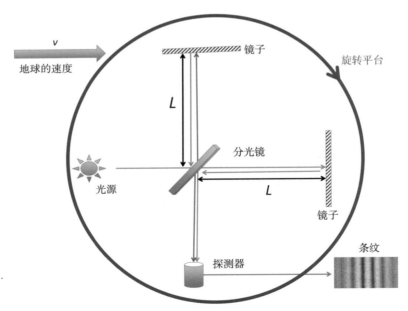

图 4.1　迈克耳孙 – 莫雷实验的简化原理示意图。随着仪器底座的旋转，干涉仪两分支之间的光的往返时间之差应在 + (L/c) (v^2/c^2) 和 – (L/c) (v^2/c^2) 之间变化，不断交换着平行和垂直于地球轨道速度方向的分支。在实际实验中，还有额外几组反射镜沿着干涉仪两臂方向多次反射光线，使 L 的有效值为 11 米。实验并没有观测到预期中由"以太风"所引起的 0.4 个干涉条纹间隔的位移。

上，因此装置方向可以调整，使入射光束与地球在绕太阳公转轨道上的运动方向形成一个可调的角度。

地球在这一轨道上的速度 v 大约是 30 公里 / 秒，相当于光速 c 的万分之一。假设地球在以太中运动，并应用伽利略的速度合成定律，迈克耳孙预计，当干涉仪的一条分支平行于地球在其轨道上行进的方向时，光沿着该分支从分束器到镜子的传播速度为 $c-v$，反射之后返回分束器的速度为 $c+v$。在干涉仪参考系中的相对光速首先减去了地球在其轨道上的运动速度 v，又在反射后增加了相同的速度，近似后的平均效果和 v 等于 0 的没有区别。这是对于 v/c 的一阶近似。一个非常简单的计算表明，与地球在静止的情况下相比，光往返一次的速度实际上稍慢，导致其传播时间为 $(2L/c)/[1-(v/c)^2]$，其中 L 是干涉仪分支的长度。这个传播时间略长于 $2L/c$，即在以太中完全静止的干涉仪所能观测到的值，两者相比较并取二阶近似后，相对延迟等于 $(2L/c)(v^2/c^2)$。

干涉仪能将这一延迟与另一分支上的光所经历的延迟进行比较，后者被调整到与地球的速度相垂直的方向。当光波穿行于该分支中时，镜子和分束器以速度 v 沿着与光的运动垂直的方向移动，这使得光必须经过的路径延长了一个通过勾股定理可以简单求出的量。结果表明光从分束器到镜子的往返传播时间等于 $(2L/c)/\sqrt{[1-(v/c)^2]}$，与 $2L/c$ 的差异约为在另一分支中差异的一半。最终，迈克耳孙预计，当干涉仪的一个分支被转动至地球运动的方向时，两分支之间的光传播时间差等于 $(L/c)(v^2/c^2)$。为了增加这一差值，实验中还增加了额外的反射镜，沿着干涉仪两臂方向多次反射光线，使 L 的有效值为 11 米。预期的光程差约在 10^{-7} 米量级，相当于十分之二个波长。当迈克耳孙将装置转动 90° 从而将两臂相对于地球在以太中运动速度的方向相互交换时，干涉仪的条纹应该会移动 4/10 个条纹间距。

然而，实验没有检测到条纹的任何位移。同样的测量在数年中的不同季节里多次重复，以对应地球在假定的以太中的不同运动方向，然而结果总是一样的，这让科学界陷入了困惑之中。似乎以太总是能以一种非常完美的恒定方式被牵引着，伴随着地球在其公转轨道上运行，让实验所要测量的"以太风"无迹可寻。

开尔文勋爵在他的演讲中提到了对这一零结果的一个巧妙解释，该解释由两位物理学家分别独立提出，一位是爱尔兰物理学家乔治·斐兹杰拉德（George FitzGerald），另一位是亨德里克·洛伦兹，即我们在上一章中提到过的年轻的荷兰人。他们假设，干涉仪物质与以太的相互作用导致了运动方向上物质长度的收缩，收缩的量正好补偿了预期的光相位的增加。这个为了保留以太而被主观引入的效应几年后会在爱因斯坦的相对论框架中被推导出来并被重新解释，然而到那个时候，以太则从整个图景中消失了。

爱因斯坦横空出世：思想实验

这位年轻的德国物理学家似乎是以纯粹理论的方式提出了光速的问题，而并没有特别受到迈克耳孙实验的影响。据说，在爱因斯坦少年时代，当学了麦克斯韦的理论后，他就想知道如果他以接近光速的速度飞行会发生什么：不是像地球绕太阳那样的 30 公里/秒，而是比这个还要快一千或一万倍。到时候，光线在他看来会走得慢得多吗？是否可以想象追上它，在光波中冲浪，并且看到静止不动的光？显然，以这种方式思考麦克斯韦方程时，有些地方出了问题。如果将光的电场或磁场看成是静态的，就会导致荒谬的结果。实际上，正是这些场随着时间的变化才使它们能够维持彼此。没有电场的变化，我们就不可能理解磁场是如何出现的，而没有磁场的变化，电场本身的存在也就无法理解。

这个关于与光赛跑的遐想清楚地表明，如果我们改变参考系，同时保留经典的空间和时间概念——也就是使用经典力学的坐标变换规则，该规则假设时间间隔和空间距离对所有以均匀速度相对于彼此平移的观察者来说是相同的——那么麦克斯韦方程就不再有效。

爱因斯坦在其 1905 年发表的那篇著名的论文《论动体的电动力学》（*Zur Elektrodynamik bewegter Körper*）中给出了对这一谜题的解决方案，它就像黑暗中的一道光（此处没有刻意双关），令人豁然开朗。关于"我们是否能够追上光"这个问题，爱因斯坦的回答只是很简单的"不能"。这个"不能"的假设是整个狭义相对论的出发点。对爱因斯坦来说，只要将伽利略在 17 世纪所述的运动相对性原理扩展到电磁学定律就足够了：伽利略曾指出，在所有以恒定速度相对运动的参考系中，力学定律应以相同的方式表达。这些参考系被称为**伽利略参考系**，也称为**惯性参考系**，因为牛顿的惯性定律适用于它们。在没有外力作用的情况下，任何物体在这样的参考系中都以恒定的速度沿直线运动。如我们所见，伽利略原理每天都能在匀速运动的火车、轮船和飞机上得到验证。乘客如果不看向窗外，就无法知道他自己是否在移动中。乘客进行的所有的力学实验，比如向空中抛球或将液体倒入杯中，均会产生与地球相对静止时相同的结果。

爱因斯坦推广了这一原则，将其应用于电磁学乃至于所有物理学。这被称为"狭义"相对性假设，以表明它只限于描述伽利略参考系（或惯性参考系）中的物理规律。后来的广义相对论则与其狭义版本不同，它将不再受此限制。就目前来说，只要不会产生混淆，我们将省略"狭义"这个修饰词，而只说相对性假设。

这样一来，这个假设要求物理学在所有的伽利略参考系中都用相同的方程来表达。麦克斯韦方程给出光的速度为 $c = 300\,000$ 公里 / 秒。这个速度在所有参考系中都必须是相同的，因此我们不可能通过测量它来判断我们相对于特定的观察者是否在移动。换句话说，这一速度的恒定性是一个物理学定律，因此必须在所有的惯性参考系中被观察到。正如伽利略所述的"绝对运动不存在"，同样我们也不能说，麦克斯韦方程只有在某些特殊的惯性参考系中才成立，而在其余的惯性参考系中需要变成另一种形式。

这一假设带来了根本性的后果：牛顿的速度合成定律不再适用了，因为光速不能与任何其他速度相加或相减。速度合成定律的成立要求存在一个普适的时间以及对于所有观察者来说均相等的空间间距。放弃这条定律，就意味着承认观察者所测量的时间取决于他所处的参考系，并接受时间和空间的变量是密切相关的。

在获得这些革命性观念的过程中，爱因斯坦并没有像迈克耳孙和莫雷那样进行真正的实验。在伯尔尼专利局那间小小的办公室里，这位 26 岁的年轻物理学家进行了虚拟的"思想实验"，这使他能够以简单的方式阐述相对性假设，并从中得出所有的逻辑后果。他考虑两位不同的观察者对同一个光现象的描述，一位观察者位于一个虚拟车站的站台上，另一位位于以恒定速度通过站台的火车车厢中。要使他所研究的效应真正变得显著，这列虚拟列车必须具有非常高的速度，接近光速，但这个细节对于爱因斯坦来说并不重要。重要的是，这些思想实验使他能够建立起一系列基本原理，尽管它们仍然很难用实际的实验来验证。

在这样一个想象实验中出现的第一个结果是，在经典物理学中被认为是"显然"的同时性概念在相对论中却不再那么显然。如果两个事件发生在同一个地点，它们的同时性判定当然不会是个问题。在火车上做实验的观察者只需观察这两个事件是否对应于他手表指针（当时还没有数字手表）的同一个精确位置。另一位在站台上的观察者只会对这种定域的同时性做出一致的判定。类似地，如果在火车上同一点观察到的事件发生在另一个事件之前或之后（分别对应火车上观察者表针的两个不同位置），那么站台上的观察者也必须观察到相同的时间顺序，若观察到相反的顺序则会造成严重的因果律问题。目前为止，这并没有特别令人意外。

然而，当爱因斯坦思考发生在空间中不同位点的两个事件的同时性概念时，意外出现了。为了判定这种同时性，爱因斯坦提出，可以在距离两个位点等距的位置观察来自两个位点的光信号，从而建立两个事件的先后关系。如果由两个事件引发的光信号同时到达位于等距离点处的观察者，那么他就说它们是同时发生的。这是因为对他来说，光速是恒定的（对伽利略参考系中的任何观察者来说也是如此），他与两个等距离事件之间的距离相等，光传播这两段距离所花费的时间也是相等的。

随后，爱因斯坦设想了一个尽管极不可能发生，但是容易描述的多事件巧合。当列车通过车站，并且列车的尾部和头部恰好经过站台上的 A 点和 B 点时，闪电击中了这两点。此时有一位观测者，我们叫她爱丽丝，她完全静止地站在站台上与 A 点和 B 点等距的位置。她会同时看到两道闪电的闪光，因此她判定这两道闪电是同时发生的。一位叫鲍勃的乘客坐在火车中与列车尾部和头部等距的位置，他也观察到了相同的事件。对于在站台上的爱丽丝来说，从 B 点发出的闪电光要比从 A 点发出的闪电光更早到达鲍勃，因为鲍勃正从 A 点向 B 点移动，而光在两个方向上的速度是相同的。鲍勃观察两道闪电光时处于同一位置，所以他显然会得到一样的结论。由于光速无论其传播方向如何，在他的参考系内都等于 c，于是他只能判定 B 点的闪电发生在 A 点的闪电之前。尽管对于爱丽丝来说，这两道闪电是同时发生的，但鲍勃的观点一样是有效的。

爱因斯坦在后来的一篇论文中描述了一个类似的思想实验，让他推断出两个相对运动的观察者所测量的时间间隔的相对性。他想象了一种由一对平行的水平镜面组成的时钟，一个非常短暂的光脉冲在两个镜面之间垂直反弹。其中一面镜子略微透明，允许一小部分光线通过，并被双镜面组成的腔外的检测器所探测。每当光脉冲在镜子之间往返一次后，探测器就会咔嗒一

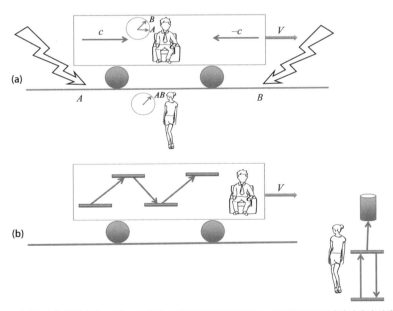

图 4.2 相对论火车的思想实验。（a）对于站台上的观测者爱丽丝来说，两道闪电同时击中火车车头和车尾。然而对于列车上的乘客鲍勃来说，闪电先击中火车车头，再击中车尾。（b）在站台上的爱丽丝看来，鲍勃的时钟内的光脉冲的频率要比她身边的时钟的频率慢。因此她判定鲍勃的时间流逝得比她的时间慢。

次，这就成了这个时钟的滴答声。已知镜子之间的距离为 L，并且光速是恒定的，无论光的传播方向如何，也无论是哪一个伽利略系，这样一来两次咔嗒声之间的间隔便可用于精确测量时间。

假设站台上的爱丽丝和匀速行驶的火车上的鲍勃拥有这样两个完全相同的光钟，在鲍勃上火车之前，两座钟进行了初始同步。他们对时间的衡量会有什么不同呢？我们还是先采取爱丽丝的视角。在她看来，在火车上的镜子之间垂直反弹的光脉冲走的是一条倾斜的路径，比她身处站台上的时钟里的光走的路程要长。由于光速在两个参考系中都是一样的，无论它是在哪个时钟内传播，对爱丽丝来说，鲍勃时钟的咔嗒声响的频率要比她在站台上的时钟的咔嗒声响的频率要慢。因此，不仅同时性的概念于观察者而言是相对的，对时间间隔的测量也是如此。相对于爱丽丝而言，以恒定速度运动的时钟所测得的时间比与她处于同一个参考系内的时钟所测得的时间要慢。

有人可能会反驳说爱因斯坦选择了一种特定类型的、以某种光学现象为基础的时钟；这种时间膨胀效应可能只适用于这种类型的时钟。换句话说，以这种方式所测量的时间的相对性，可能只反映了一个特定现象的属性，而没有理由也适用于其他物理事件，例如像旅行者的心跳这样的生物节律，或者他在火车上的动作的连续性，乃至于他的寿命长短。对于这种观点，爱因斯坦仅仅依靠他所提出的相对性原理，就以无法驳斥的逻辑给出了应对。在相应的思想实验中，他想象爱丽丝和鲍勃在他们的光钟之外还分别在初始同步了一台性质完全不同的时钟，比如计数弹簧振荡次数的机械时计。现在鲍勃有两台钟，光钟和机械钟。如果他看到两台钟以不同的频率走动，他不必向火车窗户外看就可以判定他在相对于站台移动。这就与相对性原理产生了矛盾。因此，若要保证相对性原理，光钟和机械钟指示的时间必须是一样的。这样一来，从站台上看，这两个时钟变慢的程度是完全相同的，并且任何随时间变化的现象也都会同样变慢，无论是光学现象还是机械现象，甚至是生物现象。换句话说，不是时钟的运转在移动时发生了变化，而是时间本身发生了变化！

爱因斯坦的朋友、法国物理学家保罗·朗之万（Paul Langevin）于 1911

年在意大利博洛尼亚做的讲座中，为这一思想实验添加了一个戏剧性的展开。朗之万想象有一对双胞胎，其中一位乘坐火箭以接近光速的速度在太空中进行长途旅行，而另一位则留在地球上。当太空中的那位双胞胎回来时，他所记录的他的光钟、物理钟、生物钟所走动过的次数将会远远少于他留在地球上的兄弟记录的次数。因此，他将会比他的兄弟年轻很多！相对论允许这一类时间旅行，让一位双胞胎穿越到另一位双胞胎的未来。这看起来非常矛盾，但如果我们承认相对论的唯一假设，则这个结论是不可避免的。

为了确信这一结果，我们必须提出一个异议。留在地球上的那位双胞胎相对于火箭也发生了运动，我们为什么不能反过来说是他的时钟相对于他太空旅行的兄弟变慢了呢？这样一来，更快变老的将是后者。为了避免这种矛盾，我们是不是应该承认，通过某种平均后，时间对于两个双胞胎来说只能以相同的方式流逝？这一支持经典物理学的令人欣慰的论点并不成立，因为双胞胎所处的位置并不等价。在二人的时钟同步后，地球上的兄弟留在了地球的伽利略参考系中，而太空旅行的兄弟则踏上了一个加速的航天器，以恒定的速度巡航了很长一段时间，然后掉头返回地球。所以，太空旅行的兄弟在出发和返回的过程中，都经历了强烈的加速，在途中改变了伽利略参考系，他本人不可能没有注意到这一点。因此，他无法应用相对性原理说，是他静止的孪生兄弟的时间被减慢了！

为了全面分析这个双胞胎实验，必须计算出太空旅行者的时钟在其旅程的加速阶段发生了什么，这是一个广义相对论的问题，我们将在后面讨论。我们将看到，时间的流动受到了时钟参考系的加速度以及它所处的引力场的变化的极大影响。在估算太空旅行的兄弟归来时的精确年龄时，必须严格考虑这些广义相对论的效应。然而，大致结论仍然是不变的：太空中的兄弟比他留在地球上的兄弟衰老得更慢。即便在不追究细节的情况下，我们也可以确信前述结论是显然的，只要我们考虑一个极限情况：令火箭的加速阶段对两个孪生兄弟来说均远短于匀速运动阶段。这样一来，无论在旅程的开始、中间和结束时发生了什么，太空旅行的兄弟在他相对于地球以恒定速度运动的若干个漫长阶段中所"赢取"的时间，对他来说算是"既成事实"。因此他肯定比他的兄弟衰老得更慢。

通过分析光脉冲的运动，我们可以准确地估计与运动相关的时间膨胀系数，只需要简单地应用勾股定理来估算在火车上以之字形前进的光在垂直时钟中所走过的路径长度即可。这个计算与我们在分析迈克耳孙的实验时的计算相同，尽管它的解释现在更加具有普遍意义了。火车上的时钟两次咔嗒声之间的时间间隔相对于站台上的相同时钟来说产生了膨胀，膨胀系数为 $\gamma = 1/\sqrt{[1-(v/c)^2]}$。在速度 v 趋近于 c 的极限情况下，时间膨胀趋于无限大，此时在以 c 的速度前进的参考系中，时间完全停止流逝：在地球上的兄弟看来，太空旅行的兄弟完全不会变老！

时钟思想实验还能让我们推断出空间距离对于观察者来说也是相对的。现在，让我们假设火车乘客鲍勃倾倒了他的光钟：在不改变两面镜子之间距离的情况下，让两面平行的镜子处于两个竖平面内，垂直于火车的运动方向。光脉冲现在必须沿着这个方向传播，要么与火车的运动方向相同，要么相反。接下来我们转换到站台上的视角来分析这个时钟的运作，我们假设对于爱丽丝和鲍勃来说两面镜子之间的距离都是 L。光线以恒定的速度 c，从后镜出发前往前镜，但前镜在光脉冲之前以速度 v 逃逸，因此光脉冲走过的路径比在火车静止的情况下更长。而在光脉冲从前镜返回后镜的途中，后镜也在向光脉冲靠近。与火车静止的情况相比，光脉冲经过了更短的距离。计算光脉冲的去程时间 t_1 和回程时间 t_2 的和的方式与计算光在平行于地球运动的迈克耳孙干涉仪分支上的延迟是一样的。我们得到 $t_1 + t_2 = (2L/c)[(1/(1-(v/c)^2)]$。将这个结果与垂直时钟的周期（即 $(2L/c)(1/\sqrt{[1-(v/c)^2]})$ 进行比较，我们得到的两个不同结果的比例为 $\gamma = 1/\sqrt{[1-(v/c)^2]}$！一个时钟竖直摆放和水平摆放时会以不同的速率运作吗？这将违背相对性原理，因为这种差异会让鲍勃在不看站台的情况下意识到他在运动。

为了解决这个悖论，我们必须承认情况与我们在计算中假设的不同，从站台测量的、鲍勃的时钟的两面镜子之间的距离依赖于它的轴是垂直于还是平行于火车的运动方向。在第一种情况下，这个间距不会有变化。在第二种情况下，该间距会发生收缩，收缩系数为 $1/\gamma = \sqrt{[1-(v/c)^2]}$。这种收缩在光钟的轴线与列车运动方向平行时缩短了光的运行路径，并且使得光钟在朝向任何方向时都具有完全相等的周期，这是相对性原理的推论。

事实上，爱因斯坦的思想实验处理了所有应用于迈克耳孙实验中的计算，以一种明显的方式解释了为什么后者只能给出一个否定的结果。其原因不在于任何由于干涉仪物质与假想中的以太发生相互作用而产生的长度收缩效应，而只是源于相对论的假设，即光相对于所有惯性参考系都具有相同的速度。而这一原理必然会造成时间和长度的相对性。

相对论思想带来的改变

在爱因斯坦的工作之前，时间膨胀和尺度收缩的公式已经出现在了科学文献之中。我们在上文提到，为了解决迈克耳孙实验的零结果与以太的存在之间的矛盾，洛伦兹和乔治·斐兹杰拉德都曾假设过在位移方向的尺度收缩。洛伦兹与法国数学家亨利·庞加莱（Henri Poincaré）分别独立地建立了普适性的空间和时间坐标转换的一组方程，从而在改变惯性系时，可以维持麦克斯韦方程的形式不变。我们将这些方程称之为洛伦兹方程组，这组方程描述了在一个惯性系 R 中，一个由位置 x、y、z 和时间 t 所定义的事件，如何在另一个相对于 R 以速度 v 平移的惯性系 R' 中被其新坐标 x'、y'、z' 和 t' 所表述。出现在这组方程中的因子 γ 被用于描述时间膨胀和尺度收缩，它被称为洛伦兹因子。

然而，在爱因斯坦 1905 年的那篇论文之前，洛伦兹方程组被认为是麦克斯韦方程组的某种深奥的性质，只是在数学上成立，但物理意义仍然不清晰。洛伦兹将出现在这些公式中的时间描述为"局部"时间，仅仅有助于理论计算，但与真正的物理时间不同，后者在相对于以太固定的参考系中稳定不变地流逝。迈克耳孙的实验无法发现以太风，这是不是因为以太的奇异特性可以导致它与物质相互作用后产生多种效应的巧妙联合，从而使其无法被检测到呢？

爱因斯坦的理论则完全跳过了这个问题。在他看来，洛伦兹方程组并不是为了解释否定性的实验结果而做的特殊调整，也不是描述麦克斯韦方程的

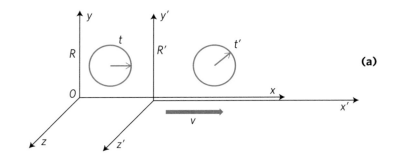

图 4.3 洛伦兹变换。(a) 在惯性参考系 R 和 R' 中，同一个事件的坐标分别为 t, x, y, z 和 t', x', y', z'。相对于参考系 R，参考系 R' 沿 Ox 轴方向以速度 v 移动。(b) 将同一个事件在两个参考系中的坐标关联起来的方程组，其中包含了洛伦兹因子 γ。在速度 v 远小于 c 的极限下（$\gamma = 1$），洛伦兹变换会退化为经典的惯性系变换。(c) 速度的相对论变换。这个方程表达了在 R' 中，沿着 Ox' 轴传播的粒子的速度 u' 是如何通过它在 R 中的值 u 推导出来的。该方程中，分子对应经典的速度合成公式。分母则保证了光速不变。如果在 R 中 $u = c$，那么这个方程给出了在 R' 中 $u' = c$，且不依赖于 v 的值。(d) 洛伦兹变换保证了两个事件之间的四维距离守恒。

抽象数学特性的公式。爱因斯坦在无需任何其他前提的情况下，从相对论的假设出发，通过简单的思想实验就可以把它们推导出来。在他的理论中，光在真空中传播，可以是没有任何物质的真空空间，也可以是物质介质中的原子所含电荷之间的真空空间。无需援引任何弥漫于物质四周的神秘以太。相对性原理确实会导致一些反直觉的结果，但是只要这些结果是用逻辑从该理论的初始公设——在相对于彼此匀速运动的所有参考系中，光速不变——推导出来的，它们就应该被接受。

从相对论的角度来讲，"当一把尺子相对于其测量者运动时，一切发生得都好像这把尺子的长度缩短了一样"这个说法是不正确的。当我们按照相对论所唯一容许的手续比较在两个参考系中测量的长度时，尺子"真的"会缩短。这个手续要求：在任一惯性参考系中，无论观察者是在站台上还是在火车上，都必须测量尺子两端在同一时刻的间距。由于两位观察者的同时性是不同的，那么显然两个长度也不会相同。这两种视角都同样合理，都各自表达了它们应该描述的物理现实。

洛伦兹方程组表明，将光速与任何参考系的速度（低于 c）"相加"总会得到数值 c，这一结果也满足相对性原理的要求。该理论同样表明，任何惯性系中的光速均不可逾越。如果某一个粒子在一个参考系中的速度大于 c，那么一束来自粒子后面的光源的光线在该参考系中就永远追不上粒子。另一方面，如果我们将自己置身于一个随着这个粒子移动的参考系中，在新参考系中永远以 c 的速度行进的光最终会在追上这个粒子后与其发生相互作用。这两个结果之间的矛盾会违背相对性原理，因为这两个视角展现的物理过程并不相同。从数学上来说，超光速的参考系之所以不可能存在，是因为相应的洛伦兹因子 γ 会成为一个负数的平方根。这样参考系中的坐标将成为虚数，从而失去所有的物理意义。

请注意，只有真空中的光速 c 才是一个绝对极限。在折射率为 n 的透明介质中，光线以小于 c 的速度 c/n 传播。如果该介质本身在一个惯性系中以速度 v 沿着光的方向运动，那么在这个参考系中，观察者所看到的光波的速度会大于 c/n，但仍小于 c。洛伦兹的速度合成公式表明，如果 v 相比于 c 是小的，那么波在这个参考系中的运动速度近似为 $v' = c/n + v(1 - 1/n^2)$。如果应用经典的速度合成定律，该速度将等于 $c/n + v$。因此，相对性原理表明，流动的透明液体只能部分地带动光线。光在介质中的折射率越高，带动作用就越强。斐佐在 1852 年的干涉测量实验中观察到了这种效应。当时他测量了有水流过的管道中的光速。他把其结果解释为：液体对传播光的以太具有部分带动的特性。爱因斯坦的相对论解释显然剔除了以太。在相对论诞生之前的半个世纪所进行的斐佐实验，一定曾经让爱因斯坦更加确信他的理论是正确的吧。

时空混合

洛伦兹变换与经典力学的伽利略参考系变换有着根本上的不同，它让空间坐标与时间坐标产生了混合。在经典变换中，时间是恒定的，而一个事件在参考系 R' 中的空间坐标 x'，y'，z' 表现为同一事件在另一个参考系 R 中的空间坐标 x，y，z 以及时间 t 的组合。这类组合只是表明，通过两个参考系之间以相对速度 v 进行的空间平移，可以由 R' 推导出 R，可能还伴随着由坐标轴转动导致的视角的变化。这类平移和转动的操作不会改变两个事件之间的空间距离 ΔL，从而也不会改变 ΔL 的平方，用勾股定理公式表达即 $\Delta L^2 = \Delta x^2 + \Delta y^2 + \Delta z^2 = \Delta x'^2 + \Delta y'^2 + \Delta z'^2$。在上述表达式中，两组量 Δx，Δy，Δz 和 $\Delta x'$，$\Delta y'$，$\Delta z'$ 分别是在两个不同的伽利略参考系中同样两个事件之间笛卡尔坐标的差值。至于这两个事件之间的时间间隔，它在经典物理学中是不变的，它的平方自然也是不变的，于是我们得到了一个平凡的恒等式 $\Delta t^2 = \Delta t'^2$。

当我们用洛伦兹变换取代伽利略变换后，时间与距离不再分别守恒，唯一的守恒量是 D^2，它等于光在两个事件的时间间隔内走过路程的平方减去它们的空间间隔的平方。这个守恒量写作 $D^2 = c^2 \Delta t^2 - \Delta L^2 = c^2 \Delta t'^2 - \Delta L'^2$。这个可以直接由洛伦兹方程组推导出的守恒定律是由数学家赫尔曼·闵可夫斯基（Hermann Minkowski）确立的，他是年轻的爱因斯坦在苏黎世的老师之一。它通过将欧式几何中的勾股定理从三维扩展到四维，表达了时空中两个事件的"四维距离"的不变性。因此，相对论的事件是在一个被称为闵可夫斯基空间的伪欧氏时空中描述的，这个时空的"度规"，即计算距离的方式，为时间坐标的平方分配了与空间坐标的平方相反的符号。

因此，两个事件之间的相对论距离 D 对所有惯性系的观察者来说都是相等的。当光在两个事件的时间间隔内所走的距离在所有的参考系中都大于它们的空间距离时，D 的平方是正的。另一方面，如果两个事件在时间上非常接近，以至于在它们的时间间隔内，在任何参考系中，光都不能从一个事件传到另一个事件，那么这个平方就是负的。在这种情况下，"距离" D 是一个负数的平方根，也就是一个纯虚数。

在第一种情况下，事件距离被称为是类时的。此时信息能够以小于光速的速度，在两个分隔了事件的时刻之间，从一个事件传播到下一个事件。较早的事件可以对较晚的事件施加因果影响，并且事件的时间顺序对所有观察者来说都是一样的。继而存在一个参考系 R_0，在 R_0 中，这两个事件都发生在同一空间位点上，此时 $\Delta L = 0$。在这个参考系中，距离 D 直接等于 ct，D/c 被称为关联两个事件的固有时间隔。

经典牛顿物理学中的轨道概念可以被扩展到闵可夫斯基空间。在相对论中，一个在空间中运动的粒子的历史是由一系列连续的事件来描述的，对应于粒子在连续的时刻通过了不同的点。这一系列的点构成了该粒子在闵可夫斯基空间中的世界线。为了定义这条线上的长度，我们首先把它划分为一系列邻接事件之间极短的小区间，之后线的总长度被定义为所有的小区间长度在闵可夫斯基度规意义下的总和。在其中每一个元区间上，我们可以将粒子的速度视为一个常数，并为其分配一个适当的惯性参考系，以使得该系中的粒子在当前元区间内是静止的。于是，粒子所走过的四维距离就等于 cdt，其中 dt 是由这个适当的参考系中的时钟给出的时间间隔。通过将这些元时间间隔相加，就可以计算出粒子的世界线的长度，它恰好是 c 乘以附着在世界线上的时钟所积累的固有时。

在 $D^2 = c^2\Delta t^2 - \Delta L^2$ 为负的情况下，事件距离 D 是一个虚数，被称为是类空的，此时两个事件之间不可能交换任何信息，这两个事件在所有参考系中都保持相互独立，第一个事件对第二个事件不可能有任何影响。事件的时间顺序甚至可能会随参考系的不同而改变。举一个戏剧性的例子，第一个事件可以是作为读者的你此时此刻正在阅读着这几行文字，而第二个事件则是在你的手表所示时间的五分钟前，太阳在一次极其不可能发生的灾难性大爆炸中消失了。由于光从太阳出发到达地球需要大约八分钟，所以在你此刻的生活中没有任何东西可以预示三分钟后你才能目击的灾难。然而在我刚刚描述的情况下，在宇宙中可能存在着这样一群相对于地球和太阳在高速移动的观察者，在他们看来，你甚至可能在太阳熄灭之前正阅读着这几行文字，而非之后。当这样的观察者收到来自太阳系的信号时，他将有理由说太阳是在你读到此处的五分钟之后消失的，而不是五分钟之前！

最后，当情况夹在上述两种情形之间时，相应的事件在一个给定的参考系 R 中距离位于时空坐标原点的事件（"事件 0"）的闵可夫斯基距离为零，此时我们该做何考虑呢？所有这些事件的坐标都满足条件 $ct = \pm\sqrt{x^2+y^2+z^2}$。这个关系在闵可夫斯基时空中定义了一个三维的圆锥面，它被称为事件 0 的光锥。这个锥面由两片组成，一片在 $t > 0$ 的半空间中，代表事件 0 的未来，另一片在 $t < 0$ 的半空间中，代表事件 0 的过去。所有在 $t = 0$ 时刻穿过原点的光线都在过去已经到达，或在未来即将到达位于这个锥面上的时空点。任何位于锥体内的事件都与原点相隔一个类时距离。这个事件具体发生在 0 的未来还是过去，取决于它是在上半片内还是下半片内，这个时间顺序对所有

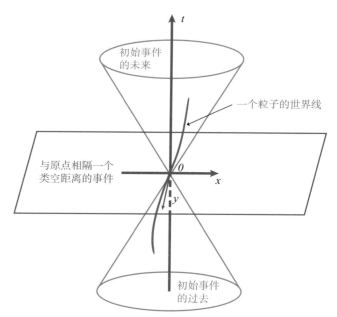

图 4.4 闵可夫斯基空间中的光锥。为了在一张只能表现三维透视的图画中呈现四维时空，我们将空间限制为二维，由坐标 x 和 y 标记，并将垂直的维度作为时间维。所有与原点事件 0（$x = y = t = 0$）的间隔为类时的事件都可以由光锥上半片内（0 的绝对未来）或者下半片内（0 的绝对过去）的点来表示。坐标系中在 $x = y = 0$ 点的静止粒子的世界线与时间轴重合。如果粒子在时间 $t = 0$ 时移动通过了 $x = y = 0$ 点，它的世界线就是锥体内部的一条曲线。锥体外的点与原点具有类空间隔，这些点对应的事件具体发生在事件 0 之前还是之后，取决于观察者的参考系。它们与原点事件不可能有任何因果关系。

惯性系中的观察者都是一样的，不依赖于他们的具体参考系。

因此，光锥内部的两个区域分别定义了位于初始事件的绝对未来和过去的事件的集合。另一方面，位于圆锥体外部的事件相对于 0 具有类空的距离。在另一个参考系 R' 中，它们可以发生在 0 之前或之后，或者也可以与事件 0 同时发生，这取决于这个参考系相对于 R 的运动方向和速度值。它们不可能与事件 0 有因果关系。

因此，洛伦兹方程组混合了空间和时间的坐标，使这两个概念失去了它们在经典物理学中的绝对意义。相对性原理的这一结果源于对麦克斯韦方程的物理内容的深刻分析，它还可以延伸到电场、磁场以及产生它们的电荷和电流分布这些物理量上。一个对于爱丽丝来说静止的电荷在相对于爱丽丝运动的鲍勃看来是运动的。因此，在鲍勃的参考系中存在一个电流，但对于爱丽丝来说是不存在的。对于爱丽丝来说，静止的电荷只是产生一个由库仑定律描述的静电场。对于鲍勃来说，移动的电荷产生了一个随时间变化的电场，同时也产生了一个磁场，但对爱丽丝来说，这个磁场强度为零。因此，一个观察者的"纯"电场对于另一个观察者来说却多出了磁场的成分。

所以，相对论下的参考系变换不仅仅混合了空间和时间，它还将库仑、安培和法拉第的定律深刻地交织在了一起。场、电荷和电流也失去了它们的绝对性，正如时间间隔和距离一样。然而，在这些变换中，仍然存在一个不变性。在所有的惯性参考系中，麦克斯韦方程都必须能表达场的空间和时间导数与产生它们的电荷和电流分布之间的关系。同理，在所有的参考系中，电荷和电流受到的力必须以同样的方式依赖于电场和磁场的分布。方程形式这种基本的不变性表达了相对性原理的核心本质，它要求物理学定律在所有的惯性参考系中都是相同的。

质量与能量的结合：$E = mc^2$

在统一了空间和时间的概念之后，为了完善狭义相对论，爱因斯坦还统一了另外两个被经典物理学认为是完全不同的概念，即质量和能量。这项工作让他创建了质能公式 $E = mc^2$，毫无疑问它是所有科学领域中最著名的公式，但对于没有经过科学训练的人来说，也是最神秘的公式之一。这个著名的公式同样出现在 1905 年，在《论动体的电动力学》一文发表几个月后再次出现于爱因斯坦的一篇小短文中。现在让我们试着简单说明这个公式的来源。

让我们首先回顾一下，对于一个非常简单的系统，一个惯性参考系中质量为 m 的点粒子，经典力学是如何描述它的动力学的。该粒子的平动的量或曰动量 $\boldsymbol{p} = m\boldsymbol{u}$ 是一个矢量（具有三个空间坐标 p_x、p_y 和 p_z），等于质量 m 和粒子速度 $\boldsymbol{u}$（矢量，具有分量 u_x、u_y、u_z 和模 $u=\sqrt{u_x{}^2 + u_x{}^2 + u_z{}^2}$）的乘积。在没有外力作用的情况下，动量保持不变，粒子以匀速 u 持续沿着直线运动，u 的数值自然取决于粒子被观察时所在的惯性系。当粒子受到外力作用时，其动量的变化量等于该外力与外力作用时间的乘积。质量 m 是经典物理学中的一个恒定参数，因此它可以用来衡量粒子的惯性，即粒子对速度变化的抵抗。对于一个给定的力来说，速度的变化越小，则粒子的质量越大。对于一组与外界隔绝的粒子来说，总动量，即不同成分的动量的矢量总和，在系统的不同部分相互作用的过程中是守恒的。

经典物理学将另一个重要概念与相互作用的多体系统联系了起来，即系统的能量，这个量衡量了系统向其周围环境提供功或热的能力。能量的一个例子是动能，这是一个物体从静止不动到具有最终速度 u 的过程中获得的能量。该能量的数值为 $mu^2/2$，等于使物体加速的力所做的功。它与物体的质量 m 和其速度的平方成正比。当物体在摩擦力作用下减速时，动能可以以热的形式被消耗，也就是说可以被转化为该物体 m 或者它的环境中的原子或分子的无序的动能。当物体在力场中的位置发生变化时，该动能也可以转化为势能。因此，在地球的引力场中向上发射的物质的动能会随着其海拔的增加而转化为势能，在该物质下落时则会发生势能和动能之间相反的交换。热力学第一原理表达了一个孤立系统的总能量守恒，这包括了动能和势能以及储存在构成系统的原子热骚动中的热能。

质量、动量和能量这类经典物理学性质需要在狭义相对论的框架内被重新审视。很明显，为了满足相对性原理，必须对牛顿的物理学进行修改。不仅基于绝对时间和空间的速度合成定律必须被改变，以解释光速在所有惯性参考系中的不变性，而且牛顿动力学的基本定律本身也必须修改，以避免一个物质物体在任何参考系中达到大于 c 的速度。如果一个均匀加速的粒子动量与时间成正比增加，由于在经典物理学中速度与动量成正比，那么粒子的速度必然将在一段有限的时间后最终达到并超过光速 c，这是相对论原理所禁止的。

　　为了使这种无限加速成为不可能，爱因斯坦简单地假定，在惯性参考系中，物体的质量不应该是恒定的，而应该随着其速度的增加而增加。如果粒子的静止质量为 m_0，那么当粒子以速度 u 运动时，它的质量就变成了 $m_u = m_0 / \sqrt{[1-(u/c)^2]}$。质量增加的因子与洛伦兹因子形式相同，后者在洛伦兹变换公式中用于描述惯性参考系变动带来的时缓尺缩效应。只不过粒子的速度 u 取代了两个参考系的相对运动速度 v。我们称这个因子为 γ_u，它在粒子的速度 u 趋于 c 时趋于无穷大。粒子的动量从而变成了 $\boldsymbol{p} = \gamma_u m_0 \boldsymbol{u}$。因子 γ_u 的引入是使牛顿动力学定律与狭义相对论兼容所需要的唯一修正。这一简单的改变使得动力学方程的形式在洛伦兹变换下保持不变，从而使力学和电磁学定律二者一致，两者都应该遵循狭义相对论的原则，即物理学在所有惯性参考系中必须是相同的。

　　使质量依赖于因子 γ_u 就是使质量依赖于速度，这就阻止了任何物质粒子达到极限速度 c。恒力的施加总是会导致动量与时间成正比地增加，但这种增加会被划分为质量变化和速度变化。在运动开始时，当速度 u 相对于 c 很小时，系数 γ_u 与 1 的差距很小，m_0 和 m_u 之间的差异无法察觉，此时牛顿物理学适用：速度和动量与时间成正比地增加，运动是匀加速的。然而，当 u 相对于 c 的比例变得可观时，粒子的质量开始增加，并且大部分的动量增加逐渐反映在质量增加上，速度几乎是恒定的。速度趋向于 c，但绝不会达到 c，而粒子的质量则越来越大。

　　粒子因其运动而储存的能量也取决于其相对论质量 $m_u = \gamma_u m_0$。通过基本的计算可知，为了使最初静止的粒子达到速度 u，加速的力所做的功必须等于（$\gamma_u - 1$）$m_0 c^2 =$（$m_u - m_0$）c^2。这个表达式显示了物质粒子的动能和惯性质量之间的等价性。粒子的动能正是它由运动而获得的额外的惯性质量乘以光速的平方。只要速度 u 相对于 c 很小，相对论的动能表达式就能以良好的近似约化为经典表达式。因为在 u/c 相对于 1 非常小时，$\gamma_u - 1$ 差不多就等于 $u^2/2c^2$，粒子的动能就等于经典值 $m_0 u^2/2$。只有当 u 的大小达到相对于 c 的一个可观占比时，相对论效应才变得重要起来。

由于粒子的动能变化普遍表现为两个项 $m_u c^2$ 和 $m_0 c^2$ 之差，爱因斯坦推断，第一项 $m_u c^2$ 代表粒子具有速度 u 时的能量，而第二项 $m_0 c^2$ 代表它静止时的能量。爱因斯坦将相对论动力学的这一结果推广到所有的能量现象，从而提出了质量和能量之间的等价关系。他指出，一个物理系统的任何变化只要伴随着一个能量变化 ΔE，都会导致该系统的一个质量变化 Δm，并且 $\Delta E = \Delta m c^2$。无论是对于机械过程（比如一个运动物体的速度变化）、热现象（比如固体、液体或气体的加热或冷却），还是涉及电磁力的相互作用（比如让分子间原子重新排列的化学反应），这一公式都必须是有效的。

"没有凭空损失，没有凭空创造（Rien ne se perd, rien ne se crée）"，拉瓦锡的这句名言表述了质量守恒，它与能量守恒在经典物理学中是两条截然不同的定律。在相对论中，二者被一个全面的质能守恒定律所取代。如果一个物理系统创造了能量（以辐射、热或者功的形式），根据公式 $\Delta E = \Delta m c^2$，这种创造会伴随着相应的质量损失。相反，如果一个物理系统接受了能量，其质量也会以同样的比例增加。

因此，狭义相对论表明，质量和能量是本质相同的物理实体，对于它们的衡量，既可以用通常的能量单位（焦耳，大约相当于 100 克重物在地球引力场中下降 1 米所做的功），也可以用通常的质量单位（千克）。由于以米/秒为单位的光速的平方是一个十分巨大的数字，因此 1 千克物质等价于巨大的能量——9×10^{16} 焦耳，这相当于 2000 万吨 TNT 爆炸所耗散的能量，或者相当于让 150 万吨物质摆脱地球引力场所需要的能量！质量的巨大能量当量意味着，我们在日常生活中可观察到的、通常的能量过程所对应的质量相对变化是异常微小的，而这在爱因斯坦的时代是无法被检测到的。例如，将物质从绝对零度加热到 300 开尔文（室温），会给组成该物质的原子和分子增加相当于百万分之一（10^{-6}）光速的热运动速度 v_t。那么，相应的质量变化在 $(v_t/c)^2 = 10^{-12}$ 的数量级上，即只有万亿分之一。这种质量上的增加只相当于每吨物质增重约 1 微克。

一个典型的化学反应会使反应产物的质量发生 10^{-10} 数量级上的变化，这用 20 世纪初的测量仪器也是无法检测到的。至于能量要大得多的核反应，它会使所涉及的原子核的质量发生 10^{-4} 至 10^{-3} 数量级的变化，然而在 1905 年，其性质还不为人知。这些核反应将恒星的千分之一的物质转化为热和光，这就是恒星辐射能量的来源。因此，公式 $E = mc^2$ 揭开了为地球生命发展所必需的太阳能的神秘面纱。它还预示着利用储存在原子核中的巨大能量的可能性，无论是为军事还是和平目的。

至于将质量完全转化为能量，这只有在加速器内的极端条件下才会发生，在那里人们可以观察到物质粒子和反物质粒子的湮灭，并产生具有极短波长的伽马电磁辐射。我们还可以在宇宙中观察到在黑洞并合时有大比例的质量转化为能量，巨大的能量以引力波的形式生成，在太空中传播了数十亿年后才到达我们的星球。这些现象在爱因斯坦建立其狭义相对论时是无法想象的，但其可能性的迹象在那时已有隐现。这些涵盖了从无穷小到无穷大的如此多样的物理学领域的效应要在半个世纪到一个世纪之后，凭借技术的进步才能被观测到，然而值得赞叹的是，那时的爱因斯坦仅仅依靠一个基于光的思考而衍生出来的、非常简单的原则就能够预言它们的存在。

作为结束这一段狭义相对论纵览的评注，让我们与开尔文勋爵的另一朵神秘乌云的最终驱散做一个联系。1905 年的相对论已经确立了光子的一些基本特性，这种光的粒子是爱因斯坦同年在另一个至关重要的工作中引入的，这个工作就是他那篇关于量子理论的标志性文章。为了做这个联系，让我们先问一个简单的问题。在光的生成中，质量和能量之间的等价关系是否是不充分的？根据定义，光传输能量的速度是光速。光子作为光的粒子必须具有零质量才能以这种速度飞行。但是它们穿越空间时确实可以传输能量，太阳能就是一个明显的例子。这与著名的公式 $\Delta E = \Delta mc^2$ 之间的明显矛盾应该如何调解呢?

这个悖论的答案是由相对论能量和动量之间的基本关系给出的，当我们考虑这些量在惯性参考系的变化下如何转换时，就会出现这个关系。在一个粒子静止的参考系中质能在另一个粒子运动的参考系中就成了能量与动量的混合。当改变视角时，除以 c 后的能量以及动量的三个坐标 p_x、p_y 和 p_z 成为了一个四维矢量的分量，它们依照洛伦兹变换混合在了一起，同样的变换也支配着一个事件的时空坐标变换。能量和动量都不具有绝对的实在性。另一方面，用能量的平方除以 c^2 再减去动量分量的平方和，我们就得到了一个类似于两个事件的相对论距离的平方的量，这个量是守恒的，从而在所有参考系中都具有相同的值。在粒子处于静止状态的参考系中，能量的平方值等于 $m_0^2 c^4$。这样我们就可以推导出一个在所有参考系中均成立的恒等式: $E^2 - p^2 c^2 = m_0^2 c^4$，其中，我们将 $p_x^2 + p_y^2 + p_z^2$ 简记为 p^2，即动量矢量的模的平方。

由此我们可以立即推导出粒子的相对论能量的通用表达式，$E = \sqrt{p^2 c^2 + m_0^2 c^4}$，比简单的公式 $E = m_0 c^2$ 更普适。在粒子处于静止状态（$p = 0$）的参考系（如果存在的话）中，通用表达式显然会约化为简单的公式，此时所有的能量都集中在粒子的质量中。另一方面，如果粒子的质量为零，通用表达式就会直接变成 $E = pc$。这个粒子必然以光速运动（在所有参考系中），因为不可能有任何惯性系的观测者能看到它是静止的。如这种情况出现的话，该粒子在这个参考系中会有零能量和零动量，通过洛伦兹变换，这将导致无论在哪个惯性参考系中均有 $E = p = 0$。因此，能量是可以被无质量的粒子传输的，前提是无质量的粒子要以 c 的速度传播。光的粒子，即光子，就是这种情况。

因此，相对论要求平面波的光子具有一个等于其能量除以光速的动量。当光辐射被物质吸收时，它不仅传递了其能量 E，而且还传递了其动量 p，两者的比例为 $p/E = 1/c$。物质接收到的冲量对应于一个沿着入射光线方向的推力。这就是辐射压现象。当物质发射光时，会发生相反的效应。一个原子失去能量时可以发射出一个光子，光子同时带有动量，导致原子朝着与光子运动方向相对的方向反冲。我们留待以后再回来讨论原子和光子之间的相互作用，以及这些过程中物质与光的能量守恒和总动量守恒的后果。

时间空间四维矢量与动量能量四维矢量之间的这种相似性，最终把我们引领至狭义相对论赋予粒子的另一个重要属性。洛伦兹变换不仅保持这两种矢量的平方不变（这里的规则要求矢量中时间和能量坐标的贡献相对于位置和动量的贡献具有相反的符号），也使得两种四维矢量之间的**标量积**不变，这个量等于时间与能量坐标的单个乘积减去位置与动量坐标的多个乘积之和。因此，对于一个能量为 E、动量为 (p_x, p_y, p_z)、在时间 t 经过 (x,y,z) 点的粒子，它在相对论中会与四重乘积 $Et - xp_x - yp_y - zp_z$ 联系起来，该乘积是这个粒子所固有的，在所有惯性参考系中都具有相同的值。我们将看到，这个相对论不变量与量子理论中描述粒子的物质波的相位成正比。

狭义相对论为光速 c 所带来的谜题提供了答案，而我们已经看到，这个答案颠覆了我们对空间和时间的既有概念。它表明一些一直以来看似与光毫无关联的物理现象需要借助光速才能描述。速度 c 不仅是真空中电磁波的传播速度，也是所有形式的信息或影响在一段距离上传播时的极限速度。通过著名的公式 $E = mc^2$，c 的数值也揭示了蕴藏于所有可能形式的物质之中的巨大能量。而当这场颠覆了我们对时间和空间、质量和能量既有概念的革命在爱因斯坦的头脑中萌芽时，仅仅基于一个来自伽利略的、非常简单的想法：物理学在所有的惯性参考系中都必须是相同的。

爱因斯坦"最快乐"的想法又一次来自伽利略

早在 1905 年，在爱因斯坦回顾狭义相对论的成果时，他就意识到仍存在着一个巨大的谜团有待解决。引力的真正本质是什么？这是一个婴儿能感知到世界的同时就会感受到的第一种力，它作用于所有的物体，将它们拉向地球。牛顿为它赋予了一个数学表达式，这与他发现惯性定律处于同一时期，后者将物体的加速度与它所受的力联系了起来。相对论驱使爱因斯坦对牛顿的惯性定律进行了修改，反映了物体的惯性质量依赖于它的速度，但是关于万有引力定律的描述依然存在一个问题。实际上，牛顿曾经假设这种力的作用是超距的，瞬时的。根据他的理论，如果太阳突然消失，地球和所有其他行星将在同一时刻离开它们的轨道，严格沿切线方向以均速远离它们在这场灾难发生时所处的位置。这个时刻对所有观察者来说都是一样的，因为根据牛顿的说法，时间是一个绝对的概念。当然，这与爱因斯坦的理论之间有着深刻的矛盾。由于光从太阳到达地球需要八分半钟，在这段时间内，没有任何东西能够改变地球的轨道。

由于牛顿引力定律与狭义相对论相矛盾，若要二者相容，则需要对其中之一或二者同时进行修改，同时这样的修改必须能够保留两种理论的既有成果。牛顿的引力定律让我们能够非常精确地计算出行星的位置（想想勒维耶和海王星的发现）。因此，新的理论必须至少与牛顿的理论一样精确，并且在描述坠落的物体和已知天体的运行时，需要与牛顿理论达成实际一致。狭义相对论为我们提供了对电磁学定律和惯性定律的深刻理解。而新的引力理论也必须能够同时保留这些既有成就。从 1907 年到 1915 年，爱因斯坦花了八年的时间去解决这个问题，最终建立了满足所有这些限制条件的广义相对论。

在此期间，他在 1905 年的工作使他在物理学界获得了名望，让他能够结束在伯尔尼专利局默默无闻的时期。在苏黎世和布拉格分别短暂地任教后，爱因斯坦于 1912 年，在他 33 岁时，成为了柏林的普鲁士科学院最年轻的会员。就是在这所学院，在 1915 年 11 月，第一次世界大战期间，他提交了那篇使他不仅成为了物理学界的明星，还成为了一位世界名人的理论。

广义相对论是狭义相对论的延伸。它仅仅是将运动的相对性原理推广到所有的参考系，而不再只是相对于彼此以匀速运动的惯性参考系。我说的"仅仅"轻描淡写了爱因斯坦耗费八年才克服的数学困难，从 1907 年他的最初想法开始直到 1915 年他发表出完整的引力理论为止。我不会讨论这些数学问题，这会使我们远远偏离我们主题的范畴。我将简单地勾勒出这一理论的大致轮廓，以便让甚至是没有经过科学训练的读者也能理解爱因斯坦的直觉与天才。

这一思维的火花——爱因斯坦在之后经常称之为他最快乐的想法——又

一次来自伽利略。这位意大利科学家在研究不同物体的下落时，意识到它们在地球的引力场中全都以同样的方式下落。无论你抛掷的是一块沉重的石头还是一颗豌豆，你会看到它们遵循相同的运动轨迹，当然，前提是你可以忽略空气阻力造成的摩擦力，它在物体越轻时效果越强。传说，伽利略曾经从比萨斜塔顶部同时扔下两个质量不同的重物，发现它们同时落地，从而观察到了落体的这种普遍性质。因此他推翻了亚里士多德的"重物应比轻物下落更快"的观点。

空气中的摩擦使一片羽毛相较一颗台球来说，需要漂浮更长的时间才能着地。但这是一个可以被消除的非本质效应，假如我们观察真空管中的下落运动，会发现羽毛和台球以同样的速度下落。伽利略当时并没有真空泵，他也不是通过在比萨斜塔上的实验，而是通过他著名的斜面滚球实验来理解这一点的，斜面可以将摩擦力降到最低。回顾前文，他还曾证明过摆的周期不依赖于摆锤的质量，这也表达了同样的原理。所有具有质量的物体在地球的引力场中都遵循同样的运动规律。

牛顿创建的万有引力定律为伽利略的经验性观察结果给出了一个数学表达式。如果一个物体被地球所吸引，那是因为我们的星球对它施加了一个力。这个力与地球的引力质量 M 和物体的引力质量 m_g 的乘积成正比。所谓的引力质量是所考察物体的一个特征参数，它使我们能够计算出物体所受到的来自地球的引力的强度。如果这个物体同时带电，它也会有一个电荷 q，这是用来定义电场对它施加的力的一个参数。在这个意义上，引力质量 m_g 和电荷量 q 一样，是一个"荷"参数。

根据牛顿的惯性定律，引力给物体带来的加速度与它的惯性质量 m_i 成反比。这种质量是物体的一种属性，表达了它对任何类型的作用力做出的反应的程度，无论是引力、静电力还是其他的力。因此，任何受到地球吸引的物体的引力加速度均与它的引力质量和惯性质量之比 m_g/m_i 成正比。实验表明，所有物体在地球引力场中都有相同的加速度，这使得牛顿推定 m_g/m_i 这个比值必须是一个与所考察物体本身无关的常数。这个常数的值只取决于所约定的单位，因此可以直接取为 1。这一等效性被称为引力质量与惯性质量的等效原理。这种等效性只适用于引力。比如电荷与惯性质量的比值 q/m_i 就不是恒定的常数。例如对于电子来说，这个比值要比质子的大 2000 倍，因此这两种粒子在电场中完全不遵循相同的运动轨迹。

这两种形式的质量之间的等效关系自 17 世纪以来就已被熟知，天文学家在计算行星的运动时总是会考虑到这一点。然而，彼时这被认为是一种奇特现象，是一种来源不明的奇怪的巧合。但爱因斯坦却并不这样想，他把这种"巧合"作为广义相对论的起点。

他首先注意到，引力加速度并不是唯一一种会对所有物体产生相同效果的加速度，惯性加速度同样也可以，后者用于描述非匀速运动的参考系中的物体的运动。当我们在第二章中讨论旋转木马时就遇到过这种力。由于离心力与受其影响的物体的惯性质量成正比，因此会导致所有位于与旋转木马一起旋转的参考系中同一位点附近的物体都拥有相同的加速度。让我们再举一个例子，假设有一枚远离任何大质量物体如恒星或行星的火箭，正在以匀加速的方式被推进。如果你在这枚火箭里，你会被"拉"向与加速度相反的方向，你会自然而然地称其为"下"方，由此你也感受到了火箭在运动。假如你想站起来，你需要通过你的肌肉力量对你称之为"地板"的火箭内壁施加一个反作用力。而如果你撒手落下两个不同质量的物体，你会看到它们以相同的加速度一起向"底部"坠落。简而言之，无论你在火箭中做怎样的力学

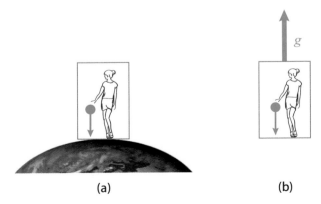

(a)　　　　　　　　　　　(b)

图 4.5　两种情况下的局部等效性。（a）一个大质量物体附近惯性参考系中的引力。（b）远离任何质量的空间中加速参考系中的惯性力。

实验，都不可能让你在以下两种可能性之间做出判断：你究竟是在一枚加速运动的、远离任何引力质量的火箭之中，还是在一个静止的、将你往"下"拉扯的行星的引力场内的一个密闭空间之中？更一般地说，你无法知道你到底是不是实际上在身处加速参考系的同时还处于一个引力场中，此时你在周围的所有物体上所观察到的加速度源于"真实的"引力加速度与惯性力加速度的结合。

另外的一个例子可以让我们有一个更生动的图像。假设你正在一架自由落体的飞机之中。飞行员让飞机进入上升轨道后关闭了发动机。飞机以及其中的一切，包括你，将在地球的引力场中沿着一条抛物线轨迹运动。如果你撒手放开一个物体，它将随着你一起掉落，也就是说它将相对于你不再握持物体的手保持静止。你将不会感觉到来自座位的任何压力，也不再能感觉到你的体重。如果你在飞行员关闭发动机之前睡着了，然后在抛物线飞行的过程中醒来，那么你完全没有办法判断你是和周围的物体一起落入了引力场，还是正漂浮在远离任何恒星或行星的太空中。在第一种情况下，你和飞机上的其他物体共同受到地球引力的作用，但是由此产生的加速度在与你一起下落的机舱参考系中将会被所有物体的惯性力严格抵消。在第二种情况下，你和你周围的所有物体都没有受到任何力。

你无法在以上两种假设之间做出判断，除非你通过舷窗查看外面的环境。这样的实验会在宇航员的训练机上执行，以模拟"失重"的情况。这种情况也发生在围绕地球运行的国际空间站之中。空间站内的乘员们知道他们正在围绕一个大质量的天体运行，他们和他们周围的所有物体都受到这个天体的牵引，但他们也可以是等效地处于外太空中的某处，远离任何恒星或行星。

爱因斯坦在思想实验中设想了类似的情景，他把狭义相对论中的火车换成了火箭、电梯或者旋转的木马，由此他给出了等效原理的另一个定义：

> 一个无引力情况下的加速参考系和一个与能够产生相同加速度的引力源相对静止的参考系是等效的。

在这两种情况下，所有的物理学都应该以同样的方式被描述，而观察者则不能够在这两种情况之间做出判断。更一般地说，在存在任意引力场的情况下，任意一个参考系，无论其加速度如何，其中的物理学都应该由相同的方程来描述。对于一个参考系中的观测者而言的"纯"引力，在第二个参考系中可能被视作一个惯性力，或者在第三个参考系中，被视作一个混合的力，同时结合了引力和惯性力的贡献。爱因斯坦通过总结从这一原则出发得到的所有后果，试图建立一个能够描述宇宙中任何质量和能量分布所产生的引力场的时空变化的定律。这一定律必须遵守相对论协变性，也就是说，它必须在所有参考系中能够以相同的形式表达——无论该参考系是否具有加速度——并且，在速度很低和引力源质量不太大的情况下，能够与牛顿定律相吻合。

引力与时空弯曲

爱因斯坦这一研究过程历时八年完成，最终形成了他于 1915 年在普鲁士科学院讲座上所概述的理论。它导致我们对引力以及空间和时间的结构的理解发生了深刻的巨变。爱因斯坦指出，引力场实际上只是时空弯曲的物理表达，这意味着，距离不能再像狭义相对论中那样，基于勾股定理的四维扩展来表达。在这个被形容为非欧几里得（这是因为我们在中学时所学的欧氏几何学不再适用）的弯曲空间里，事件的位置必须用非笛卡尔的"曲线"坐标系来定义，而事件之间的距离必须用比基于勾股定理推导出来的公式更复杂的公式来表达。

为了给出时空弯曲的基本概念，爱因斯坦像他在 1905 年所做的那样，从涉及尺子和钟的思想实验开始，利用他在狭义相对论中发展出的概念，他直观地理解了万有引力和时空的形变实际上是同一回事。他想象两只相同的圆盘漂浮在空间中，一上一下，分别在两个平行的平面内绕同一轴线自由旋转，且远离任何引力源。在这对圆盘上有两位实验者，我们将像在火车实验中那样，称他们为爱丽丝和鲍勃，虽然爱因斯坦在那个性别平权还未提上日程的时代并没有给他们这样命名。

爱丽丝和鲍勃都拥有相同的标准尺和提前同步好的时钟。当爱丽丝所在的圆盘 R 保持"静止"时，鲍勃所在的圆盘 R' 围绕两个圆盘的共同轴线开始快速旋转。爱丽丝用她的尺子测量其圆盘的周长和直径，方式是在切向和径向上多次移动尺子，最终发现两者移动次数的比值等于 π = 3.14⋯，正是欧氏几何学中的数值。她将一个时钟移到圆盘的边缘，并将另一个留在圆盘的中心，发现这两个时钟始终保持同步，并且总是指向相同的时间，这正是在她的惯性参考系中所应有的结果。

爱丽丝接下来将注意力转向鲍勃，他正在她上方的参考系 R' 中旋转。鲍勃也做了和爱丽丝同样的实验。他用其尺子测量了圆盘的周长。对于爱丽丝来说，鲍勃的这把尺子沿着 R' 盘边缘的切向速度方向发生了洛伦兹收缩。当鲍勃开始测量圆盘直径时，他沿着一条半径移动他的尺子。此时，尺子的方向与速度方向垂直，对爱丽丝来说，尺子不会发生任何收缩。因此，爱丽丝发现，鲍勃在切向和径向上移动尺子的次数比值要大于 π。显然，鲍勃也只能观察到同样的现象。于是他处于一个圆的周长与直径的比值大于 π 的非欧空间中。如果鲍勃在一个半径更小的同心圆上重复以上测量，他的尺子在测量周长的过程中会发生一个程度较小的收缩，此时他将发现，对于这第二个圆来说，周长与直径的比值仍然大于 π，但更接近于 π。那么，鲍勃要如何解释他的实验结果呢？在他的旋转参考系中，他和他周围的所有物体，包括尺子和钟，都受到一个离心力的作用，他可以把这个离心力等效视为一个引力场的作用。体现该场的事实为：圆的周长和直径之比不再等于 π，而是取决于圆在该参考系中的位置，这是非欧几里得弯曲空间的一个属性。

然后，鲍勃将他的一台时钟移动到了圆盘的边缘。爱丽丝注意到，这个相对于她来说正在移动的时钟，比鲍勃留在圆盘中心的那个相同的时钟运行得更慢。鲍勃也只能观察到相同的现象。因此他会发现，在一个引力场中，不仅空间是非欧几里得的，而且时间在不同地点的流逝快慢也是不均匀的。

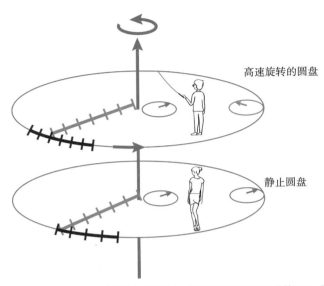

图 4.6 旋转圆盘的思想实验。爱丽丝发现，在她静止的圆盘上，圆盘的周长与直径之比等于 π，而且其时钟的时间在任何地方都是一样的。鲍勃则发现，在他旋转的圆盘上，圆盘的周长与直径之比大于 π，并且其时钟在圆盘的边缘比在中心走动得更慢。鲍勃将一道激光束照向他的圆盘的外部，他发现光线在他的参考系中遵循一条弯曲的路径。

引力畸变同时影响了时间和空间。这就是我们所说的"时空具有了弯曲"。

最后，鲍勃为了让自己相信在他的世界中几何规则确实已经改变，他将一束光射向其圆盘外围。对爱丽丝来说，光以 c 的速度沿着直线前进，但是，随着圆盘 R' 的旋转，光束到达圆盘边缘时，所到的点并不在鲍勃所指向的方向的延长线上。鲍勃也观察到了同样现象。对于他来说，这道光束被它所经历的引力场所偏转，从而在弯曲的空间中遵循了一条并非直线的路径。

那么，该如何定量地描述这些效应呢？由于我们缺乏相关的直觉，无法轻易设想三维或四维空间的弯曲是什么样子的，那么让我们先置身于一个二维空间中来感受一下。假设我们被限制在一个平坦的表面上，就像是一只甲虫在桌布上移动。根据普通的几何学原理——也就是我们在中学时学习过的"欧式"几何，我之前在狭义相对论的内容中也回顾过——平面上的各个点可以用它们的笛卡尔坐标来定位，在二维的情况下，可以通过一对即两个数字 x 和 y 表示点在一个方向任意的直角坐标系中的位置。而两点之间的距离可以通过勾股定理表示，即这两点的笛卡尔坐标之差的平方和的平方根。勾股定理的成立所基于的事实是：任何三角形的内角之和都是 180°，或说 π 弧度。

而如果甲虫并不是在一个平坦的表面上移动，而是在一个球面上移动，那么在上面所画出的任何三角形都将由圆弧围成，圆弧夹角之和大于 π。此时的几何将会是非欧几里得的，勾股定理也将不再适用。笛卡尔坐标也将被曲线坐标 u 和 v 所取代（例如，地球球体上某一点的经纬度）。这样一来，用于在平面内定位一个点的平行正交线网格被一套经纬线网格所取代，也就是画在球体上的两组圆圈，彼此以直角相交。球面上两点之间的距离就成了通过这两点的大圆的一段弧长。当两点邻近时，距离只依赖于两点的曲线坐标之间的微小差异 du 和 dv，这和欧式几何一样，但具体的值不再由勾股定理表示。

普通几何学中距离平方的表达式 $ds^2 = dx^2 + dy^2$ 被一个更一般的 du 和 dv 的二次形式取代，可以写成 $ds^2 = g_{uu}du^2 + g_{vv}dv^2$。系数 g_{uu} 和 g_{vv} 定义了曲面的局部**度规**。之所以说是"局部"的，是因为一般来说系数 g_{uu} 和 g_{vv} 依赖于定义它们的球体上的位置。在赤道附近，一经度和一纬度的弧长大致相等，g_{uu} 与 g_{vv} 之间的差别不大，就好像在欧氏几何中一样。然而在两极附近，经度坐标就变得几乎不重要了，因为所有的经线都汇聚在同一点，此时 g_{vv} 比 g_{uu} 小得多。

具有恒定弯曲的球面的情况特别简单。如果要考虑任意的二维曲面，我们可以像 19 世纪的数学家黎曼所做的那样，以无限多的方式定义曲线坐标 u 和 v，从而推广了球体的经度和纬度，同时每一个坐标系都有一个度规，通过一个 du 和 dv 的二次公式定义相邻两点之间距离的平方 ds^2，度规所依赖的三个系数为 g_{uu}、g_{uv} 和 g_{vv}。这样一来，两点之间距离的平方可以写作：$ds^2 = g_{uu}du^2 + g_{uv}dudv + g_{vv}dv^2$。

而直观上无法表现出来的四维时空只需要用一个依赖于十个系数的度规即可定义，其中四个系数分别去乘曲线时空坐标的四个平方项，其余六个去乘这些坐标的交叉积项。这一组系数定义了所谓的引力时空的**局部度规张量**。

爱因斯坦由此逐渐得出这样的观点：引力场无非是时空的弯曲，由每一点上的度规张量所定义。这个张量的表达式取决于存在于空间中的物质的分布。在没有物质存在的情况下，这个张量约化为狭义相对论中的准欧式几何所描述的张量，它只有四个非零元素：$g_{xx} = g_{yy} = g_{zz} = -1$ 和 $g_{tt} = 1$（假设时间坐标定义为 ct）。而物质的存在则改变了它周围时空的弯曲程度，就像一个被放置在拉伸的画布上的物质通过创造一个凹陷从而扭曲了画布表面一样。存在于这个畸变空间中的物质和光遵循由于物质的存在而弯曲的弧线轨迹，可以通过每一点上度规张量的表达式计算出来。这些线被称为弯曲时空的测地线，是对在惯性参考系的欧氏空间中，不受任何力的粒子所遵循的直线路线的推广。正如美国物理学家阿奇博尔德·惠勒（Archibald Wheeler）用一句精辟的话所说的："物质告诉时空如何弯曲，而时空告诉物质如何运动。"描述物质和时空几何结构之间的这种相互作用的广义相对论方程很复杂，在强引力场情况下，它们的解一般很难被计算出来。在弱引力场极限下，它们与牛顿方程的解相吻合，仅有非常小的修正。

相对论的很多新预言，无论是狭义还是广义，在 20 世纪初时都是非常难验证的。在一个物体的速度与光速相比非常小的世界里，预期的相对论效应是极其微小的。即使是那时可以用于测量的最高速度，即地球和行星围绕太阳的速度，也不超过电磁波传播速度的万分之一。时缓尺缩的效应以及时

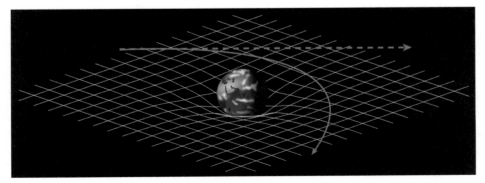

图 4.7　广义相对论将引力与时空的弯曲等同了起来。物质告诉时空如何弯曲，而时空反过来告诉质能如何在这个弯曲的空间中沿着其测地线运动。

空的引力弯曲的效应都极其微弱。令人赞叹的是，在这些效应的表现还远远不能够被观测到的时候，爱因斯坦从简单的相对性原理出发，仅仅通过纯逻辑的推理就预测了这些效应的存在。

相对论的预言和"后见之明"

如今，经历了一个世纪的巨大技术进步后，我们知道了如何将物质粒子——电子、质子或 μ 子——加速到非常接近于光的速度。我们发现，这些粒子的惯性质量确实比它们在静止时的质量大几百万倍，这需要只能通过庞大的机器才能创造出来的巨大加速磁场，比如位于日内瓦欧洲核子研究中心周长为 27 公里的粒子加速器。不稳定的粒子，比如在静止状态下仅能存在几微秒的 μ 子，在这类加速器中的存活时间增长了一千倍，为朗之万的双生子佯谬提供了生动的说明。我们还能够在化学反应或者核反应前后测量原子和原子核的质量，从而精确地验证公式 $E = mc^2$ 的有效性。

由于原子钟的发展，时间测量也取得了巨大进展。装载在飞机或卫星上的商用时钟以 10^{-14} 量级的精度检测着狭义相对论的时间膨胀效应。通过考察位于不同高度的两只原子钟的不同走动周期，我们可以真实地观察到引力弯曲对时间流动的影响。

这些引力和相对论产生的效应每天会产生几十微秒的时钟延迟，看起来似乎小到可以忽略不计。然而，它们却非常重要，校正这些延迟已经成了导航系统 GPS 的一个常规事项。 这种导航系统通过接收不同卫星的电磁脉冲进行三角测量，从而使我们能在地球上非常精确地定位到自己。如果根据这些电磁信号计算我们位置的计算机不考虑相对论效应，那么它们给出的结果就会产生好几公里的偏差！每天使用 GPS 的我们，在不知不觉中对狭义和广义相对论进行着极其精确的重复测试，而这是爱因斯坦和他同时代的人们无法实现甚至无法想象的。在 18 世纪，导航方法要么是基于观测木星卫星的重现周期，要么是基于哈里森航海时计的走动，今天我们远远超越了过去，但在精神上是一脉相承的。我们从由纯粹的好奇心所激发的发现——"蓝天

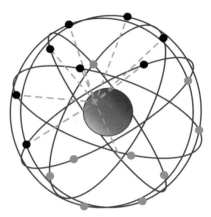

图 4.8　GPS 系统使用围绕地球运行的卫星网络中所搭载的原子钟的信号。基于狭义和广义相对论的校正在信号处理中是必不可少的。如果没有这些校正，GPS 的指示会出现几公里的偏差。

研究"——中获得了知识，并将它们应用于我们的日常导航，以及其他无数的实际用途之中。

天文学和天体物理学的进展也明确证实了广义相对论在强引力场体系中的预言。这一理论所预言的黑洞的存在已经被大量的观测所证实。黑洞是大型恒星的最终存在状态，这些恒星耗尽了核燃料并向自身坍缩，从而产生了一个引力场奇点，一个连光都无法逃脱的引力"陷阱"。在这些黑洞的边缘，时空的弯曲是如此强烈，以至于时间都停止了。这是爱因斯坦在他的转盘实验中所预见的一种情况。如果圆盘的边缘接近光速，洛伦兹膨胀会导致时间延伸到无限长。此时，圆盘的巨大离心力就等于物质在黑洞的事件视界上所承受的引力，超过事件视界这个极限，物质就会被永远吸进引力陷阱之中。

广义相对论的方程还表明，引力并不是瞬间作用于远处的，而是凭借时空弯曲的传播以光速从宇宙的一个区域蔓延到另一个区域，就像宇宙画布上的一道形变波一样。引力波是爱因斯坦的方程的预言，但对于它们的存在长期以来一直有人质疑，包括爱因斯坦自己，因为在强引力场下，求解这些方程有着很大的数学难度。借助巨大版本的迈克耳孙干涉仪所形成的引力天线，引力波在 2016 年 2 月被发现，成为了头条新闻。

在这一首次探测到的事件中，引力波的来源是距离地球超过十亿光年

外两个黑洞的并合，它们围绕着彼此旋转，最后融为一体，同时在几分之
一秒内发射了相当于三个太阳质量的引力能量！这一剧烈的现象让地球上的
迈克耳孙干涉仪的反射镜产生了微小的位移，相当于一个原子尺度的十亿分
之一。

　　所有这些测量结果在 1915 年都是不可想象的。那时候没有足够精确的
时钟来测量与光速相比非常低的速度所引起的时间膨胀效应，或是由行星或
太阳的微弱引力影响所引起的时间膨胀效应。使用经典光源的干涉仪充其量
只能对十分之一或百分之一个条纹间距量级的位移敏感。而探测引力波所需
要的精度是百亿分之一条纹间距，这只有等到发明了激光并实现了上世纪初
无法想象的多种技术成就之后才能达到。

　　尽管如此，在爱因斯坦 1915 年的论文中，他提到了两个当时在天文测
量中已经可以观测到的广义相对论效应，它们相对经典牛顿物理学的预测有

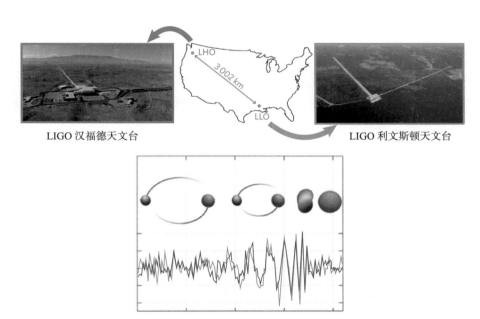

图 4.9　来自两个激光干涉引力波天文台（LIGO）的引力波天线，它们分别位于美国的华盛顿州和路易斯安那
州，相距 3000 公里。它们是两个超大号的迈克耳孙干涉仪，能够探测到 10^{-18} 米数量级的镜面位移，这是干
涉条纹间距的万亿分之一！　两个探测器同时检测到的振荡信号（红色和蓝色信号）显示了一个引力波的通过。
这个波由距离地球超过 10 亿光年远的两个黑洞在不到一秒的时间内发射。在此过程中，它们越来越快地围绕
彼此旋转，直到最终融合 [图改编自《物理评论快报》（*Physical Review Letters*，2016），116，061102]。

小的修正，从而有助于验证他的理论。第一个效应实际上是一种"后见之明"。早在 19 世纪，天文学家们就已经可以精确地观测水星的运行轨道，这颗行星距离太阳最近，因此受到的太阳的引力效应也是最强的。他们注意到，这个行星围绕太阳的轨迹并不是每转一圈后会严格回到初始位置，实际上，水星轨道的轴在其平面内非常缓慢地旋转着，每世纪约转过 0.159 度（或 574 角秒）。这个微小的进动频率的很大一部分源自于其他已知行星的摄动，主要是金星、地球和木星。然而，还存在着每世纪 43 角秒的一个微小差异无法被人们所理解。海王星的发现者勒维耶在 1850 年代曾试图确定出一个邻近太阳的假想行星的轨道，以解释这个异常差异。然而，没有任何新的行星被发现，水星在近日点的过度进动之谜依旧没有得到解决，直到爱因斯坦凭借其广义相对论方程在弱引力场极限下的解进行计算，才对测量到的水星进动速率给出了准确的解释。这一次，勒维耶的观测并没有使一颗新行星诞生，但却帮助验证了一个新的宇宙理论的诞生。

而爱因斯坦所预测的第二个效应是光束在恒星引力场中的偏转，这种效应未能被牛顿严格地预见。对于这里说的牛顿未能预见这种效应，我们必须做一些澄清：牛顿认为光是由质量未知的假想粒子构成的，而且他曾确实提出，这些粒子，无论其惯性质量如何，都必然会被太阳的引力场所偏转。这种效应很容易通过经典力学计算出来，从而我们会得到，对于一条与太阳相切的光线，它会产生一个 0.8 角秒的极小偏转。这个数值是由德国天文学家约翰·冯·索德纳（Johann von Soldner）计算出来的，早于爱因斯坦一个世纪。统一了质量与能量的广义相对论也得到了相同的角度，然而爱因斯坦又考虑到了太阳附近时空弯曲的额外影响。他将这两种效应加在一起，最终计算出了 1.7 角秒的偏转，大约是牛顿预测的两倍。爱因斯坦提议在 1919 年5 月、预期会发生日食的时候验证这一预测，彼时第一次世界大战刚结束几个月。

日食期间，太阳被月球完全遮掩，天幕上会出现数颗离太阳系非常遥远、从而在天上固定不动的恒星。天幕上处于太阳边缘的恒星在日食的那一刻将变得可见，而其表观位置则应该会偏移前述的 1.7 角秒。为了测量这个偏移，只需比较这颗恒星在日食期间和一个后续的夜晚与其他恒星的位置关系即可。

　　英国天文学家亚瑟·爱丁顿（Arthur Eddington）组织了两个考察小队，一队前往巴西东北部，一队前往位于几内亚湾的普林西比岛，在位于月亮阴影轨迹上的这两个不同的地点分别进行测量。在显影了照相底片并对这些照片进行复杂的统计分析后，爱丁顿于 1919 年 9 月宣布，结论很明确：偏移等于爱因斯坦的 1.7 角秒，而不是牛顿的 0.8 角秒。这个发现被全世界各大报纸刊载，使爱因斯坦因为这 0.9 角秒之差，一夜之间成为了世界名人。爱因斯坦证明了我们生活在一个弯曲的空间之中，这深刻地改变了我们对世界的看法，不亚于哥白尼在四个世纪前所做的。这确实被我在之前所讲述的整个故事所证明。然而，爱丁顿所提供的证据却至少应该说是有瑕疵的。他的测量结果存在着不准确和误差，而他的统计分析无法真正纠正这些误差。在某些底片上，恒星的位置看上去更接近于牛顿的 0.8 角秒，而不是爱因斯坦的数值。问题是，爱丁顿知道这个数值，并想要验证它。他舍弃了某些对牛顿过于有利的片子，恰巧他试图验证的理论是正确的，因此他为了验证理论所做的这些主观上有意或无意的小操作还是得到了后人的谅解。

　　这个实验经常被讲述为爱因斯坦理论的历史性的最终确证。它很容易被包装成一个美丽的故事，故事的背景包含了在遥远的热带地区进行的科考，以及在一场残酷的世界大战之后，英国和德国的科学家通过科学实现和解。但事实是，如果这是证明广义相对论的唯一证据，它可能会饱受质疑。而真正的那些证据，如我们所知，出现在后来，到现在已经不计其数。爱丁顿很幸运，他的结论是正确的，虽然他的观察是有争议的。在科学史上还有许多其他这样的例子——观察结果中掺杂了误差，有时甚至是故意的，因为实验者太过清楚他想要发现的是什么。当直觉正确时，实验中有意或无意的误差最终都会被谅解。但无论如何，爱因斯坦并不需要帮助。据说，他从未担心过日食的结果，以至于当晚他都没有等到爱丁顿的消息就安然入睡。之后的故事证明了他是对的，超出了他的预期。

　　对于普通大众来说，爱因斯坦的名字与相对论密不可分。爱丁顿曾说过世界上只有两个人真正理解相对论（猜猜他说的这两个人是谁！），确实，相对论还是会唤起普通人的惊奇感，也混合着隐隐令人不安的陌生感。在爱丁顿之后的一个世纪，引力波的成功探测重现了 1919 年的媒体狂热。这些时空的微小畸变承载着关于宇宙的丰富信息，而这一次，又是爱因斯坦的名字与这些波激荡在了一起。

然而，相对论只是爱因斯坦所有科学成就中的一个方面。他在驱散开尔文勋爵的第二朵乌云以及揭开微观世界规律的神秘面纱方面所发挥的作用也是至关重要的。1905 年，在他发表关于狭义相对论的论文的同一年，他还发表了第一篇关于光的量子化的论文。在随后的若干年里，他为量子理论的丰富做出了贡献，这一理论的科技副产品在今天已是数不胜数。因此，有理由说，爱因斯坦对我们的日常生活产生的影响更多是源自于他对量子物理学诞生所做的贡献，而不是他的相对论的发现。

然而，爱因斯坦伟大工作的这两个方面之间存在着很大的区别。相对论是从他的头脑中诞生的，仅源自于单独的一个想法，该理论的成立凭借的是纯逻辑的力量。实验观察对这一理论的发展实际上没有任何影响。甚至连迈克耳孙的实验也没有起到任何作用。爱因斯坦在他关于相对论的文章中从未提及它。对他来说，光速在惯性参考系中的恒定性是一种理论上的必然，如果迈克耳孙真的在他的实验中发现了条纹偏移，爱因斯坦无疑只会把它归结为实验误差。

据说，当爱因斯坦在 1931 年第一次访问加州时，面对面见到了迈克耳孙，爱因斯坦仅礼貌地问候了他，就像问候加州理工学院校长介绍给他的其他教授一样，完全没有提到自己是否曾被那个著名实验的零结果影响过。校长明显对爱因斯坦没有特别关注这位老科学家感到失望，自从 1887 年以来，迈克耳孙花了一生的时间改进他的实验，徒劳地试图证明早已被相对论所驱除的以太的存在。迈克耳孙的实验，以及后来所有试图以越来越精确的方式验证光速恒定性的实验，并没有变得毫无用处，但其举证的责任却已经被颠倒了。不是再由理论来解释观察结果，而是由观察结果来验证相对性原理的有效性。

对于爱因斯坦来说，开尔文勋爵的第一朵乌云已被理性论证的力量所驱散，并不需要任何形式的观察。然而第二朵乌云，一朵神秘地遮蔽了热辐射特性的乌云，却并不一样。为了驱散它，在对微观世界的新观察的引导下，爱因斯坦和其他物理学家们在实验和理论之间进行了错综复杂但成果丰硕的接力，发展出了量子理论。爱因斯坦仍然表现出了他天才和非凡的物理直觉，但他和量子世界的相处，从来没有像和相对论那样自在。后一个理论的原理很快就完整地出现在他的脑海中了，而量子力学的多个假设是在他的帮助下逐渐建立起来的，这种帮助有时并非由衷，而这些假设让他直到生命的最后一刻都有一种不适和不完整的感觉。因此，我们将在下一章中讨论的量子物理学诞生的故事会比相对论的故事更复杂，同时在某些方面也更有戏剧性。

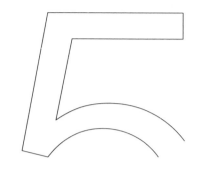

第五章

光，照亮神秘的量子世界

在位于哥本哈根的尼尔斯·玻尔研究所的一个展示柜中,有一个奇怪的小金属盒。它由一支弹簧悬挂在一块带有刻度尺的木架子上。盒子上粘有一个指向刻度尺的指针,可以想象,这样就可以对弹簧悬挂的盒子进行称重。在用于封闭盒子正面的黑色小面板上有几行用白色书写的公式,伴有两个签名"A.E. ↔ N.B."。面板略微抬起,露出了盒子内部的一些器械。据展示柜说明栏的解释,这个物件是乔治·伽莫夫(Georges Gamow)——一位年轻风趣的研究所访客——在1930年的圣诞节送给阿尔伯特·爱因斯坦和尼尔斯·玻尔的圣诞礼物。它以幽默的方式展现了一个光子盒,它源自于爱

图 5.1 伽莫夫的光子盒,1930 年赠予爱因斯坦和玻尔,以纪念他们在同年的索尔维会议(参见图 5.10)期间关于不确定性关系的著名辩论。(哈康·伯格斯特拍摄,尼尔斯·玻尔档案馆,哥本哈根)

因斯坦和玻尔在量子物理早期对其原理进行争论时所设想出的一个著名思想
实验。

　　这个成立于 1921 年的研究所[1]在十年间已然成为了这一新物理学的圣
地，玻尔是其无可争议的领军人物，他宣告了量子物理学的法则，并规定
了如何理解它们。在接下来的几十年中，哥本哈根诠释成为了绝大多数物
理学家们所信奉的圭臬。就像伽莫夫一样，大多数为量子理论的兴起做出
过贡献的物理学家在此期间都到访过哥本哈根。维尔纳·海森堡（Werner
Heisenberg）就是在某次到访过该研究所之后，才建立了著名的不确定性关
系。玻尔通过分析这些关系的深层含义，阐明了量子理论互补原理的含义。
这位丹麦学者并不能让所有的对话者都信服自己的观点，但他依然坚持要求
对方承认，只有他的量子世界观才能完整自洽地描述自然在原子和光子尺度
上的行为。

　　在这些辩论中，玻尔和爱因斯坦之间的对立显得尤其尖锐，后者在四
分之一个世纪之前将量子化的概念引入物理学，但却拒绝承认玻尔对此的诠
释就是盖棺定论。光子盒就是爱因斯坦和玻尔曾激辩过的一项重要的思想实
验，它标志着这场辩论在 1930 年的索尔维大会期间所发生的一次关键性转
折。大概是出于调侃，伽莫夫在光子盒上附了一张带有爱因斯坦侧面像和
英文单词"专利"（patent）的贴纸，他想用这种方式指出，玻尔（N.B.）希
望自己与爱因斯坦（A.E.）的辩论会为自己的理论盖上真实性和完备性的权
威印章。这张贴纸或许也有种自相矛盾的意味，因为这是一场纯粹的理论辩
论，辩论的主角们当然不可能指望能从中获得可申请专利的实用发明。

　　在解读写在这个光子盒的黑色面板上的神秘符号之前，让我们在本章中
先来追溯一下量子思想的诞生和演变。与上一章一样，爱因斯坦依然会扮演
我们的向导。这样的安排有很多理由。1905 年，他通过引入光子的概念而成
为了这门新物理学的第一奠基人。在接下来的二十年中，他为量子理论的发
展做出了至关重要的贡献。他不断鼓励后辈的年轻物理学家深入思考，精进

1　当时叫哥本哈根大学理论物理学研究所。

实验，直到 1925 年，微观世界的数学法则终于得以揭示。了不起的是，爱因斯坦在完成这一切的同时期还发展了狭义和广义相对论。

在此之后，爱因斯坦批判了这些法则在哥本哈根的诠释方式，并寻求一种超越其描述范围的真理。他的批评是有益的，它们驱使玻尔和海森堡明确并改良了不确定性关系和互补原理的含义。爱因斯坦的思考最终让他在 1930年代开始分析量子纠缠现象，这可能是这门新物理学中最令人困惑和违反直觉的现象。他在当时提出的想法在今天持续激励着一个极为活跃、前景广阔的研究分支——量子信息。

让我们再次回到 1905 这个"奇迹年"[2]。在他发表有关相对论的开创性论文之前的两个月，爱因斯坦发表了一篇标题颇具哲学意味的科学期刊文章《关于光产生和转变的一个启发性观点》（Über einen die Erzeugung und Verwandlung des Lichtes betreffenden heuristischen Gesichtspunkt）。在这篇文章中他一箭双雕，不仅解释了之前被人们误解的热辐射的特性，还解释了新发现的光电效应的惊人特性。由是，他提出了光子和波粒二象性的革命性概念。

紫外灾难

我们之前提到，开尔文勋爵 1900 年在皇家研究院的演讲中提到的第二朵乌云涉及被加热的物体所发射出的光的频谱分布，这被称为**热辐射**或者**黑体辐射**。任何物体都会辐射光——可见光，红外光和紫外光——光的频谱取决于温度。若要观察这种辐射，可以将一个腔壁能完全吸收所接收的光（因此称为黑体）的空腔保持在温度 T，然后测量从腔壁上的一个小孔中逸出的辐射。19 世纪末，人们已经能够通过精确的实验来测量固定温度下出射光的波长分布。辐射强度随频率变化的曲线呈钟形，当温度升高时，曲线的最

---

2 这一年，爱因斯坦在德国科学期刊《物理年鉴》（*Annalen der Physik*）上发表了 4 篇重要论文，被
  称为"奇迹年论文"。

大值向高频（即短波长）转移。这个实验事实很容易被观察到：在室温下，最强辐射的波长约为 10 微米，处于红外范围。加热时，物体开始发出红光。随着温度的升高，光的颜色转为橙色，然后是黄色。在任何温度下，曲线在长波长和短波长处均会递减为零。

令人惊讶的是，经典物理学无法解释这些简单的特征。按照麦克斯韦的理论，空腔中电磁场的每个频率分量都类似于一个小振子。在某个频率 ν 附近的频率小区间内，这些基本振子的数量与该频率的平方成正比。这种增长可以定性地理解为：频率越高，波长越短，在给定尺寸的腔的腔壁之间振荡的场模式就越多。

经典热力学还指出，场的能量必须在其所有的振荡模式中平均分配，每个模式拥有的平均能量与绝对温度 T 成正比。绝对温度等于通常的摄氏温度加上 273.16℃。我们之所以称之为绝对温度，是因为这个温标的零值对应于一切热骚动的消失，此时一个系统的所有自由度都被冻结在它们最低的基本能量状态下。绝对温度以开尔文为单位，以纪念这位两朵乌云的宣告者。开尔文温度的单位简写为大写的 K，它始终是正的，这是因为在绝对静止的温

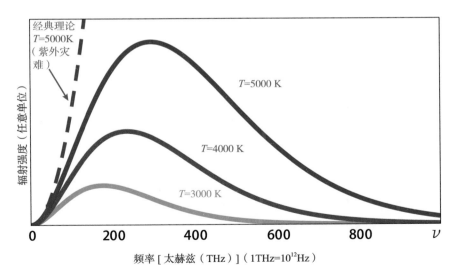

图 5.2　不同温度 T 下的热辐射频谱。随着 T 数值的增加，钟形曲线的最大值向高频率（即短波长）的方向移动。经典理论（虚线给出了最高温度 T=5000 K 时的情况）预测在短波长下辐射强度趋向于无穷大（即"紫外灾难"）。

度以下不存在热骚动。这种状态永远无法严格达到，不过我们现在已经懂得如何达到十亿分之一量级以下的开尔文温度了。

　　一个电磁场模式的平均能量与绝对温度 T 之间的比例常数 k_B 在物理学中是由路德维希·玻尔兹曼引入的。能量在所有模式之间的平等分配体现了一种"民主"的原则，即在热平衡情况下，自然倾向于将一个系统在给定温度下的能量在其所有自由度之间公平分配。如果在某一时刻能量分布不均，热交换将趋向于消除振子之间的激发状态差异。因此，从腔中逸出的热辐射在某个给定频率 ν 处的强度应与 $k_B T$ 和 ν^2 成正比。这条法则由物理学家瑞利（Lord Rayleigh）男爵和金斯（James Jeans）建立，它很好地描述了热辐射在低频率（即长波长）区的频谱分布。然而在短波长区间，它就会偏离观察到的光谱，并导致一个荒谬的结论：辐射随着频率而发散并趋向于无穷大，这在物理上毫无道理。这被称为"紫外灾难"。

　　1900 年，普朗克发现了一个与实验符合良好且可以避免紫外灾难的数学公式，它假设光和物质之间的能量交换只能以离散的、能量为 $h\nu$ 的成分或曰量子的形式进行，量子能量与频率成正比。由此他引入了以他的名字命名的能量与频率之间的著名比例常数 h。但这种量子的引入似乎是一种数学上的技巧，是试图拯救经典物理学并消解开尔文勋爵的第二朵乌云的特殊举措。从这个意义上讲，它所扮演的角色类似于洛伦兹为解开第一朵乌云之谜而构想出的长度收缩公式。爱因斯坦并不满足于这样一种解释。

光：在波与粒子之间

　　对于这位来自伯尔尼的年轻物理学家来说，量子具有更深层次的意义。被量子化的不应仅仅是光与物质的能量交换，还应包括光场振子的能量本身。他假设，场的每一个模式都有一个能量阶梯，梯级之间的间隔 $h\nu$ 与频率成正比。而位于这些梯级之间的任何中间能量都是不被允许的。从一个梯级跳到邻近的梯级意味着发射或吸收一个颗粒的光能量，也就是我们后来所说的一个光子。频率越高，梯级之间的间距就越大，攀爬能量阶梯的能量代价就越高。因此，每个模式中的热场都被限制在了对立的热力学约束之间。

让我们回顾一些简单的热力学概念，以便说明这种对立。热力学的完整形式是在 19 世纪末由美国的威拉德·吉布斯和奥地利的玻尔兹曼所构建的。为了研究一个物理系统在与温度为 T 的环境接触时的平衡态，热力学引入了一个函数 F，称为系统的自由能。它等于 $E - TS$，其中 E 是系统的能量，S 是系统的熵，这个量衡量了系统的无序程度。热力学第二原理指出，任何保持在温度 T 下的系统都倾向于使其自由能最小化。

如果用略带拟人的方式来形象化这一过程，我们可以说，一个处于平衡态的温度为 T 的热力学系统既"懒"（当熵不变时，它"喜欢"降低自己的能量，这会降低 F）又"乱"（当能量恒定时，它"想要"增加自己的熵，这也会降低 F）。根据具体的温度，这两种趋势中的其中一种会占主导地位。在非常低的温度下，系统倾向于"偷懒"，将寻求最低能量状态。在高温时，它倾向于"凌乱"，以尽可能地增加 S。当温度居中时，系统会折中于二者之间，通过保持 E 和 S 之间的最佳平衡从而使 F 最小化。

给每个振子分配一份平均能量 $k_B T$ 的能量均分定理就是这种折中的结果，前提是能量可以连续变化。如果每个振子都有一个梯级等距的能量阶梯，能量只能做离散的跳变，情况就变得非常不同。为了寻求能量最小化（在每个能量阶梯上都留在尽可能低的位置）和熵最大化（占据尽可能多的梯级以增

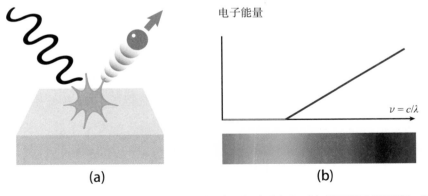

(a)   (b)

图 5.3 光电效应。(a) 在高于某个阈值频率时，光会从金属表面打出电子。(b) 爱因斯坦的理论预测，出射电子的能量只依赖于光的颜色。该能量从阈值处的零值开始随光波频率线性增长。这个变化的斜率等于普朗克常数 h。

加混乱程度）之间的折中，场的"选择"将取决于其频率和温度。在低频区间，存在着许多能量在 k_BT 量级的梯级，因此能量均分定理和作为其推论的瑞利 - 金斯公式是良好的近似。但是，当 $h\nu$ 达到 k_BT 量级后，攀爬阶梯就会耗费太多能量，此时系统如果通过占据更多的梯级来增加其熵，就不再能保持低自由能。此时，"懒惰"战胜了"混乱"。高频的量子振子一直会被冻结在它们的基态，这就消解了紫外灾难，也让我们得到了普朗克定律。

在同一篇论文中，爱因斯坦还提出了光子的概念并解释了光的另一个奥秘：光电效应的奇妙特性。当金属受到辐照时可以发射出电子——1897 年发现的一种基本粒子。但这种光电效应有一个奇怪的特点：只有当光线的频率高于一个取决于金属种类的特定阈值时，它才会发生。在这个阈值以下，无论光的强度如何，都不会有电子发射。而在这个阈值之上，即使是非常微弱的光也会提取出电子。

爱因斯坦解释这一结果的方式是，假设金属中的电子必须吸收一个光子才能逃逸，并假设这个光子必须有一个最小的提取能量 W，由此导致了频率阈值。如果光的频率不够高，即使光很强，它的光子也提取不出任何一个电子。作为类比，我们可以想见，持续的大雪对脆弱表面的破坏性影响要小于冰雹，在后一种情况下，同样处于冻结状态的水以离散的能量实体形式下落。

此外，爱因斯坦还预测了一个当时尚未被观察到的性质。如果光的频率增加到阈值以上，那么由光子提供的多余能量会导致逸出的电子的动能增加，该动能随着光的频率线性变化。这种变化的斜率可使人们用一种新的方式测量普朗克常数。几年后，美国物理学家罗伯特·密立根（Robert Millikan）验证了这一结论，也因此让爱因斯坦获得了 1921 年的诺贝尔奖，获奖原因是他对光电效应的解释，而不是相对论。

爱因斯坦的观念是，能量的量子化并不仅仅是一个数学上的技巧，而是一个深刻的物理事实，对这一观点的接受让他向前迈出了巨大的一步。自从杨和菲涅耳的干涉实验以及麦克斯韦的理论之后，人们已经接受了光是一种波，正如惠更斯早在 17 世纪提出的那样，而牛顿的微粒理论已经被抛弃了。

在爱因斯坦 1905 年关于光的论文中，他并没有质疑波动理论和麦克斯韦方程，这两者在另一方面也是他的相对论的基石，但是他提出了一个革命性的论点：当光传播时以及通过干涉现象表现出来时，它是一种波，而当它与物质发生相互作用时，它是由离散的实体构成的。

这样一来，爱因斯坦以一种出人意料的方式调解了惠更斯和牛顿，他引入的这个二元论原理从此以后在物理学中一直占据主导。光子，是光的粒子性的表现，以信息的极限速度 c 传播。根据狭义相对论，平面波的每个能量为 $h\nu$ 的光子都关联了一个平动动量 $h\nu/c$。如果光是圆偏振的，每个光子也会带有一个单位的角动量，其大小等于 $h/2\pi = \hbar$（见第一章）。

将量子推广到物质

爱因斯坦之所以不同于常人，是因为他能够直接从自己的发现中得出结论，而不被先入为主的想法所蒙蔽，同时他能将在一个领域中获得的结果推广到物理学的其他领域。在他意识到光振子量子化的必要性之后，他将这一结果推及到固体中的原子这样的机械振子。这些原子围绕着其平衡位置发生振动，其振动频率取决于固体物质的晶体结构，振动的频率越大，意味着固体的刚性越强。自 19 世纪的法国物理学家皮埃尔·路易·杜隆（Pierre Louis Dulong）和阿列克西·泰雷兹·珀蒂（Alexis Thérèse Petit）之后，人们已经知道，对于很多元素来说，其固体的原子比热容（每个原子温度升高 1 摄氏度所需要的能量）等于玻尔兹曼常数的三倍。

这一结果是能量均分的后果，每个原子对应于三个基本振子，沿着空间的三个方向振动。然而，这一规律也有例外，例如，钻石中每个碳原子的比热容就低于这一数值。爱因斯坦假设原子振子就像电磁场振子一样是量子化的，它们在钻石中的振动一定会快于杜隆 – 珀蒂定律所适用的其他元素。这样一来就与热辐射的情况一样，这些高频振子的激发在室温下必然是被冻结的。而实验证实，当钻石得到充分加热时，它的比热容会增加，从而满足杜隆 - 珀蒂定律。反过来，爱因斯坦预测，在足够低的温度下，在低于某个取决于固体种类的特定温度后，每个金属原子的比热容都会坍缩，并在达到开尔文温标绝对零度的温度时彻底为零。

爱因斯坦在 1911 年的第一届索尔维会议上提出了这一理论分析，会议上他见到了洛伦兹、居里夫人、朗之万和 20 世纪初的其他著名物理学家，会议中大家首次讨论了新生的量子物理学思想。欧内斯特·索尔维（Ernest Solvay）是一位热衷于物理学的比利时化学家和实业家，他是索维尔会议的创始人，自 1911 年以来，在这一系列会议上，物理学中最前沿的思想会定期得到讨论。这第一届会议的官方照片很有名，因为它展示了围绕在索尔维身边的那个时代的物理学精英，其中一些人正刚刚开始揭示出当时所谓的"量子论"的理论面貌。法兰西公学院的教授马塞尔·布里渊（Marcel Brillouin）——他的儿子莱昂（Léon Brillouin）二十年后成为了固体量子理论的奠基人之一——与担任会议书记的 X 射线专家莫里斯·德布罗意（Maurice de Broglie）在照片上相距不远。法兰西公学院图书馆中至今还保

图 5.4　1911 年的索尔维会议。其中的一些人是我们故事中的主人公。

留着马塞尔·布里渊的油印会议记录，上面留有布里渊的铅笔注释。

爱因斯坦在当时主要是因为他的相对论工作而为人所知，他提交了一篇题为"论比热问题的现状"（Rapport sur l'État Actuel du Problème des Chaleurs Spécifiques）的会议报告，其中第一部分的小标题为"比热与热辐射公式之间的关系"（Relation entre les Chaleurs Spécifuques et la Formule du Rayonnement）。这篇文章详细介绍了普朗克公式不仅仅适用于辐射，也适用于固体中的物质振子。

从那以后，普朗克常数显然不再仅仅是数学模型中为了缝合理论与实验而引入的一个古怪的量，而是一个涉及微观世界所有现象的自然界基本常数。它有限的大小表明了微观物理量的离散本质，而经典物理仅仅应该被视为当热能 $k_B T$ 与能量量子 $h\nu$ 相比较大时的一种近似，在这种情况下 h 可以被认为是零。因此，20 世纪初的物理学革命并没有废除牛顿和麦克斯韦的理论，而是对它们进行了推广。当 h 能被视为 0 的情况下，经典力学就成为了量子力学的一个极限；当光速 c 与所研究的现象中涉及的速度相比非常大时，经典力学就成为了相对论的一个极限。此时光速可以被认为是无限的，$1/c$ 则可被视为 0。

爱因斯坦的两次天才闪现就在于意识到了当 h 和 $1/c$ 的有限值不能忽略时会发生的事情。1930 年，乔治·伽莫夫，也就是那位向爱因斯坦和玻尔赠送了他自己版本光子盒的年轻研究员，是一位伟大的物理科普作家，他的作品充分体现了他对于科学的深刻理解和他的幽默感。他在其中描述了主人公汤普金斯先生（M. Tompkins）的奇妙冒险，探索了 h 和 $1/c$ 大到在日常生活中不能被忽视的世界。伽莫夫在书中以生动有趣的方式介绍了相对论和量子物理学的概念，伽莫夫展示了这样的世界的古怪之处：在那里，我们可以达到接近光的速度，或者以极小的身形在量子物质中旅行。

最早的一些量子效应的发现随之带来了一种观念，人们认为量子效应在极低的温度下会有特别的表现，这一点在后来 20 世纪的所有物理学中都得到了确认。1911 年，在索尔维会议刚结束后，会议照片中站在爱因斯坦身旁的荷兰物理学家海克·卡末林·昂内斯（Heike Kamerlingh Onnes）就发现了某些金属所具有的超导电性，即它们在极低温度下无电阻地传导电流的能力。超导是一种量子效应，在转变温度之上它就会消失。超导现象直到 1957 年才得到了充分的解释。然而，我们将看到，在 1920 年代，爱因斯坦将引入一个对于理解超导现象来说至关重要的概念。

会议照片中，站在卡末林·昂内斯旁边的欧内斯特·卢瑟福（Ernest Rutherford）在我们的故事中也很重要。同样是在 1911 年，他在一个实验中研究了由不稳定的原子核经过衰变产生的 α 射线对一片金箔的透射。这种粒子束射线由带正电荷的氦原子核组成，电荷量为一个质子的两倍。虽然大多数 α 粒子笔直地穿透了金箔，但有一小部分被强烈地偏转了。卢瑟福推断，金箔中的原子主要由带正电的准点电荷组成，即原子核，它包含了物质的大部分质量。剩下的部分则是轻得多的电子，它们无法干扰 α 粒子的轨迹。α 粒子穿过金箔时所通过的通常是原子核之间的空隙，只有在极少数的情况下，当它们的轨迹靠近原子核时，才会被库仑斥力所强烈散射。

一个随之而来的设想是，原子应该是一个小型的行星系统。非常小而重的原子核集中了原子的大部分质量，扮演了太阳的角色。众多轻电子在引力作用下运行在半径远大于原子核尺度的轨道上，相当于一组行星。但在这里，经典物理学再一次陷入了一个死胡同。根据麦克斯韦的理论，带有电荷的电子围绕原子核旋转时会辐射能量，并迅速坠入原子核中，使物质变得不稳定。

尼尔斯·玻尔当时是与卢瑟福共事的一位年轻的访问博士后，他在 1913 年为这个问题提供了一个答案。他假设原子中电子的能量像爱因斯坦的振子一样是量子化的，从而建立了原子的第一个量子模型。电子只能占据某些特定轨道，并且永远不会具有中间的能量。我们可以再次想象一个阶梯上的梯级，这一次梯级之间的间距是各不相等的。在这个模型中，电子通过发射或吸收一个量子的辐射从一个轨道跳到另一个轨道，光子的能量 $h\nu$ 等于相应的能级之间的能量差。在最低能量的基础能级上，电子不能辐射，因此原子得以稳定。电子从一个能级到另一个能级的跃迁是通过瞬间的量子跳跃完成的。

玻尔的模型使得计算最简单的原子——单电子的氢原子——的能级成为可能，相应的公式中再次出现了普朗克常数。原子发射的频谱与这个模型精

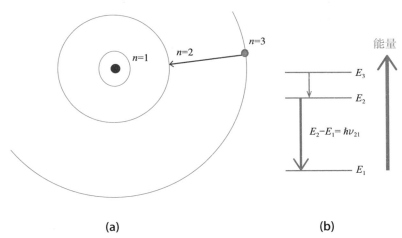

(a)　　　　　　　　　　　　　　　　　　　　**(b)**

图 5.5　1913 年玻尔提出的氢原子模型（圆形轨道）。(a) 电子位于以质子为中心的圆周轨道上，轨道以它们的量子数 $n = 1$、2、3…来标记。这些轨道的半径与 n^2 成正比。$n = 1$ 的基态轨道半径为 0.53 埃（0.53×10^{-10} 米）。这个数值被称为**玻尔半径**。当电子在一个随机的时刻通过吸收或发射一个光子而从一个轨道跳到另一个轨道时，原子就会获得或失去能量，这就是一次量子跳跃。(b) 玻尔原子的能级图，显示了最低的基础能级 $n = 1$ 和最低的两个激发能级 $n = 2$ 和 $n = 3$，对应于 (a) 中的轨道。电子发射或吸收的光子的能量满足原子 + 光这个系统整体的能量守恒关系。因此，光子频率正比于跃迁初末态的能量差（比例常数为 h）。能量谱的量子化为原子光谱中的离散谱线提供了一个解释，这在夫琅禾费之后已经过了一百年。这个仍然基于经典的轨道概念的模型在不久之后就被阿诺尔德·索末菲（Arnold Sommerfeld）推广到了椭圆轨道，最终在 1925 年被现代量子理论所取代，后者用非定域的波函数来描述电子。完整的现代理论显示，玻尔的能级各自分裂为若干能量相近的子能级，对应于电子角动量的各种可能取值（精细结构）。电子磁性和质子磁性之间的耦合为光谱又多增加了一层丰富性（超精细结构）。最后，电子与真空涨落的耦合为能级增加了一个小的偏移（兰姆移位）。

确吻合，这进一步增强了科学界中日渐增长的对量子思想的信心。

爱聚集的光子和与它们类似的原子

看到自己的设想被推广到对物质结构的理解，爱因斯坦很高兴。我将在后面更多地谈论他与玻尔的关系以及他们关于量子物理学诠释的激烈讨论。然而在 1913 年，正如我们之前所看到的，爱因斯坦暂时放弃了对光子的研究，以便全力专注于广义相对论。到了 1916 年，当这个理论建立之后，他又回到了量子理论。现在，人们对光和物质的量子本质有了更好的理解，那么是否有可能进一步地审视黑体辐射的理论，去详细分析腔壁原子与腔内光子的相互作用机制呢？

　　原子既可以吸收光子，也可以发射光子，而热平衡是源于这两种机制之间的平衡。对于每个原子来说，每单位时间发生光子吸收的概率正比于和原子跃迁共振的众多模式的光强度，同时按照玻尔的理论，受激原子回到基态时的光子发射则遵循一个自发和随机的过程，在此过程中，一个原子服从于某种不依赖于当前光场的概率规律，在一个不可预测的时刻向场的一个或另一个模式中发射一个光子。

　　爱因斯坦发现，这两种机制不足以导出普朗克定律。为此有必要增加第三种过程，在这个过程中，受激原子在接收一个光子时会发射一个新的光子，新光子的模式与所接收的光子相同，发射概率与该模式中已经存在的光子数量成正比。这种机制被称为受激发射，是吸收（第一种机制）的严格对应机制。它使光变强而不是变弱。这意味着，当光子与受激原子相遇时，新的光子会出现在已经被占据的模式中，模式中存在的光子越多，这种情况发生得就越快。

　　受激发射提出 50 年后被用于激光的发明。这种设备能够产生增强且相干的光束，其所有原子在同一方向上以相同的频率和相位发射出极其稳定的光。这种光源与传统的灯有着很大不同，后者的原子以自发的方式相互独立地将光子发射到不同的模式中，光的相位和频率都是随机的。

　　我们知道激光在现代技术中的重要性。引力天线可以探测相距数公里的镜子之间的微小距离变化，其中就利用了超大功率激光的相位与频率的超常稳定性。令人赞叹的是，引力波的发现结合了爱因斯坦在 1915 年和 1916 年两个至关重要的发现，一个是广义相对论，它预言了引力波的存在，另一个是受激发射，它是探测引力波的激光的基础。但是我现在谈论激光有些为时过早了：在 1916 年，爱因斯坦还远远不能预见它的存在。另一方面，他当时似乎也没有特别地注意到光子倾向于积聚在同一状态上。这种聚集的特性在几年后将会驱使爱因斯坦为新兴的量子理论做出另一项重要的贡献。

　　这就要说到 1924 年，爱因斯坦收到了一位籍籍无名的年轻印度物理学家的来信。写信的萨特延德拉·纳特·玻色（Satyendra Nath Bose）在信中有一个简短的说明，其中他重新证明了普朗克的热辐射公式，他的出发点仅仅是热力学原理，同时他将光场视为一团光子气体，与一个热库不断交换着能量。在这个推导中，他遵循了玻尔兹曼应用于原子气体的方法。为了计算光子气体的熵，他数出了该气体所有可能的状态，并假设在平衡条件下所有这些状态都是等概率的。

玻色在这个计算中做了一个隐含的假设：光子是不可分辨的。这一假设与玻尔兹曼的假设不同，后者对原子进行了编号，并将以下两种情况视为两种截然不同的构型：其一，原子 1 的位置和动量为 x、p，原子 2 的位置和动量为 x'、p'；其二，交换上述数值，即原子 1 的相应值为 x'、p'，原子 2 的为 x、p。玻色却认为，这两种构型对光子来说是同一种。这样一来，光子气体的状态就由具有每一种 x、p 值的粒子的数量所完全确定，不用再考虑粒子的编号。这种看似无关紧要的计数方法的变化却产生了一个重要的后果。它使所有光子处于相同状态的可能性相对更大。

为了解释这种性质，我们注意到，如果粒子是可分辨的，不同粒子占据不同状态的这类构型可以通过多种方式达到，只需要交换处于不同状态的粒子即可，而所有粒子占据相同状态的构型则只能以一种方式实现。因此，可分辨性导致粒子处于同一状态的构型比处于不同状态的构型更罕见。相反地，不可分辨性却增加了所有粒子占据相同状态的构型的相对概率，特别是粒子全都占据最低能量状态时的基态构型。

在这一假设的基础上，玻色推导出了用玻尔兹曼的方法无法导出的普朗克公式。这个简单的事实证明了他的计数方法的有效性，这就是现在所谓的**玻色 – 爱因斯坦量子统计**的基础。当爱因斯坦读到玻色的来信时，他立刻意识到了其重要性。他或许还认识到，光子这种基本的不可分辨性也解释了它们的聚集性，即它们倾向于积聚在同一状态上的趋势，这一特性在他 8 年前发现的受激发射中已经初见端倪。

爱因斯坦凭借他非凡的直觉，从这篇仅仅验证了一个已知的光的公式的信件出发，把玻色的量子统计应用于物质粒子，将其范畴延伸到了被认为是本质上不可分辨的原子组成的气体。这样做的结果是，在室温下他得到了玻尔兹曼气体的经典特性，但在非常低的温度下，他预测所有的原子都会凝聚在同一个量子态上——系统的基态，这就好像一束激光中的光子全都占据着相同的场模式。这种超冷物质的假想状态如今被称为**玻色 - 爱因斯坦凝聚**，在激光被发明之前很久就被设想出来了，可是爱因斯坦的同事们对这一设想感到怀疑，认为这终究只是靠一种主观的计算方法所得到的一个古怪结果。

然而，接下来的故事证明了爱因斯坦是正确的。1995 年，在一团用激光冷却并陷俘的碱金属原子气体中，人们首次观察到了玻色-爱因斯坦凝聚。当这种凝聚体从激光陷阱中被释放之后，会形成形似激光的一束相干物质，只是其中的光子被原子取代了。这种新的物质状态目前在全世界很多实验室中都是一个非常活跃的课题研究对象。

那篇提出玻色-爱因斯坦凝聚的论文内容范围非常普遍，远远不止讨论了在极低温度下可以发现物质的一种特殊状态。在远远超出这个特例的范畴外，爱因斯坦严肃对待了应用玻色法则枚举粒子气体所有状态所导致的后果，从而猜测出了量子物理学的一个本质特征。同种粒子的不可分辨性是量子世界的一个重要属性，它在我们对物质和光的属性的理解中扮演着一个基本的角色。1924 年末的爱因斯坦是第一个洞见这一本质的人，而依然覆盖着量子世界之谜的障幕也将在几个月后被揭开一角。

揭开物质波的面纱

我们的故事讲到这里时，量子物理学汇集了一组互不相同的观察和方法，但还不是一个能够以简单清晰的数学方式来描述的完整理论。这一情况在接下来的几个月中将发生巨大的改变。爱因斯坦并没有直接参与这最后的一步，但他依然对此有所贡献。让我们再次回到那张 1911 年索尔维会议的照片（图 5.4）。照片最右，在爱因斯坦旁边的是保罗·朗之万，照片正中的是 X 射线物理学专家莫里斯·德布罗意。莫里斯的弟弟路易并没有参会。作为历史系的学生，那时的他对物理学还没有什么兴趣，因此他没有出现在这张照片中（年轻的玻尔也没有）。据说，正是因为莫里斯和路易·德布罗意讲述了 1911 年会议上的讨论，才激发了他对物理学的热情。

　　路易先是在索邦大学学习了经典物理学，然后于一战期间在埃菲尔铁塔从事无线电通信，1920 年，在朗之万的指导下，路易开始攻读物理学博士。路易从爱因斯坦的波粒二象性思想出发，将其推广到了物质：他假设物质粒子也应该像光子一样与波相关联。为了得出相应的波长，德布罗意在质量为 m 的物质粒子和作为光的粒子的光子之间做了一个类比。光子的动量 $p = h\nu/c$ 也可以写成 $p = h/\lambda$，其中 $\lambda = c/\nu$ 是辐射的波长。德布罗意将波长与动量之间的这种关系推广到了物质粒子，他将任意一个动量为 $p = mv$ 的粒子与一个波长 $\lambda = h/mv$ 关联了起来。

　　德布罗意对这种关联的细节仍然不清楚，但他预测这些物质波的干涉是可能被观察到的，同时他可以用一个简单模型推导出玻尔的氢原子能谱公式：围绕原子核旋转的电子物质波必须满足一个共振条件，即在振荡整数次之后，波要与自己首尾衔接。简单计算表明，从这个条件出发可以得到允许的玻尔轨道的能量值。德布罗意得到的这一结果在很大程度上受到爱因斯坦研究的启发，不但包括他关于量子的论文，还有那些关于相对论的论文。

　　在德布罗意理论的背景下援引相对论可以帮助我们理解量子物理中相位概念的重要性。这个概念之前在第三章中由经典菲涅耳光学引入时，将一个光波的相位与抽象平面内一个矢量的指向相关联（或者也可以等价关联为该平面内一个矢量所代表的一个复数）。对于一个沿 x 方向以动量 p 自由运动的粒子，德布罗意关联了一个波长为 $\lambda = h/p$ 的物质波，因此，在某一给定瞬间，其相位应等于 $2\pi x/\lambda = px/h$。当 x 增加 λ 时，代表该相位的菲涅耳矢量的确会转过 2π。

　　我们不考察物质波相位的空间演化，而是考察在某一位点上它是如何在时间上演化的。狭义相对论给了我们答案。我们之前已经看到，对于一个以能量 E 和动量 p 在 x 方向运动的粒子来说，量 $px - Et$ 是一个相对论的不变量。因此，既然 px/h 描述的是物质波在某一给定时刻的相位，那么可以自然地接受 $(px - Et)/h$ 描述的是在时空点 x、t 上的时空相位。这个相位具有绝对意义。某一个观察者所看到的德布罗意波经过最大值所对应的事件，对于另一个惯性参考系中的另一个观察者来说也必须对应于同样的事件。因此，与一个自由粒子相关联的物质波的相位是一个相对论不变量。在空间中一个位点 x 处，这个相位的角度为 Et/h 且随时间演化，于是它以频率 E/h 旋转。因此，量子物理一方面将动量 p 和位置 x 相关联，另一方面将能量 E 和时间 t 相关联。

德布罗意的想法是革命性的，朗之万不知道该如何看待它。他将这份博士论文原稿发给了爱因斯坦。后者对此印象深刻，并回复朗之万说，年轻的德布罗意已经部分揭开了掩盖在微观世界规律之上的巨大障幕。朗之万因此放心了，德布罗意也得以进行了博士论文答辩，答辩委员会主席由原子物理学家让·佩兰（Jean Perrin）担任。据说，在答辩结束之后，莫里斯·德布罗意曾经问过佩兰对他弟弟的看法，佩兰含糊地回答道："我认为你的弟弟非常聪明。"1926 年，美国物理学家克林顿·戴维孙（Clinton Joseph Davisson）和雷斯特·革末（Lester Germer）首次观测到了电子的干涉，证明了德布罗意不仅仅是"非常聪明"——他还非常正确。

几个月后，苏黎世的物理学教授埃尔温·薛定谔（Erwin Schrödinger）在一次研讨会上向他的同事介绍了德布罗意的工作。一位听众指出，如果有波存在，那么一定会有一个描述其传播的方程式。如果说描述光子波动依靠麦克斯韦方程，那么这些物质波要靠什么来描述？薛定谔考虑了这个问题，在几个月的狂热工作中，他建立了以他的名字命名的著名方程。该方程将一个波函数与一个在力场作用下随时间演化的粒子相关联。这种演化是由一个将波函数的时间导数和空间导数相联系的偏微分方程来描述的。薛定谔将这个方程应用于在质子电场中运动的单个电子时，发现求解需要将氢原子的能量量子化。他的方程给能级分配的数值与玻尔模型一致。

几乎在同一时期，一位名叫维尔纳·海森堡的德国年轻物理学生也独立地提出了一个量子物理学的数学理论，该理论的基础是将物理可观测量用被称为矩阵的数字表的形式描述出来，这些矩阵服从一种非交换代数。海森堡同样得到了氢原子的能谱，其中的量子化源自于描述电子位置和动量的两个算符的不可交换性。人们很快就认识到，薛定谔和海森堡的观点是等价的，这两种形式系统描述了相同的物理现实，二者间可以相互转化。量子物理学的现代形式就此诞生。

波函数，量子态和叠加原理

虽然这些波的传播得到了薛定谔方程的描述，但它们深刻的本质仍有待了解。它们是由什么构成的？它们在什么样的介质中传播？有没有必要重新发明爱因斯坦在 20 年前从物理学中剔除的以太？海森堡的导师马克斯·玻恩（Max Born）很快就给出了答案：它们是与概率分布相关的抽象数学波，不需要介质来传播。波在某一点的振幅的平方代表在该点找到该粒子的概率。这一表述揭示了这一理论的一个基本特征：它基于概率。量子物理学中，在测量之前，我们无法谈论一个粒子的位置、速度或能量。测量之前，所有潜在的结果都是可能的，结果的概率可以由薛定谔的波或海森堡矩阵的元素值来描述。这种概率的出现，并不像在经典统计物理学中那样是源于我们对系统的不完整知识，而是源自于一种本质上的不确定性。

叠加原理同样至关重要。一个粒子的物质波像光波一样遵从惠更斯 - 菲涅耳原理。为了计算它从一点到另一点的传播，可以将其分解成连绵的波阵面上的波源发出的次级子波，而总和波是由所有这些子波的干涉产生的。换句话说，如果描述一个粒子演化的几个不同的物质波均满足薛定谔方程，那么将它们的振幅用任意系数加权求和后得到的这些波的组合也是一个解，描述了这个粒子的另一种可能状态。

为了得到一个完整的理论，不仅需要描述一个孤立粒子的行为，还需要描述多粒子之间的相互作用，从而形成原子核、原子、分子或固体，为此必须对代表四维时空中振幅分布的波函数的概念进行推广。对一组 N 个粒子的描述需要一个具有 $3N + 1$ 个变量的函数——粒子空间坐标的 $3N$ 个变量，再加上时间。这个波函数不能再简单地表示为普通空间中的一个波。它变成了一个在抽象的多维空间中演化的函数，但此时单粒子波函数的基本属性仍然存在。与多粒子位置的构型相关联的振幅的平方总是代表着检测到所有粒子处于这种构型的概率。叠加原理也依然适用。不同的多粒子波函数可以叠加，并且可以在其构型空间中产生干涉现象。这种描述优先考虑的是对粒子位置的测量。我们也可以着重考察粒子的速度。为此，我们需要描述的函数的取值不再来自普通空间，而是动量空间。这种函数可以通过傅里叶变换的操作从第一种函数中推导出来，这种操作的性质我们在第三章中讨论过。

除了粒子的位置和速度之外，物理学家也可能会关注其他参数。例如光子的偏振状态，电子自旋的空间指向，或者原子的角动量。此时，空间波函数被一个更一般的数学对象所取代，即抽象希尔伯特空间中所定义的系统的状态矢量，对此第一章有过介绍。知道了该矢量在这种空间中的坐标后，我们就可以计算出在测量所考察的量子系统的一个可观察量时所得到的不同结果的相应概率，无论是光子的偏振、原子的角动量，还是其他一些物理量。因此，空间波函数只是量子态的一个特例，适用于研究所观察的粒子的位置或速度变量。

量子叠加原理直接源自希尔伯特空间中的态矢量的加法规则。如果一个量子系统在处于不同的状态时可以由不同的矢量表示，那么这些矢量在任意权重系数下的和则代表了系统的又一种可能状态。我们注意到这类似于描述光的振动状态的菲涅耳矢量的合成规则，后者表现了光学中的叠加原理。

正如我们在第一章中看到的，影响量子态的各种变换在这一理论中扮演着至关重要的角色。它们可以描述所观测的量子对象在空间转动和平移的影响下状态如何改变，也可以描述它们如何随时间演化。每一个变换都可以由希尔伯特状态空间中的一个算符表示，这是一个由复数矩阵所描述的数学对象。在初态已知时，可以用这个矩阵计算一个给定变换所产生的态矢量的坐标。一般来说，两个量子算符的乘积是不可交换的，其结果取决于它们作用的顺序。这种在第一章中讨论过的特性在这一理论中同样扮演着至关重要的角色：它导致了某些可观测量的可能值的离散性，例如原子的内能或它们的角动量。

在这一理论的开创先驱们的激烈辩论中，所有的这些概念都在 1925 年至 1930 年间逐渐明晰。这些概念对非专业读者来说肯定仍然显得含混模糊，不过我们之后还会再回到这个话题。

粒子家族的扩张

在 1930 年代和 1940 年代，为了兼容相对性原理，量子理论得到了扩充。对于速度与 c 相比较小的粒子来说，薛定谔方程确实是一个有效的近似。量子概念在与相对论的概念相结合后，表明了电子必须与它的反粒子——质量相同但电荷相反的正电子——相关联。保罗·狄拉克从理论上预测了这种粒子的存在，不久后在实验中就观察到了这种粒子。

正如我们之前所见，电子和正电子可以相互湮灭并产生伽马（γ）光子，在此过程中物质被转化为纯电磁能，遵循爱因斯坦的公式 $E = mc^2$。

1940 年代，美国物理学家理查德·费曼、朱利安·施温格（Julian Schwinger），以及日本物理学家朝永振一郎（Sin-Itiro Tomonaga）彼此独立地创建了量子电动力学理论，该理论描述了所有涉及带电粒子和光的现象。费曼对这一理论的表述显得尤其生动。该表述以闵可夫斯基空间图线的形式分析了粒子之间的相对论相互作用，对所涉及的物理过程进行了一种图像表达。

在这种图示中，每个粒子由一系列被点状事件（顶点）所中断的世界线线段所表示，对应于发射或吸收光子的过程。由于量子物理学不给粒子指定明确定义的轨迹，每条线都象征着粒子在两个顶点之间可以沿行的、无限多的可能路径。这一理论规定了为不同路径分配概率振幅的数学规则，并指出如何将这些振幅相加，以计算每个图对所研究过程的概率幅的贡献。这些复振幅的求和让人联想到菲涅耳矢量。如同在光学中一样，只有那些量子相位不会被相消干涉所模糊的路径才是重要的。

例如，图 5.6 中的这些图示就描述了氢原子的电子如何通过交换**虚光子**与质子发生相互作用，之所以说是虚光子，是因为它们不会出现在相互作用的系统之外，也无法被直接检测到。

每一次这样的光子交换都对应于一个基本散射过程。无论原子处于基态还是激发态，这种原子核对电子的持续性束缚都源自所有这些过程的叠加效应，叠加后产生了一种电子被束缚于质子的定态。将所有图示的贡献相加

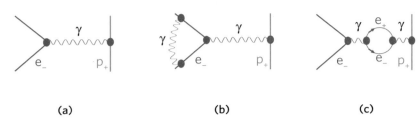

(a)　　　　　　　　　　(b)　　　　　　　　　　(c)

图 5.6　以上三张费曼图说明了氢原子中电子 – 质子散射的三种基本过程。每张图都展示了相互作用的粒子的世界线。时间沿竖直方向流逝，空间用水平方向代表，空间约化为一维，以便绘制。粗线用于描述物质粒子（电子 e_、正电子 e_ 和质子 p_+）的世界线线段，光子（γ）的则用波浪线表示。线段之间的交点称为顶点，代表发射或吸收光量子的过程。在这些过程中转瞬出现的光子被称为是虚的。(a) 该图描述了以下基本过程：电子（e_）和质子（p_+）之间通过交换虚光子而产生了用两个顶点描述的相互作用。(b) 含有四个顶点，描述了产生兰姆移位（见第一章）的主要贡献：电子在与质子相互作用之前和之后分别发射和吸收一个虚光子。这个转瞬即逝的光子描述了真空涨落对质子散射的电子的影响。(c) 也含有四个顶点，描述了真空极化对兰姆移位的贡献：电子和质子之间交换的光子产生了一个瞬逝的电子（e_）– 正电子（e_）对，它们湮灭后重新产生了一个光子，最后被吸收。这个过程略微降低了电子与质子的相互作用，并贡献了 5% 的兰姆移位。

后，就可以精确计算出原子能级的相对论能量。

　　在描述电子和质子之间直接的光子交换效应的图示基础上，我们还必须加上一些对应于电子快速发射和吸收虚光子的图示，它们描述了真空涨落的影响。同时还有必要考虑到在电子和质子之间出现转瞬即逝的电子 – 正电子对的可能性，这是所谓的真空极化的表现。这些图示以极高的精度给出了氢原子能级的兰姆移位值。计算得出的预测与原子能谱测量结果之间的吻合达到了九到十位有效数字，这使得量子电动力学毫无争议地成为所有物理学中最精确的理论。费曼得以据此宣称，如果这个理论能够预测伦敦和纽约之间的距离，其结果将精确到一根头发丝的宽度内！

　　更为根本的是，量子电动力学是量子场论的一种模型，后者以统一的形式描述了自然界中存在的各种相互作用。在这一理论中，不同的粒子是它们各自的场的量子。光子的场承载了电子和质子之间的电磁相互作用，它是大质量的 W 粒子和 Z 粒子的"表亲"，后两种粒子是弱相互作用的媒介，这种作用导致了不稳定原子的放射性。1960 年代，电磁性和放射性在"电弱"理论中得到了结合。该理论是史蒂文·温伯格（Steven Weinberg）、阿卜杜勒·萨拉姆（Abdus Salam）和谢尔登·格拉肖（Sheldon Glashow）三人工作的结晶，它延伸了麦克斯韦在一个世纪前开启的物理学的统一过程。它

将放射性和电磁现象描述为宇宙粒子之间相互作用的同一基本形式的不同
方面。

在进一步的统一中，光子又表现为胶子的"次表亲"，后者携带着强大
的核相互作用，将原子核中的夸克、质子和中子聚在一起。电弱相互作用和
强相互作用目前统一在一个扩展的家族中，组成了基本粒子的标准模型，它
对自然界中除万有引力以外的所有力都给出了精确描述。

创建这个模型的理论物理学家包括默里·盖尔曼（Murray Gell-Mann）、
杰拉德·特·胡夫特（Gerald 't Hooft）、马丁纽斯·韦尔特曼（Martinus
Veltman）、戴维·格罗斯（David Gross）、弗兰克·维尔切克（Frank
Wilczek）和休·波利策（Hugh Politzer），从 1960 年代至 1980 年代，通过
理论工作和在粒子加速器上进行的实验之间的不断交流，这个模型才被逐步
完成。在粒子加速器中发生的高能碰撞还可以产生电子的表亲——μ 子和中
微子，它们不存在于普通物质之中，但它们的存在对于确保该模型的一致性
和解释恒星内部发生的核过程至关重要。还有一些其他粒子是存在于原子核
中的夸克家族，它们被理论预测后又均在加速器中被发现。它们被赋予了颇
具诗意的名字——例如粲夸克或奇夸克——证明了为它们命名的物理学家们
的想象力。

只有引力相互作用仍在抗拒着所有自然力的大一统，而引力子，即引力
场的假想量子，目前仍然难以描述。这种终极统一的难度无疑在于，引力与
其他任何力都不同，它表达了宇宙织体的结构本身。对其量子化，将其约化
为离散的实体，就会涉及时间和空间的离散性问题，这种离散的尺度如此之
小，乃至于目前我们无法设想出任何能验证它的实验。

一种本质的全同性

这段上世纪量子理论发展的快速概览，如果不回归到粒子的不可分辨
性的重要性，那便是不完整的。量子物理的这一特征由爱因斯坦在其有关玻
色 - 爱因斯坦凝聚的文章中提出，后来在理论上具有核心的重要性。量子理

论的一个基本原则是，将同种类的粒子描述为完全相同的对象。在经典物理学中，原则上我们总能区分同一元素的不同原子，或围绕一个原子核运行的不同电子，为此我们只需要对它们进行任意编号，并在理论上跟踪它们随时间变化的轨迹。

而在量子物理学中，这种即使是理论上的可能性也消失了。粒子不再有运动轨迹，只有描述它们在不同位点出现的概率的波函数。当两个粒子碰撞时，它们所关联的两个波会重叠，从而即使在原则上也不可能在它们相互作用又分离后确定哪个是哪个。

自量子理论在 1920 年代后半期出现后，物理学家们从上述的不可能性出发，推断出自然界只有两种在不同状态之间分配全同粒子的方式。一种是玻色为光子所设想的方式，后来爱因斯坦将其推广到了一类被称为玻色子的粒子，按照这种方式，任意数量的粒子都可以处于同一状态，而无法以任何方式将它们彼此区分开来。如我们之前所见，这条规则解释了玻色子的聚集特征。

而自然界的另一条规则首先由瑞士物理学家沃尔夫冈·泡利（Wolfgang Pauli）洞见，然后由恩里科·费米（Enrico Fermi）和保罗·狄拉克明确提出，其所涉及的一类粒子被称为费米子。该规则也称为泡利不相容原理，尤其适用于电子。它规定一个给定的量子态上最多只能存在一个粒子。玻色子规则倾向于在低温下将一组玻色子聚集在最低的能量状态上，而费米 - 狄拉克统计法则要求费米子分配在所有可及的能级上，同一状态永远不能由一个以上的粒子占据。

不相容原理在解释原子和物质的一般结构方面扮演着至关重要的角色。正是因为不可能有两个电子占据相同的量子态，所以元素周期表中连续元素的原子会变得越来越大。确实，此时电子不能积聚在原子核附近，而必须去占据激发级别递增的不同轨道，需要填充的电子越多，它们离原子核就越远。同样的原理对固体物质的力学特性也给出了深刻的解释。尽管原子内部几乎"空无一物"，因为它们的大部分质量都集中在非常小的原子核之中，但它们却不能相互穿透，因为它们的外围电子由于不相容原理而"拒绝"占

据同一处空间。正是由于同样的原理，我们不会穿过我们所站立的地板：我
们脚底的电子拒绝与我们所站的地板中的电子占据相同的位置。

玻色子和费米子之间的划分是标准模型的一个基本特征。构成物质的基
本粒子都是费米子。在最微观的层面上，它们包括了围绕着原子核运行的电
子和三个一组结合形成质子和中子（核物质的成分）的夸克。那些携带力的
粒子——光子、承载弱相互作用的 W 粒子和 Z 粒子，还有胶子——则是玻
色子，假想的引力子同样是玻色子。

最后，还有一种基本玻色子，不久以前通过媒体为公众所知，这种粒子
以 1960 年代预测它存在的一位物理学家的名字命名：希格斯玻色子。该粒
子由欧洲核子研究组织（CERN）在经过长期的搜索后在 2011 年发现，在当
时成为了头条新闻。与该粒子相关联的希格斯场充斥着整个空间。通过与该
场的相互作用，大多数最初质量为零的标准模型粒子在宇宙演化的早期阶段
获得了质量。光子的质量始终是零，而它的表亲粒子——W 玻色子和 Z 玻
色子——则变得非常重。我将在下面介绍，这种差异解释了电磁力和弱核相
互作用在范围上的巨大差异。

玻色子和费米子的区别在于它们的内禀角动量。前者的自旋是整数；后
者的是半整数。举例来说，光子是自旋为 1 的玻色子（其沿传播方向的角动
量可以取值为 $+h$ 或 $-h$），而电子是自旋为 1/2 费米子（其内禀角动量为 $+h/2$
或 $-h/2$）。基本粒子的统计法和它们的自旋值之间的这种联系是由泡利在
1940 年证明的。

由结合在一起的若干个粒子组成的复合系统也服从量子不可分辨性原
理。如果组成它们的基本粒子的总数是偶数，它们就是玻色子（它们的自旋
是偶数个半整数自旋之和，一定是一个整数）。如果基本粒子的数量是奇数，
它们就是费米子（此时它们的自旋是一个半整数）。组成原子核的质子和中
子每个都由三个紧密结合的夸克组成，因此是费米子。

同样的规则也适用于原子，它们是夸克和电子的束缚系统。氢原子（一
个质子和一个电子，因此是四个基本粒子）和氦原子（两个质子、两个中子
和两个电子）是玻色子。另一方面，氚（氢元素的同位素，由一个质子、一

个中子和一个电子构成）和氦 -3（两个质子、一个中子和两个电子）则是费米子。碱金属原子的奇数同位素都有奇数个夸克和电子，从而总的费米子数是一个偶数，因此这些原子是复合玻色子。正如我们之前所看到的，正是这类原子最先被制备为玻色 - 爱因斯坦凝聚。

由于物质中存在由偶数个费米子配对形成的复合玻色子，这就解释了一些甚至在玻色 - 爱因斯坦凝聚的首次实验实现之前就已发现的量子现象。凝聚的玻色子气体具有非常特殊的量子特性。它们的粒子以集体的方式行动，导致这类系统整体流动时黏度为零，表现出了超流性。在极低温度下的氦 -4 液体就是如此，其超流性在 1930 年代被发现。超流性还表现为某些金属的超导性，对此我在之前已有提及。这些金属中的电子会耦合为具有波色子性质的电子对，继而流动时无任何电阻。因此，爱因斯坦通过预测玻色子的凝聚，为超导性的理解提供了一个基本要素。

量子物理学的潘多拉魔盒

量子物理学产生于一个关于光的问题，继而让我们对物质和宇宙的结构有了全新的认识，那么爱因斯坦对量子物理学的发展持什么态度呢？他在物理学中引入了一种与经典概念不相容的二元论。他认识到，这种物理学带有一种本质的非决定论，比如它将光子的自发发射描述为一个随机的过程。他也是第一个理解了量子不可分辨性的重要性的人，这是具有波动行为的粒子的一种基本属性。我们可以再补充一点，爱因斯坦早在普朗克之前，甚至在玻尔之前就已经确信了光子的实在性。

当我们想到爱因斯坦面对着他所发现的光量子时，我们不得不联想到潘多拉魔盒的神话，不过我们必须马上明确这一联想的具体意指。在神话故事中，当潘多拉打开她本不应该打开的盒子时，引发了一系列的灾难性事件。具体到我们装着光子的魔盒，其后续影响无疑是巨大的。这只魔盒的开启给我们带来了关于微观世界的知识，并给我们提供了开启所有现代技术的钥匙，这很难被称为一种灾难。核电站、计算机、移动电话、激光、磁共振成像、互联网、原子钟和 GPS 都是在过去一个世纪中改变了我们日常生活的量子技术。当我们看到其中的一些发明被滥用时，可能会情不自禁地援引这个神话词汇原有的凶险内涵。确实，我们可以联想到核能的军事应用，或者互联网的负面作用，比如对社交网络的非正当利用就是其后果之一。

当时的爱因斯坦并不认同这种对知识和科学的消极看法。如果对他来说存在一只潘多拉魔盒，那也不是因为上述的消极原因。确切地说，这一神话联想之所以会与爱因斯坦发现量子产生几乎是悲剧性的共鸣，是因为从其中诞生的这一理论始终让他感到不适，并且他直到生命的最后一刻都一直试图超越它，从而回到一个更符合经典思想的世界观之上。同时不得不说，尽管这一理论取得了巨大的成功，但它依然是一门具有许多不同诠释的学科，从而对于无科学背景的公众所展现出的吸引力远远超出了物理学本身。

以经典观念来看，波和粒子是矛盾的。一方面，波动现象是非局域且连续的。波可以扩散到全部波动可及的空间。它们按照各自的相位相互加减，并服从杨和菲涅耳在 19 世纪初发现的叠加和干涉原理。另一方面，粒子是局域性很强的对象，沿行着由施加在它们之上的作用力所确定的轨迹。叠加和干涉的原理对于粒子来说毫无意义。波与粒子之间的这种对立——从惠更斯和牛顿双方的支持者之间的论战中可见一斑——可以追溯到现代科学的起源。爱因斯坦拒绝循规蹈矩地支持其中的一方或另一方，而是声称，至少对光来说，看似明显的波粒之间的经典划分并不能成立。

同一年，他已经成为一个打破传统的人，他否定了经典物理学的另一个教条：时间的普遍性。尽管相对论的一系列原理已经极度违反直觉，但它们对当时的科学界以及对爱因斯坦本人造成的困扰依然不如从潘多拉魔盒中逃出的光子。事实证明，对物理学和普遍意义上的科学来说，量子革命对我们世界观的颠覆程度远超相对论。量子理论向我们一步一步地揭示了一个奇怪的世界，在这个世界里，连续的和不连续的，确定的和不确定的，波动的和恒定的不断彼此交织。这个世界以一种令人困惑的方式将看似矛盾的不同方面结合在了一起，将经典决定论试图消除的概率放在了一个支配地位。这是一个包含了分子、原子和自然界的基本成分的世界，其中的光子——以光速飞行的、无所不在的粒子——扮演了至关重要的角色。

　　这一理论的创始人们——爱因斯坦、玻尔、德布罗意、薛定谔、海森堡等人——通过思想实验发现了量子定律，就像爱因斯坦曾经为相对论所做的那样。但至少对爱因斯坦来说，这些量子思想实验所起的作用与他在 1905 年所想象的火车、旋转盘和时钟截然不同。相对论的思想实验是支撑和确立这一理论的指引，而量子思想实验却使他可以对这一理论大唱反调，让他在越来越绝望的一次次尝试中，试图证明量子理论不可能是自然规律的最终解释。同时，量子思想实验也比相对论的思想实验更加微妙和复杂，因为它们必须分析违反直觉和看似矛盾的现象，而相对论的火车或旋转盘思想实验只说明了一个简单而合理的思想：所有的参考系对于物理定律描述的等效性。

从经典到量子：费马、莫佩尔蒂和费曼之间
一场跨世纪的对话

　　如果说量子物理学对我们来说是奇怪的，那是因为它的法则一般并不直接表现在我们的感官能更加敏锐地感知的宏观现象的尺度上。这是由于普朗克常数相比于我们在日常生活中感知到的作用来说极其微小。这里我所使用的作用这个词具有物理意义。一个作用量等于能量 E 乘以时间 t，或动量 p 乘以长度 x。在通常的单位制中，这类作用量以焦耳·秒（J·s）表示。在相距一小段时空间隔 dx、dt 的两个事件之间，一个具有能量 E 和冲量 p 的粒子的作用量的变化等于 $pdx - Edt$（为了简单起见，我们这里的解释只涉及一个空间维度）。

　　相对论和量子物理学告诉我们，在 x、t 点上，与该粒子相关联的物质波的相位等于它的作用量 $A = px - Et$ 除以普朗克常数 h。这个相位是一个无量纲的数字，对于一个宏观的物体来说是巨大的。与之类似的是，我们在日常生活中遇到的系统的角动量也具有作用量的量纲，与量子粒子的自旋相比也是巨大的。一只以几赫兹的频率旋转的自行车轮所具有的角动量通常等于几十焦耳·秒，而量子角动量的单位 h 则非常接近 10^{-34} 焦耳·秒，后者是前

者的一百亿亿亿亿分之一个小部分！

　　尽管光的频率值 ν 非常高，比如对于黄光来说，约为 5×10^{14} 赫兹，但一个光子的能量 $h\nu$ 却非常小，约为 3×10^{-19} 焦耳。一盏 100 瓦的灯每秒钟大约辐射出三万三千亿亿个光子！这些数量级的计算可以帮我们认识到分隔宏观世界与原子光子世界的巨大鸿沟。我们日常生活中观察到的宏观过程中的能量交换涉及巨大的量子数字。这样一来，量子物理颗粒性的一面就完全无法被观察到了，所有的现象在我们看来都是连续的。需要注意的是，这一系列利用 10 的大数值负次幂所表示数的量级是如此之小，从而驱使物理学家选择了更实用的原子单位。焦耳被换成了电子伏特（eV）：一个电子在经历 1 伏特的电势降时所需的功，等于 1.6×10^{-19} 焦耳。于是，黄光光子的能量可以被更方便地写作 1.85eV。

　　现在让我们以一种更根本的方式探索经典和量子之间的边界，为此我们从费曼的思想出发去分析一个粒子的动力学。我们用 $v\mathrm{d}t$ 代替增量 $\mathrm{d}x$，其中 v 是粒子的速度，这样粒子的作用量 A 在世界线的一个小段上的变化量可以写为 $\mathrm{d}A = (pv - E)\mathrm{d}t$。当粒子沿着相隔任何距离的两个事件之间的路径行进时，其作用量的全局变化 ΔA 是一系列增量 $\mathrm{d}A$ 在该路径上的积分。对于一个非相对论的粒子来说，E 通常是其势能 U（比如，取决于其在重力场中的高度）与其动能 $mv^2/2 = pv/2$ 之和。这样增量 $\mathrm{d}A$ 就写为 $(pv - U - pv/2)$ $\mathrm{d}t = (pv/2 - U)\mathrm{d}t$。因此，粒子作用量的变化只是其沿着世界线的动能和势能之差的积分。这个积分显然依赖于粒子所沿行的路径。

　　现在让我们回顾一下，根据叠加原理，粒子在连接所考察的两个时空点的所有路径上"同时"演化。如果该粒子在时刻 t 位于 x，那么在时刻 $t + \Delta t$ 时在 $x + \Delta x$ 找到它的概率幅是一系列复数之和，每一个复数的相位 $\Delta A/h$ 都关联了连接这两点的一条路径，最终的概率幅是对所有可能的路径求和的结果。这一条适用于费曼图计算的法则类似于惠更斯－菲涅耳原理，后者规定了如何对与两点之间的光的传播相关联的菲涅耳矢量进行求和。在这个求和中，重要的贡献仅仅来自于平稳相位路径，即那些 ΔA 在相邻路径上仅仅以 $\hbar$ 的数量级变化的路径。对于微观量子系统来说，有大量的路径满足这个条件。粒子会"同时"遵循所有的这些路径。此时粒子的行为就像是一个波，有显著的量子效应。

另一方面，如果粒子是宏观的，它的作用量 ΔA 以 h 为单位来丈量会是一个非常巨大的数字，是 10 的极高次幂。此时只有粒子才遵循极值（极大或极小）作用量的路径，因为所有偏离极值路径的路径对概率幅的贡献都因相消干涉而彻底模糊了。这样一来，我们从量子叠加原理出发，却得到了经典力学的最小作用量原理，这让人联想到光学中的费马原理。

因此，量子力学之于经典物理学，恰如波动光学之于光线的几何光学。只有当光线前障碍物的尺寸达到波长的数量级时，光的衍射和干涉效应才变得显著。类似地，只有当所研究的系统的作用量达到了普朗克作用量 h 的数量级时，才能观察到量子干涉。以上我遵循的这个主张是由费曼提出的，他深入思考了普朗克常数在定义经典世界和量子世界之间的边界时的重要性，并以此为基础在 1940 年代发明了他的图示方法。

话虽如此，经典的最小作用量原理当然没有等着费曼来发现，它在历史上的发现远在量子物理学之前。它是在 18 世纪中期由莫佩尔蒂首次提出的，他同时也是测量地球形状的人，我们已经在第二章中的另一个故事中提到过他。关于作用量，莫佩尔蒂告诉我们：

当自然界发生任何变化时，该变化所用的作用量总是尽可能得小。

这是一个近乎哲学的论点，类似于费马提出的"大自然总是以最短、最简单的方式行事"。莫佩尔蒂非凡的直觉在几十年之后被数学家约瑟夫·拉格朗日（Joseph Lagrange）所证实，后者证明了最小作用量原理与牛顿定律是等价的。他以积分的形式，通过对无限小轨迹的作用量的贡献进行加总，表达了牛顿用微分方程描述的内容（粒子动量的导数等于它所受的力）。

像费曼那样从量子叠加原理推导出经典的最小作用量原理有一个好处，它回答了一个困扰经典物理学家们的问题，这个问题我们在谈到光和费马原理时已经提到：粒子如何"知道"它所遵循的确实是极值路径？它如何能"确定"其他路径对应着更大或更小的作用量？答案是，就像光一样，粒子与一个波相关联，使其能够"感知"到相邻的路径，从而"决定"哪一条路径对应于极值作用量。在这个拟人化的类比中，我给几个动词都加上了引号。粒子当然不会感觉，也不会选择。它只是服从了量子物理学的定律，当作用量相对于普朗克常数很大时，这些定律自然会从波动理论中衍生出经典决定性的行为。

一场穿越数量级的旅行

由于普朗克常数非常小，因此德布罗意所发现的物质的波长也非常小。对这些波长的估计使我们能够以一种比费曼的理论论证更具体的方式来理解为什么量子现象通常无法被我们直接观察到。比如，一个质量为 $M = 5 \times 10^{-26}$ 千克的氧分子以 $v = 500$ 米/秒的速度在室温空气中运动，与之相关联的波长 h/Mv 约为 2×10^{-11} 米，即 0.2 埃。这一波长远小于气体中分子之间的距离，后者通常约为 30 埃。与分子相关联的物质波在非常小的空间距离上振荡，并通过与其他粒子的相互作用而被散射，这些粒子以几十个波长的间距随机分布。由所有这些相互作用产生的物质子波具有完全随机的相位差异，因此这些波之间的所有干涉效应变得模糊。于是，分析气体的物理学就类似于分析按照台球规则碰撞的经典小球。这就是玻尔兹曼和麦克斯韦在量子理论出现之前建立气体动力学理论的方式。

物质波的波长随着粒子质量的减少和速度的降低而增加，这使量子现象变得相对显著。质量是氧气的八分之一的氦气在室温下由波长约为 0.6 埃的原子组成。这与原子间距相比仍然很小，但比之前有所增加。如果我们将这种气体压缩并冷却，它的原子间距比氧气更容易降低到波长的数量级，此时量子效应开始以一种壮观的方式呈现出来。液态的氦 -4 在 2.17 开尔文时成为超流体，并沿着它的容器壁向上攀爬，在此过程中它的流动黏度为零，就像一座自发逃逸液体的喷泉。这是一种罕见的宏观量子效应，一种奇怪的

"玻色"属性，在 1930 年代首次被观察到。

为了进一步深入量子世界，我们可以估算一个在氢原子中旋转的电子的波长，电子的质量 m 是氢原子质量的 1/7300。在基态上，电子的动能为 E_c $= mv^2/2 = 13.6$ eV。它的速度 $v = \sqrt{2E_c/m}$（等于 2.2×10^6 米／秒）对应的德布罗意波长 h/mv 为 3 埃，等于玻尔在他 1913 年的模型中分配给电子的轨道周长。因此显然量子效应必不可少。电子波的相长干涉条件——环原子核一周后回到相同的相位——支持了玻尔的量子化规则。

电子干涉在固体物质中也发挥着重要作用。以铜为例，金属中的原子分布在周期性的晶格中，间距约为 2 埃。每一个原子贡献一个或两个格子之中自由移动的电子。根据泡利不相容原理，两个费米子不可能占据同样的状态，因此所有这些电子都分布在一个量子态的阶梯上，阶梯被占据到一个最大能级 E_F 为止，称为费米能级。如果我们在初步近似中忽略这些电子彼此之间以及与它们与原子之间的相互作用，那么通过简单的能级填充计算可以得到铜原子中的 $E_F = 7$eV。这一能量对应的电子速度为 $v_F = 1.5 \times 10^6$ 米／秒，对应的物质波波长 h/mv_F 大约为 4 埃，大于晶格中相邻原子之间的距离。被金属原子相干散射的电子波之间的量子干涉在解释金属的宏观特性，尤其是导电性方面扮演了一个关键角色。

让我们更进一步去深入物质的核心。在原子核中，质量相近的质子与中子（$M = 1.6 \times 10^{-27}$ 千克）被极端的约束限制在 10^{-15} 米数量级的范围内，其运动速度接近光速 c。原子核的大小与组成它的各粒子的波长 h/Mc 的数量级相当。将粒子限制在原子核中的核力就类似于一个厚度在 h/Mc 数量级的势垒。物质波能够通过一种类似于光学中的受抑全反射的现象穿透这层势垒。具体来说，如果将两块玻璃相互靠近，直到两者平坦的表面间仅剩一层厚度在光波长量级的空气薄层，此时在其中一块玻璃中经历全反射的光线实际上是可以进入另一块玻璃的，这要归功于在两个屈光面之间的空气中建立的隐失波（这种波由菲涅耳在 19 世纪描述，见第三章）。此时的光子从一块玻璃传到另一块之中，但如果两个屈光面之间相距超过一两个波长，光子就无法穿透了。类似的效应也可以发生于被陷俘在原子核中的核粒子物质波。这种粒子穿过陷俘它们的核势垒的透射被称为一种**隧穿效应**。通过这种量子波效应，氦核（由两个质子和两个中子组成）能够从不稳定的原子核中逃出，这就是于 20 世纪初发现的 α 放射性。我们之前已经见过，以这种方式产生的 α 粒子被卢瑟福用作发射物来轰击一层金箔，导致他在 1911 年发现了原子核的存在以及原子的行星结构。

在所有的量子效应中，态叠加和干涉的概念是本质的。因此，这些在 19 世纪初被引入光学的概念，随着量子的出现，被扩展到所有物理学的描述中。菲涅耳最初所想象出来用以描述光的矢量场先是被法拉第和麦克斯韦推广到了电和磁现象的描述，继而在 20 世纪被扩展到用来描述与所有基本粒子相关的场。在这个意义上，我们可以说光的科学史中承载着整个物理史。电磁辐射最初被描述为一种非局域的场，之后因为爱因斯坦而获得了一种粒子的特性，这种二元性很快被推广到其他的场，描述了构成宇宙的所有粒子的行为。

物理学的这种矛盾性首先出现在对热辐射或光电效应这样的光的现象的探索中，这并不奇怪。光子在所有的粒子中的确是波长涵盖的空间尺度范围最广的。由于其质量为零，因此光子能量的取值范围极其广泛，从无线电波的微电子伏或纳电子伏到伽马射线的吉电子伏。相应的波长与这些能量成反比，范围从数千米至数阿米（10^{-18} 米）。在这个频谱的一端，大波长的干涉效应是明显的，而在另一端，轰击物质的高能光子的颗粒性行为可以被清晰辨识。在这两个极端之间的光的频域，光以一种微妙的方式表现出了爱因斯坦最先洞见的波动和粒子效应的结合。

量子情景：单个对象还是统计系综？

气体、固体、原子或原子核尺度上的量子效应最早是通过间接观测揭示的。物质波动行为的重建依赖的是基于宏观多粒子样本的统计行为的巧妙推理。量子并没有得到直接呈现，而可以说是犹半遮面。为了确立它的规则，当时的物理学家们想象，如果他们能够操纵和观察与环境扰动相隔绝的孤立的电子、原子、分子或光子，会发生什么。但即使在想象了这些实验后，他们也认为这些实验将永远无法实现。薛定谔 1952 年的一段文字就表达了这种信念：

> 我们从未使用过单个的原子、电子或分子做实验。在思想实验中我们有时候假设我们可以，但这会不可避免地产生荒谬的后果。

这句话可能会显得奇怪，因为在 1952 年，粒子的存在已经无可置疑。它们在气泡室中的轨迹已经能以越来越高的精度被探索物质结构的加速器所研究。这薛定谔当然知道，但他看到了这类实验与他和同事们的思想实验之间有着一个重要的差异。在思想实验中，他们设想了如果能够在不破坏量子粒子的情况下操纵和观察它们会发生什么，而在加速器探测器中，实验者只能观察到量子对象被高能碰撞破坏后所留下的痕迹。为了强调这一本质区别，薛定谔指出：

> 我们并没有对单独的粒子进行实验，这就像我们不能在动物园里繁育鱼龙[3]。我们仔细观察的只是在事件发生很久之后残留的记录。

换句话说，粒子物理学家的行为就像古生物学家试图从化石证据重建过去的事件。他们所做的是"尸检"一样的事后分析，而思想实验则关注于想象如果我们可以在不破坏孤立的量子系统的情况下对它们进行"活体"观察，会发生什么。薛定谔无疑和他当时的同事们一样，认为这些梦想将永远无法被实现。当他说到"荒谬的后果"时，他甚至似乎在暗示，这些思想实验所描述的效果，诸如态的叠加和量子跳跃，永远只能通过它们的统计结果来观察，也就是通过由大量粒子组成的系统中呈现的效果，而试图在单个粒

---

3 一种存在于三叠纪早期到白垩纪晚期的生物。

子的层面上考虑它们是徒劳的。

新近的物理史进程证明了薛定谔是错误的。如今我们知道了如何在操纵孤立的原子或光子的同时不破坏它们，从而直接呈现出被我们身边的经典世界的繁复所隐藏的量子世界的特性。思想实验变成了现实，而光在物理学的这一革命性突破中扮演了一个重要角色。

事实上，正是激光使人们有可能在最基本的层面上探索物质，陷俘原子或光子，并在它们直接表现其量子特性的层级上研究它们的行为。激光是一种由量子物理学催生的技术，它利用了这一物理学为我们提供了关于原子和光子在最基本层面上的相互作用的知识。爱因斯坦在描述受激发射的现象时，为激光的设计贡献了最初想法。当这一设想得以实施后，它使得一系列测试和验证量子物理反直觉原理的实验成为了可能，爱因斯坦和他的同事们当年在想象这些实验时做梦都不会想到它们可以成真。这一矛盾之处再次说明了基础研究和应用研究之间的互补性。前者奠定的原则是后者发展的基础，由此产生的发明使我们能以更高的精度探索自然，在实验和理论之间成果丰硕的互哺中验证或修改现有的模型。

我参与了这次冒险，并通过我的研究为原子和光子的驯化做出了贡献，也许有一天，它们将成为新的量子技术的工具。我有幸能参与一个庞大的全球性科研工作者共同体，他们致力于探索原子和光子的世界，首先是为了更好地了解它，其次是利用它去开发新的设备，以增加我们在实践和信息方面的可能性。这场冒险我将在后续章节中展开。但在此之前，为了阐明历史背景，我们必须剖析一下发生在 1927 年和 1930 年两届索尔维会议中的一系列激烈讨论，量子理论就是在此期间发展起来的。

再论杨氏双缝

第一个跃入爱因斯坦和玻尔脑海中的思想实验无疑是杨氏双缝，该实验中观察到的干涉条纹在 19 世纪初确立了光的波动性，看似最终证明了惠更斯的正确性。但如果光实际上是由被称为光子的离散粒子组成的，我们又该

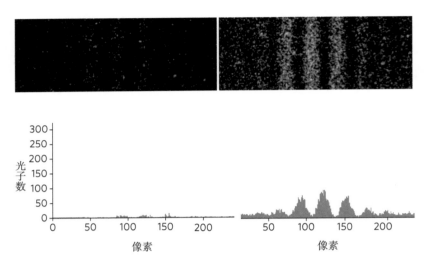

图 5.7　在双波干涉实验中，让光子逐一通过仪器（上图）：最初的光子落在屏幕上的位置似乎是随机的（图左），之后才形成清晰的条纹图像（图右）。在这幅图像中，我们可以识别出单个粒子抵达屏幕的点。照片下面的直方图显示了在这两个时刻检测到的粒子数量在位置上的分布，位置以像素为单位（1 像素 = 25 微米）。发生干涉的两列波并非来自两个狭缝，而是来自通过菲涅耳双棱镜的光，该装置由两块底面相接的棱镜组成。这个装置由菲涅耳发明，用于研究光的干涉现象，它产生的条纹与他之前使用两个倾斜镜面获得的条纹相似。其原理与杨氏双缝实验相同 [实验供图：让 – 弗朗索瓦·罗克（Jean-François Roch），加香高师]

如何解释这个实验呢？

　　而如果我们用电子这样的物质粒子流来代替光，又该作何解释？根据德布罗意的观点，这些粒子与一种物质波相关联，从而会产生干涉，这一点在 1927 年被戴维孙和革末的著名实验所证实，从而使年轻的德布罗意获得了 1929 年的诺贝尔物理学奖。

　　在基础层面上，量子解释是非常简单的。物质波具有复振幅。那些与粒子通过双缝相关联的复振幅会重叠并干涉。当两个路径的路程差是物质波波长的整数倍时，振幅会得到加强，当路程差是半波长的奇数倍时，它们会被相消干涉所抵消。在概率幅相加的地方，找到粒子的概率就高；在它们相减的地方，这种概率就抵消了。如果粒子通量很大，粒子撞击点在屏幕上的分布几乎瞬间就会重现出杨和菲涅耳在一个多世纪前就已经观察到的、熟悉的干涉条纹图样。这对于光来说似乎并不新鲜。但是对于电子和其他粒子来说，此结果是全新的，并且为物理学开辟了迷人的前景，将干涉的概念扩展为了物质的属性。

但这并非该实验的全部意义。当我们试图分析单个粒子在通过设备时发生了什么时，物理现实这个概念本身就成了一个问题。假设光子或电子的粒子源的强度是如此之微弱，以至于它每次只能发射出一个粒子。于是，干涉图样只能在长时间的曝光后才得以显现，最初的粒子以看似随机的方式到达屏幕，直到形成一个最初是点状、后来呈越来越精细的条纹图像。这种使条纹逐渐显现的干涉实验在爱因斯坦和玻尔的时代只存在于想象中，而现在已经可以用各种不同的粒子来实现，比如光子、电子、原子和分子，相应的不同类型的干涉仪将来自同一来源的粒子的路径分成两束后再重新合并。这类实验总是会给出预期的结果。

为了出现干涉现象，两条路径都必须对每个粒子的通过保持开放。如果在杨氏实验中对每个粒子随机关闭双缝中的一个，那么在探测屏幕上形成的图像将是两个衍射点以经典方式简单相加的结果，并不会有干涉。

测量、互补性和不确定关系

对于一个接受过牛顿物理学训练、习惯于用轨道和轨迹进行推理的人来说，一个问题会立即浮上心头：当粒子通过带有两个狭缝的屏幕的那一时刻究竟发生了什么？当它通过两个狭缝之一时，它为什么永远不会落在暗条纹上，这在另一个狭缝被关闭时明明是可以做到的？粒子是怎么"知道"另一条它不曾通过的狭缝是开放的还是关闭的，并且以此来"决定"它是否落在暗条纹上？量子物理学给出的答案是……这个问题没有意义。回答这个问题时如果不测量，那么就并不存在粒子是通过这一个还是另一个孔洞这一物理现实。光子或电子通过每个孔洞都有一个概率幅，这些概率幅将会产生干涉，并在对粒子的位置进行测量时给出结果，此时已经是粒子通过屏幕之后。

如果我们试图确定粒子通过双缝时的位置，我们也会得到一个结果（它要么从一边通过，要么从另一边），但粒子的波函数和后续演化会受到干扰，导致明暗条纹消失。换句话说，知道粒子在双缝处的位置和确定它在通过双缝后可能落在检测屏幕上的哪一处是两个互不兼容的任务。一个实验不能要求自然同时对这两个问题做出回答。我们的问题只能非此即彼，并随之相应地修改实验设计。玻尔的互补原理就表述了这种同时测量不相容的物理量的不可能性。

这一原则对于我们对物理现实的直觉有着根本性的影响，首先是对轨迹概念的影响。如果我们不看着一个电子通过设备，那么问它所行进的轨迹是没有意义的。如果为了形象，我们可以说电子在干涉仪中同时走了两种轨迹，通过了一个狭缝和另一个狭缝，处于两种状态的叠加态，就像是在两个经典现实之间悬而不决。事实上，用该理论更准确的表述来说，产生叠加的是与两条轨迹相关联的概率幅，此处的叠加取其数学上的意义。正是这种数学上的叠加构成了之前提到的、费曼图计算规则的基础。

对于玻尔和海森堡来说，这一观点是显然的，他们将其接受为微观尺度上无可争辩的自然属性。爱因斯坦、薛定谔和德布罗意却持不同看法。爱因斯坦说："即使没有一个人在看月亮时，我也知道它在天空中的位置。"在他看来，不应该仅仅因为一个量没有得到明确的测量就放弃为其赋予物理现实。而为了试图说服这位前辈，年轻的海森堡曾经告诉爱因斯坦，自己在建立量子概念时只是遵循了爱因斯坦本人从恩斯特·马赫（Ernst Mach）的思想中所借鉴的方法。马赫是奥地利物理学家和哲学家，他主张物理学应该只关注可测量的对象，为了定义一个物理量，就有必要严格地考虑它是如何在实践中被求得的。毕竟，当爱因斯坦通过严格考察时钟的同步从而质疑绝对时间的概念时，不也正是这样做的吗？海森堡采取了同样的手段，建立了一个将可测量量明确地联系在一起的理论。至于某些量的确切取值问题，比如粒子的位置或速度，在实验设备无法确定它们的时候是没有价值的。爱因斯坦点了点头，承认马赫的思想确实在相对论上帮助了自己，但是"同一个笑话不应该讲两次"。

既然提到了海森堡，现在是时候看看他著名的不确定原理了，该原理在量子物理学中扮演着一个重要角色，也常在日常语言中被用于描绘量子的神秘。在此处讨论这个原理并对其祛魅是重要的，因为它与玻尔提出的互补性概念密切相关，而且它将有助于我们更详细地分析 1927 年和 1930 年索尔维会议期间被讨论的思想实验。

这类著名的不确定关系表述的是，某些所谓的互补或共轭的量在量子物理中只能以有限的精度被同时确定。在测量粒子的位置和动量时，这种关系将必须服从的不确定度 Δx 和 Δp 联系在了一起；在确定两个量子系统交换的能量 E 和交换发生的时刻 t 时，这种关系将不确定度 ΔE 和 Δt 联系在了一起。联系位置和速度的关系式 $\Delta x \times \Delta p \geq h$ 表达了这样一个事实：在量子层面上，提高粒子位置的测量精度要以增加其动量的不确定性（同时也是速度的不确定性）为代价。时间和能量之间的类似关系式 $\Delta E \times \Delta t \geq h$ 的意思是：想要精确地确定一份能量，就必须放弃关于这种能量是何时产生或交换的确切知识。

在这些不等式中出现的普朗克常数很小，这当然表示这些式子只有在原子物理或核物理的微观过程层面上才会成为真正的限制。在宏观尺度上，涉及 x 和 p 或 E 和 t 的经典实验不确定度的乘积远远大于 h，此时测量的准确性并不会被海森堡关系所限制。

这类关系可以定性地从德布罗意物质波的属性推导出来。一个具有给定动量 p 的粒子具有一个明确定义的波长。因此，理论上它在空间中的延伸距离是无限的，对应于在任何地方找到该粒子的概率的均匀分布。因此，粒子动量极度精确的代价就是其位置信息的完全缺失。反过来，当一个粒子在一个精确的位点上被探测到时，它的波函数在这一刻被完美地局限在这个位点上，这个波函数由无限多个平面波叠加而成，关联了一个无限宽的动量值分布。这些是傅里叶变换的基本属性，我们在第三章中已经在光学发展的背景下对其进行了分析。

因此，以无限的精度知道一个粒子的位置所要付出的代价是对其动量的一无所知。在这两个极端之间，我们可以将粒子的波函数制备为一个多波合成的波包，其波长分布在一个中心值附近，导致粒子动量分布具有一个宽度 Δp，粒子位置可能值的分布具有的宽度 $\Delta x = h/\Delta p$，即 Δx 与 Δp 成反比。这样两个不确定度的乘积 $\Delta x \times \Delta p$ 等于 h；如果我们想要同时优化这两个测量的精度，这就是最好的折中方案。

　　另一个同样基于傅里叶分析的类似推理可以帮助我们理解时间 - 能量不确定关系。一个具有明确定义的能量 E 的粒子与一个具有完全确定的频率 E/h 的德布罗意波相关联，这就要求它在一个无限的时间间隔中建立起来。那么就不可能知道波是何时出现的。相反，一个在非常精确的时刻生成的粒子具有能量上的完全不确定性。这里最好的折中办法同样是考虑一个波包，它在其能量上允许一定的模糊度 ΔE，在波包的生成时刻（或它通过一个位点的时刻）上允许一定的共轭模糊度 Δt，这两个不确定度的乘积等于 h。

　　这类不确定关系在量子物理学中扮演着一个至关重要的角色。它们对原子和光子世界中的基本现象给出了一个定性的解释。我们已经看到，牛顿物理学和麦克斯韦方程无法解释的奥秘之一是原子物质的稳定性。氢原子中的电子被原子核的电场所吸引，就像一颗行星被太阳的引力场所吸引一样，因此绕核旋转的电子应该辐射出电磁能，并在很短的时间后最终落入原子核中。然而，电子与原子核之间始终保持着约 0.5 埃的距离。玻尔将这一特性接受为一个基本公设，直接为电子分配了特殊的轨道，其中最低的轨道正是电子绕核在玻尔半径上运动的轨道。

　　不确定关系给了这个公设一个更一般性的解释。如果电子落入原子核中，它的位置将变得无限精确，因此它的动量以及与之关联的动能将无限增加。通过与原子核保持一个有限的距离，电子优化了关于其位置和动量的不确定度的乘积，从而使其能量最小化。这个能量是电子的电势能和动能之和，前者是负值，随着电子越接近原子核而变得越来越强，后者是正值，也随之变得越来越大。这两种能量随着电子与原子核的距离变化而沿相反的方向演变，电子波函数的尺度在 10^{-10} 米的数量级上，对应于这两种能量之和的最小值。如果我们逐步向原子中添加更多的电子，以形成门捷列夫元素周期表中的连续元素，那么考虑到费米 - 狄拉克统计法，我们必须将它们放置在越来越大的轨道上。因此我们可以说，物质的结构可以用海森堡的不确定关系和泡利的不相容原理二者综合的要求来解释。

　　时间 - 能量不确定关系在量子物理中同样扮演着一个至关重要的角色。当原子中的一个电子被带到一个激发态上时，它在一定时间后会通过发射一个光子回到其基态，光子的频率与两个状态之间的能量差的关系由普朗克公式表示为 $E_1 - E_2 = h\nu$。这种发射发生在一个随机的时刻，表现为瞬间的量子跳跃。原子在激发态上耗费的平均时间 τ 与发射光子的能量和频率的不确定度 ΔE 和 $\Delta \nu$ 的关系为 $\Delta E = h\Delta\nu = h/\tau$，这决定了静止原子所发射的光的频率测量的精度极限（如果该原子在移动中，就会增加一个额外的不确定度，我们将在下一章中介绍）。

如果我们试图寻找尽可能单色的光源，例如用来建造一个原子钟，那么我们将选择把钟的频率锁定为原子在一个基态和一个激发态之间跃迁的频率，激发态的寿命必须尽可能最长，即 τ 值必须尽可能最大。在光学原子钟中，原子的激发态有着几百秒的寿命，这使我们能以千分之一赫兹的精度定义 10^{15} 赫兹量级的频率，从而时钟被赋予的相对不确定度约为 $1/10^{19}$（从宇宙诞生开始误差不到一秒！）。因此，不确定关系并不是模糊或不精确的同义词。量子物理学允许我们在测量一个参数（例如一个光子的能量或频率）时达到任何我们想要的精度，条件是我们接受关于其共轭变量的巨大不确定性（在本例中为光子的发射时刻）。

时间－能量的不确定关系也可以被用来理解伽莫夫在 1920 年代所分析的量子隧穿效应。通过 α 射线的例子，我们已经看到，一个被核力陷俘的粒子可以逃出它的陷阱并彻底远离。这在经典情况下是不可能的，因为通过构成陷阱的势垒将违反能量守恒的原则。简而言之，被陷俘的粒子没有足够的动能来跳过限制它的障碍。然而在量子物理学中，一个瞬时过程可以导致一份不守恒的能量 ΔE 出现，只要这个过程持续的时间 Δt 不超过 $h/\Delta E$ 的数量级。我们可以说，粒子为了用量子隧穿效应逃逸，从原子核中借用了允许自己跳过屏障的能量势能，而这种借用是可能的，因为这次跳跃只持续了很短的时间。

类似的论证可以解释电磁力和导致放射性的核相互作用这对"表亲"在作用范围上的巨大差异。前者是长程的，因为它们是由质量为零的光子传导的，光子能量可以任意小。根据时间－能量不确定关系，两个带电粒子之间交换的虚光子从产生到湮灭的时间间隔可以任意长，在光子频率小的情况下更是如此。因此，该光子可以以光速在很长的距离上传播，这就解释了电磁相互作用的长程性。弱核力由 W 玻色子和 Z 玻色子携带，其质量 M_W 和 M_Z 约为质子质量的一百倍。因此，这些玻色子在核过程中出现的时间是极其短暂的，不超过 $h/M_W c^2$ 或者 $h/M_Z c^2$，即 10^{-25} 秒的数量级。在这段时间内，它们只能在 10^{-17} 米数量级的距离上传播，这就限制了原子核内部的弱核力的影响范围。

围绕想象中的实验展开的辩论

为了理解海森堡的不确定关系如何阐明了玻尔的互补原理，让我们再次回到杨氏双缝实验。爱因斯坦并没有放弃粒子在通过带有双缝的屏幕时的轨迹的存在性。关闭其中一条狭缝，以确保光子或电子从另一道狭缝通过，这个过程显然太粗糙了，因此他想象了一种更精妙的方法。他假设这两条狭缝

图 5.8　1925 年，玻尔和爱因斯坦在他们的朋友——荷兰籍奥地利物理学家保罗·埃伦费斯特（Paul Ehrenfest）位于莱顿的家中。（© 世界历史档案馆 /ABACA）

变成了水平的，一上一下。其中，底部的狭缝位于一道固定的隔板上，而顶部的狭缝则位于一道可以移动的隔板上，这片隔板悬挂在垂直弹簧上，可以自由地上下振动。爱因斯坦的想法很简单。

如果粒子通过设备时从底部狭缝穿过，则顶部狭缝就不会移动。另一方面，如果粒子的轨迹导致它穿过的是顶部的狭缝，它将被这道狭缝的边缘所散射，并且粒子动量会被稍微向下偏转，此过程中的作用力会导致顶部的隔板有一个向上的运动。这道由弹簧悬挂的隔板将开始振荡，其运动将揭示粒子所遵循的轨迹。然后，粒子将到达检测屏幕并在上面留下痕迹，就像在双缝固定的实验中一样。这样我们不但可以知道每个粒子的轨迹，而且可以在检测多次撞击后观察到条纹。然而，真的是这样的吗？

玻尔用海森堡原理轻松地捍卫了自己的互补原理：为了检测出粒子通过所引起的、非常小的动量变化，可动隔板的已知初始动量的不确定度 Δp 必须非常小，导致狭缝的垂直位置的不确定度至少为 $\Delta x = \hbar/\Delta p$。这一不确定度模糊了两条路径之间的路程差，从而使得干涉图样不再清晰。被移动狭缝的反冲所影响的粒子可能会到达检测屏幕上的任何地方，而不一定是在一条明亮的条纹之上。

无论是一个挂在弹簧上的小质量物体还是一个在地球重力场中摇摆的

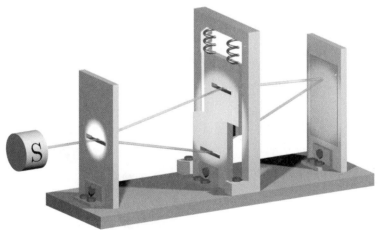

图 5.9　具有一个可移动狭缝的杨氏双缝思想实验。如果粒子穿过的是顶部狭缝，那么用弹簧悬挂的可动隔板会开始振荡 [基于玻尔的示意图，由 J.-M. 雷蒙（J.-M. Raimond）重制]。

摆，它们都是一种振子，上述思想实验揭示了量子振子的一个关键属性。这种振子就像氢原子中的电子一样，出于本质上与之相同的原因，量子振子不能在一个给定的时刻被精确定位，因为那样它的动量会是无限大。在其最低能量状态上，即所谓的基态，这一系统必须具有残余的动能，同时其在平衡点附近的位置也是不确定的。这种位置和动量的模糊对应着一个与不确定关系相容的最小能量状态，由此定义了所谓的振子的零点涨落。

根据玻尔的互补原则，在移动狭缝的思想实验中，这些不可避免的涨落使得对条纹的观察与对狭缝运动的探测互不相容。这些限制只适用于超轻的、原子大小的物体。对于由巨量原子组成的宏观物体来说，普朗克常数的微小使得量子涨落可以忽略不计。真实的干涉仪的狭缝不会产生可察觉的移动，我们观察到干涉现象时也不会知道粒子的轨迹。移动狭缝实验只是一个理想化的思想实验，它的实现在当时是不可想象的。如今情况发生了变化，这类实验的某些版本现在是可以实现的，我们将在后面提到。

量子涨落对于描述电磁场模式也至关重要，因为这些模式同样是振子，这一点在热辐射的研究中已有展现。一个频率为 ν 的电磁场模式在其基态上不包含任何光子，此时它表现出的电磁场涨落所具有的能量等于半个光子的能量，即 $h\nu/2$。这类所谓的真空场涨落对浸浴在该场中的原子具有可检测的效应。其中之一就是它们所造成的氢原子能级的兰姆移位。

一个处于其基态的振子，无论它是一个场还是一个力学系统，都具有一个完全随机的相位，而其能量是完全确定的，因为其量子数等于零。为了获得一个相位，振子在能量上必须具有一个不确定度，也就是说要被激发为多个不同量子数的态的叠加，这些量子数分布在它们的平均值 $\bar{n}$ 附近的区间 Δn 之内。根据海森堡时间 – 能量不确定关系，Δn 越大，振子的相位就越精确。实际上，振子的能量涨落 ΔE 等于 $h\nu\,\Delta n$，而它的相位经过一个给定值时的时刻涨落 Δt 则为这个相位引入了一个不精确度 $\Delta\varphi = 2\pi\nu\,\Delta t$。然后我们就可以从不等式 $\Delta E \times \Delta t \geqslant h$ 中推导出乘积 $\Delta n \times \Delta\varphi$（等于 $\Delta E \times \Delta t/h$）大于或等于 1。因此，$\Delta\varphi$ 和量子数的相对不确定度 $\Delta n/\bar{n}$ 的乘积至少等于 $1/\bar{n}$。一个最接近于经典系统的振子状态会同时拥有最优化的能量和相位，在这样的平衡下这两个量的不确定度都等于 $1/\sqrt{n}$。

在经典极限下，光子或振动量子的数量是巨大的，从而数量 $1/\sqrt{n}$ 可以忽略不计。此时我们回归到了牛顿物理学的"确定性"，振子的振幅和相位可以以任意的精度被定义。在少量光子或振动量子的情况下，量子颗粒度不再可以忽略，数量 $\Delta n/\bar{n}$ 将变得可观，量子相位涨落 $\Delta\varphi$ 也一样，二者的数量级均为 $1/\sqrt{n}$。我们稍后会看到这样的例子。

爱因斯坦在 1927 年位置和动量之间的不确定关系之争中败北后，又在 1930 年的索尔维会议中卷土重来，对能量和时间之间的不确定关系问题提出了挑战。他向玻尔展示了一个思想实验，该实验看似违背了海森堡的不等式 $\Delta E \times \Delta t \geq h$。当然，在一个受激原子自发发射一个光子的情景中，这一不等式是被很好地遵守的，但这可能是由于实验者没有控制光粒子的随机发射。爱因斯坦设想了一个巧妙的装置，即本章开头描述的著名的光子盒，伽莫夫为之制作的模型如今展览在尼尔斯·玻尔研究所的陈列柜中。这个盒子原则上能够在一个定义良好的时刻释放光量子。为了测量盒子中包含的电磁

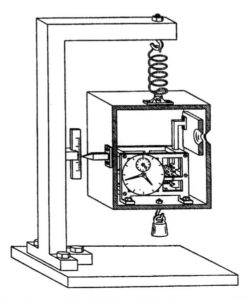

图 5.10 尼尔斯·玻尔设计的光子盒。伽莫夫正是据此"制造"了一个光子盒，并在 1930 年圣诞节送给了爱因斯坦和玻尔（见图 5.1）（尼尔斯·玻尔档案馆，哥本哈根）。

能量，盒子在地球引力场中被悬挂于一只弹簧上，这样称重这只盒子时就像称重一件普通物品一样，只需要观察连接在盒子上的游标相对于刻度尺的移动。为此，就必须承认质量和能量之间的等价关系以及广义相对论中的惯性质量和引力质量之间的等价关系。

因此，该实验将新的量子物理学与相对论结合了起来，对后一个物理学领域爱因斯坦可谓了如指掌。这个盒子具有反射性完美的内壁，允许光子在没有损失的情况下反弹，因此整个系统的能量是守恒的。为了控制单个光子的发射，盒子里安置的一个时钟可以激活一面内壁上的快门开合，开合的极短时间间隔可以通过时钟指针位置来测量。通过在快门打开之前和关闭之后对盒子进行称重，我们就可以确定失去的能量值，也就是逃逸的量子的数量。在光子离开前后，我们可以选择在任意时刻进行这种测量，这样一来，由实验者决定的盒子开合时间间隔 t 可以任意短，与此同时似乎没有什么能限制我们所确定的盒子储能 E 的精度。

海森堡的时间 - 能量不确定关系似乎面临了一个严重的问题。根据与会者的讲述，玻尔无法立即回答爱因斯坦的问题，从而显得寝食难安。这个丹麦人在经历了一个不眠之夜后找到了能拯救量子物理学的有力回击：爱因斯坦忘记了考虑他自己的广义相对论，从而忽略了盒子里的钟所测得的时间的膨胀！

让我们在不考虑细节的情况下总结一下玻尔的推理，这一点伽莫夫已经写在了他的光子盒所附带的小黑板上。光子离开盒子时所导致的盒子储能 $E = mc^2$ 的变化等价于盒子质量的变化，这将导致弹簧上受到一个合力，且该力具有一个不确定度 ΔF，与我们试图确定的质量的不确定度 Δm 成正比。力的不确定度与盒子所获得的动量的不确定度 Δp 有关，F 和 p 之间的关系就是简单的牛顿定律，即单位时间内 p 的变化等于施加的力。根据海森堡的位置和动量之间的不确定关系，p 的不确定度与称重盒子的游标的垂直位置的不确定度 Δz 联系在了一起。

综上，一个直接的关系链将我们试图确定的质量的不确定度 Δm、光子盒在打开快门时获得的动量的不确定度 Δp 以及连接在盒子上的游标高度的不确定度 Δz 联系了起来。正是在推演到这一步的时候，广义相对论发生了作用。如果盒子在地球引力场中的高度发生了变化，那么时钟测量的时间也发生了变化。用于测量快门开关时间间隔的时钟的快慢依赖于 z，而量子不确定度 Δz 会影响快门开放时间的不确定度 Δt。接下来，一个简单的计算让玻尔能够将 Δm 与 Δt 联系起来，并找到了形式为 $\Delta mc^2 \times \Delta t \geq \hbar$ 的不确定关系。广义相对论拯救了海森堡的不确定关系！见证了玻尔的胜利的旁观者们强调了当时情形的讽刺性：爱因斯坦被人发现在相对论上犯了一个错误，这一理论是他心爱的孩子，而正是这个理论保住了量子物理学的自洽性，这让他深感难受！

从先验的角度来看，量子物理要依赖于广义相对论才能得到这样的验证，这可能看似令人惊讶，尤其是目前仍没有一个模型能够将这两种理论以一种普适的方式结合起来。然而，这并不奇怪。在设想他的实验时，爱因斯坦自己已经定义了分析实验的框架。狭义相对论的质能等价性和惯性质量与引力质量的等效原理在此扮演了至关重要的角色。在引力场中，作为位置的函数的时间膨胀是一个不可避免的结果，这一点在上一章中描述的旋转圆盘思想实验中已有展示。因此，将这种影响纳入盒子附带的时钟所测量的时间中是一个完全合理的手段，就算是我们为了确保物理学的自洽性，这也是必不可少的。目前还没有任何理论可以在黑洞的极端引力情况下描述量子层面的问题，但这对于这里所讨论的实验来说并不是一个问题，因为该实验只依赖于广义相对论在极弱场情况下的表现，此时它可以用经典方式描述。

量子纠缠

1927 年和 1930 年的思想实验包含了量子纠缠概念的种子，这个概念在 1930 年代占据了爱因斯坦的注意力，促成了他对量子物理学的最后贡献。为了解释这类实验，需要被描述为量子对象的不仅是被研究的粒子，还包括与粒子相互作用的实验仪器。在移动狭缝的实验中，狭缝和粒子形成了一个不可分割的整体，二者的物理参数是紧密关联的。在双缝被通过后，系统在两种截然不同物理情况的叠加中演化：一种是粒子通过了底部狭缝而顶部狭缝没有移动，另一种是粒子通过了顶部狭缝，使之开始振荡。当粒子最终在双缝后方被检测到之前，粒子与双缝的距离可以被想象为是任意大的，此时系统的这两个部分处于一个联合的量子态，被称为纠缠态。对于用经典方式思考的人来说，这种纠缠具有奇怪的性质。

如果我们观察狭缝，我们会发现它要么静止，要么处于振荡状态，两种情况是等概率的。在第一种情况下，即使还没有检测粒子，我们也能肯定地知道粒子是由从底部狭缝发散的波所描述的，而在第二种情况下，我们能确定粒子与从顶部狭缝发散的波相关联。我们甚至可以通过修改实验装置来确认这种完美的关联。对于光子来说，只需将检测屏幕换成一个为双缝成像的透镜，并将两个检测器放在双缝成像处。这样一来，如果我们看到顶部光缝保持静止，光子就总是到达静止狭缝成像处的检测器；而如果看到顶部光缝移动，情况则相反。

两个系统在相互作用又分离后所形成的交织状态是非常特殊的。对每一半的描述都不能再独立于另一半。整体的量子态携带了二者联合的信息，然而却不含有任何一半被单独考虑时的信息。粒子落在一个或另一个检测器上的概率是相同的，所观察到的狭缝的动或不动的概率也是相同的。以上结果中的哪一个会被实验观察到是不可预测的。纠缠的量子态所携带的唯一信息是，这两个结果总是相互关联的。处于多态叠加中的不再是单独的粒子本身，而是粒子与携带其轨迹信息的狭缝共享了这种叠加态。

这种共享解释了干涉条纹的消失。即使没有观察者去观察可移动的狭缝，我们总是可以假设它的状态被记录在某种寄存器中，可以在未来的任何时间被读取。这一简单的可能性迫使粒子根据这种准测量的结果通过一个或另一个狭缝。这与一个狭缝或另一个狭缝对每个粒子随机关闭的情况没有本质上的不同，在这种情况下我们知道干涉不能发生。粒子与另一个系统共享了其量子态，这一简单的事实导致粒子原先同时走两条轨迹的量子叠加态被一个经典状态取代了。现在，与粒子相关联的波来自于一个狭缝或另一个狭缝，而不再是一个轨迹和另一个轨迹的叠加，而干涉也消失了。

因此，量子纠缠在解释互补原理方面扮演着一个至关重要的角色。只有在粒子的轨迹信息没有被泄露到可以记录这种信息的环境中时，粒子波动的一面才能被观测到。如果发生了这种信息泄漏，所考察的粒子就会与它的环境纠缠在一起，干涉效应就会被破坏。系统会被迫遵循由泄露到环境中的信息所决定的经典轨迹。正是这种现象解释了为什么量子粒子会在气泡室或火花室中留下具有精确轨迹的痕迹。粒子与室内的液体或检测器的导线产生的电势持续发生相互作用，迫使它们选择一个特定轨迹，同时消解了粒子行为的波动的一面。

爱因斯坦对 1927 年和 1930 年的思想实验的分析驱使他对量子纠缠产生了思考，这导致他在 1935 年产出了一篇著名的论文，论文的合著者包括他的助手鲍里斯·波多尔斯基（Boris Podolsky）和纳森·罗森（Nathan Rosen），此文后来被简称为 "EPR 论文"。在论文中，爱因斯坦和他的同事们设想了两个粒子在没有相互作用的情况下沿 Ox 轴两个相反的方向运动。在某一给定的时刻，这两个粒子处于某种特殊的叠加态中，处于这一叠加态中的两个粒子以相等的概率拥有所有可能的动量值，同时它们的动量永远相反。根据量子物理定律和傅里叶变换的性质，系统的空间波函数会体现出粒子位置的完美关联，它们的间距恒为 x_0。在这一纠缠对所描述的情形中，信息包含在两个粒子之间关联中，同时单个粒子的位置和动量都是不确定的。如果一个粒子的动量被测为 p_1，则另一个的就是 $p_2 = -p_1$。如果一个粒子的横坐标被测为 x_1，则另一个的就是 $x_2 = x_1 + x_0$。虽然根据海森堡不确定原理，每个粒子的位置和动量不能被同时确定，但 $p_1 + p_2$ 和 $x_1 - x_2$ 这两个量是可以被同时完美确定的。

这种情况可以与一种经典的情况进行比较：设想两个相同的台球以相同的速度彼此靠近，它们发生对头碰撞后沿着相反方向彼此远离。根据经典力学的守恒律，从两球的静止坐标系看，二者的位置和动量在它们的整个运动过程中永远相反。二者动量的关联与 EPR 的情况相同。至于两球位置的关联，现在定义它的不再是两球的坐标之差，而是坐标之和（$x_1 + x_2 = 0$）。尽管如此，量子物理的情况具有本质的不同，EPR 粒子不像台球，后者遵循着有良好定义的轨迹，而前者在被测量之前，其所处的叠加态中本质上不存在位置和速度的状态。没错，玻尔所主张的量子物理学的哥本哈根诠释断言，位置和动量在被测量之前不具有物理现实，它们的数值只有在用于测量速度或位置的设备给出一个准确的结果时才会成为现实，才获得了意义。正是这一论点使玻尔在 1927 年与爱因斯坦的讨论中将杨氏实验中光子或电子通过了哪条狭缝视为没有意义的问题，从而不作考虑。

在 EPR 论文中，爱因斯坦再次尝试提出了一个看似有道理的论点。如果这两个粒子彼此相隔很远，其中一个归爱丽丝，另一个归鲍勃，那么如果爱丽丝想知道她的粒子的位置，她并不需要测量。在她不接触该粒子也不与其发生相互作用的情况下，她只需要请求鲍勃对他的粒子进行位置测量，然后通过电话或者无线电将测量的结果告诉她。然后她就会知道她的粒子的位置。同样的手续也适用于对动量或者速度的测量。在爱丽丝不接触她的粒子的情况下，鲍勃所做的测量会给她相应参数的值。当然，由于不确定原理，鲍勃不能同时测量粒子的位置和动量。对其中一个量的测量将干扰对另一个量的测量结果。

爱因斯坦不再质疑量子物理学的这种局部属性，但他主张，如果对粒子所具有的这些物理量中的任何一个的测量结果可以在不与粒子发生任何相互作用的情况下知道，那么这个值就应该是他所谓的"实在要素"，在进行任何测量之前就实际存在。在生成这对粒子的时刻，一定发生了某些事情，从而固定了这些参数在后来的测量中所取的数值。量子不确定性必定会以某种方式约化为一种经典的不确定性，后者是一种对系统中的隐含参数的无知，而对两个粒子之一的测量在不接触另一个粒子的情况下所确定的参量必然就是这种隐含参量。这一推论让爱因斯坦断言，量子物理学对微观世界的描述是不完备的，一定存在它目前无法描述的隐变量。

哥本哈根诠释所包含的物理上非定域的行为令爱因斯坦强烈不满。对他来说，在时空的单个点上考虑测量结果时，承认"上帝掷骰子"已经很困难了。如果这种概率性居然不是定域的，那就更难接受了。这也就是说，鲍勃做的单次测量所获得的随机结果必然会立刻影响到爱丽丝所观察的关联参数的值，这对他来说似乎是不可想象的。

　　然而，在玻尔的一篇文章中，他回应了 EPR 论文所建立的论点，其中他所支持的正是以上主张。由空间上分离的部分所组成的量子系统在物理上形成了一个不可分割的整体。相互关联的物理量在它们之间存在距离时，只有在对系统的一个部分进行测量后，才会在整个空间中成为物理现实。这种结果的揭示被称为态的量子**坍缩**，是一种非定域的信息获取现象。无论这些测量是同时的还是以任意时间顺序进行的，关联必然永远成立，且不用借助隐变量的存在。玻尔凭直觉认为不可能有这样的隐变量，它们若存在将使整个量子理论的体系受到质疑。

　　直到 EPR 论文发表 30 年之后，这一让爱因斯坦和玻尔产生分歧的问题才得以用实验可验证的方式提出。1964 年，在这场辩论的两位主角都已经去世后，爱尔兰物理学家约翰·贝尔（John Bell）重新思考了隐变量的问题。他从 EPR 思想实验出发指出，如果我们测量的不只是两个共轭变量，比如 x 和 p，而是这些量的一组可观测的组合，就可以证明含有隐变量的理论无法描述量子物理学所预测的概率幅的干涉效应。

　　为此，贝尔建立了一个数学不等式，如果隐变量存在，相互关联的测量结果的概率之和就必须满足该不等式，而量子物理学的预测则会违反这个不等式。1972 年，美国物理学家约翰·克劳泽（John Clauser）首次尝试测试贝尔不等式。他测量了纠缠的光子对的偏振之间的关联，发现结果与量子理论的预测一致。然而该实验受到了质疑，因为光子的偏振是事先确定的，这样就不能排除一个测量对另一个测量产生因果影响的可能性。1982 年，我在奥赛大学的同事阿兰·阿斯佩（Alain Aspect）对这一实验进行了一个关键性改良。他同样对纠缠的光子进行了操作，但他会随机切换放置在光探测器前的起偏器的方向，每次切换的耗时比光从一个探测器到另一个探测器的传播时间更短。他的实验证实，贝尔所设想的这一类型的不等式确实被违反了，证明了玻尔观点。在此之后，这一结果被众多日益精确的实验所证实，其中尤为突出的是奥地利物理学家安东·塞林格（Anton Zeilinger）和瑞士物理学家尼古拉斯·吉辛（Nicolas Gisin）所做的实验。

　　有一种论点有时被用来否认波函数能在相隔很远的两点上瞬间坍缩，该论点认为这将违反相对性原理和因果律。事实上，情况并非如此，爱因斯坦本人从未使用这一论点来挑战哥本哈根的观点。相对论不允许信息在两点之间以大于光速的速度传递。然而，非定域量子测量所得的完全随机的结果并不传递任何信息。信息完全包含在爱丽丝和鲍勃观察到的结果之间的关联中，而这种关联只有在两个观察者交换他们的观察结果时才能显现。这种交换必须通过经典手段（比如电磁信息）来完成，因此服从相对性原理。量子物理学中的非定域性关联很奇怪，它们构成了爱因斯坦所说的"鬼魅般的超距作用"，但它们并不违反任何物理学原理。

让我们再次回到杨氏双缝实验，这次我们要提到的最后一种实验变体是由美国物理学家约翰·惠勒（John Wheeler）设计的，他也是"黑洞"一词的发明者。惠勒深入思考了杨氏实验所揭示的古怪世界，在这个世界中，一个物理系统在被测量之前可以在不同的现实之间悬而不决，他据此设想了一个新版本的干涉实验，其中的光子不必在"同时通过一个和另一个狭缝"或者"通过一个或另一个狭缝"之间进行选择，甚至在已经通过双缝之后也不必选择！让我们来分析一下这一延迟选择实验。假设现在两条狭缝都是固定且开放的（不再有移动狭缝存在），在双缝之后，我们可以放置干涉检测屏，也可以放置一个为双缝成像的透镜，其所成的像位于距离双缝更远的一个平面内，在该平面内我们放置两个探测器对成像的光子进行计数。

这种在检测屏和透镜之间的选择是随机的，并且非常迅速，选择的时机被设置在光子已经通过两个狭缝、在干涉仪内部空间自由传播的时候。简单来说，光子在通过双缝时并不"知道"它们应该处于叠加态（这将导致随后在它们的路径上放置一个屏幕时观察到明暗交替的条纹），还是应该遵循某种穿过一个或另一个狭缝的轨迹（当检测屏被透镜取代时，这将导致它们确定地到达两个探测器之一）。

根据哥本哈根诠释，光子的波函数不需要做选择。到底是确定的轨迹还是波，这一两难抉择甚至在光子已经通过双缝后也是不存在的，除非光子被要求回答这个具体的问题，这在实验中对应于在两个设备之间进行随机切换。根据所提出的问题的不同，我们始终会观察到两种结局，要么是一个二元的结果（光子到达一个或另一个探测器），要么是波动行为（光子只会到达挡在其路径的屏幕上的亮条纹，而永远不会到达暗条纹）。

惠勒在 1980 年代所设想的实验，在 2007 年由让－弗朗索瓦·罗克以一种不同的形式实现了，后者使用了一种不同类型的干涉仪，但是实验遵循相同的原理。该实验给出的结果与哥本哈根诠释完全相容。即使让量子粒子做出一个延迟的选择，它也永远不会出错。无论粒子最终面对哪个版本的设备，它永远"准备"了符合量子物理学奇怪预言的结果。

薛定谔的猫与经典–量子之间的边界

在众多的思想实验中，我们不能不提及迄今最著名的一个：薛定谔的猫。在 1935 年的一篇文章中，薛定谔首次明确地讨论了纠缠的概念（他也是首次为其命名的人，用的是德语 Quantenverschränkung），这位奥地利物理学家顺道想象了一只被关在含有一个盒子里的猫的命运。这个盒子里除了猫以外还有一个受激原子，这个原子回到其基态时，会发射辐射、光子或放射性粒子，从而触发一个能够杀死这只猫的装置（打开一个装有毒药的小瓶，或向这只可怜的小动物开枪，诸如此类）。这一致命事件可能发生在受激原子寿命周期中（我们假设这一寿命周期很长）的任一时刻。在这一时间间隔内，在打开盒子查看里面发生的事情之前，量子物理学将这个原子的状态描述为激发态和发射粒子之后的基态的叠加。因此，与原子相互作用的猫也必然处于活着的状态和由杀手粒子引发的过程导致的死亡的状态的叠加。

这里的问题在于，哥本哈根诠释在这种极端情况下是否有效。我们是否必须承认猫的状态在被观察到之前并不具有物理现实？这只可怜的动物是否在两个非常不同的经典现实之间悬而不决？这两个现实是否甚至还会产生干涉现象？薛定谔并不这么认为，他只是把这个实验描述为一个反例，以说明当人们严格拘泥于量子理论的预测时所能得出的荒谬结论。

这只不幸的猫的情况与杨氏实验中的移动狭缝的情况没有本质的不同。后者与通过双缝的光子进行相互作用，在这种影响下的移动狭缝与猫一样在

图 5.11　薛定谔之猫的思想实验示意图（维基共享资源）。

两种现实之间悬而不决（它振荡，同时又不振荡）。薛定谔的犀利之处在于，他没有用平平无奇的、带有狭缝的振子举例子，而是把量子奇异性和纠缠的概念与一只活生生的动物——猫——联系了起来，对于读者来说，移动狭缝的状态无法令人共情，而猫咪的命运显然更能牵动人心。

　　这一思想实验除了被用于定义纠缠的概念以外，还引发了关于经典世界和量子世界之间边界的问题。在本章所描述的所有思想实验中，我们都假定所使用的设备对量子现象敏感，也就是对非零的普朗克常数敏感。杨氏实验的移动狭缝必须非常轻，才可以在仅仅被光子或电子轻触时产生反冲，光子盒也是如此，所以它可以在单个光子逃逸时产生可测量的反冲。

　　超过一定的尺度，量子效应就会变得模糊，从而纠缠必然以某种方式消失，或至少被掩盖了起来。在薛定谔之猫这样戏剧性的例子中，情况也是如此。在所考察的系统尺度增大时，量子现象会消失，这种消失被称为退相干。为了理解这一概念，我们需要分析量子系统是如何与其环境纠缠在一起的，近期的一些实验使我们有可能对其进行详细研究，这些我们将在后文中看到。

　　在 1920 年代和 1930 年代的思想实验分析中所发现的量子物理学的怪异法则，最终被绝大多数物理学家所接受，他们将这些法则应用于物质微观属性的研究，并取得了我们已经知道的众多成果。1930—1980 年代的物理学家们与爱因斯坦这类人相反，后者专注于量子世界的光怪陆离，而前者遵循"闭嘴，去计算"的座右铭，对理论的诠释并不会提出过多的问题。其中的部分原因是，他们只能直接观察到包含非常大量粒子的系统，不管是原子、分子还是电子。在这样的尺度上，量子现象，比如量子跳跃或态叠加效应，只会在统计学上表现出来。此时可以将波函数视为一个提供大量粒子样本测量结果的概率信息的数学量，就像自 19 世纪以来经典统计物理学所做的那样，这通常也就足够了。

波函数的概念是否如众多思想实验中所描述的那样在单粒子层面仍然适用？这个问题对于理解原子、分子或固体的物理学，或涉及宏观大小的反应物的化学反应过程并不重要。而当在一个实验中可以记录单个粒子的存在时，记录的形式是气泡室或火花室中的簇射轨迹，对此我们显然可以使用经典描述。

众多思想实验所分析的微妙之处源自我们试图为一个孤立量子系统的波函数赋予的诠释，这种微妙之处仍然是当时的实验所无法企及的。这无疑就是薛定谔论及"荒谬的后果"时想要表达的意思（如前文所述，薛定谔把量子物理学在处理单粒子时所预测的结果描述为"荒谬的后果"）。对许多物理学家来说，这样的实验将永远不可能实现，所以没有必要进一步去问它们到底意味着什么。这种情况在 1980 年代发生了变化，此时技术的进步使得在实验室里操纵孤立的量子对象成为可能，"赤裸"的量子得以在实验中展现，这些实验将是后两章的主题。激光在这些实验中扮演了一个关键角色。光就这样再一次地照亮了物理学，使其向着新的方向发展，直接揭示了思想实验所想象的奇怪世界。

在描述这些实验之前，让我们在现代物理的黎明中驻足片刻，回顾之前四章中所描述的光的历史。我们必须注意到，随着时间的推移，这段历史的中心已经发生了变化。19 世纪和 20 世纪早期的伟大发现主要是在欧洲发生的，但随着时间的发展，美国作为知识发展中心的地位已经变得越来越重要。在美国南北战争之后，它的工业和商业力量的崛起也伴随着科学的繁荣，1865 年美国国家科学院的成立就是一个标志，这是在伦敦皇家学会和巴黎科学院成立两个世纪之后。

不论是托马斯·爱迪生（Thomas Edison）发明的电灯泡和亚历山大·格拉汉姆·贝尔（Alexander Graham Bell）发明的电话，还是在更基础层面上的、迈克尔逊的干涉测量实验和吉布斯的热力学理论工作，这些都表明 19 世纪末的美国已经成为了一支不可忽视的科技进步力量。在更契合我们话题的领域中，密立根关于光电效应的实验以及戴维孙和革末关于电子衍射的实验都在量子物理概念兴起时扮演了很有助益的角色。除此之外，我们还必须加上美国人阿瑟·康普顿（Arthur Compton）在 1922 年关于电子散射 X 射线和伽马射线的实验，他的实验最终让物理学家们相信光子是真实存在的。

尽管如此，在 1920 年代，欧洲特别是德国的优势地位仍然非常强大。彼时，学生和年轻研究人员依然会跨越大西洋向东来到欧洲学习。磁共振之父，美国人伊西多·拉比年轻时在 1920 年代早期来到汉诺威，向奥托·施特恩（Otto Stern）学习分子束技术。几年后，拉比的学生、后来的原子弹之父罗伯特·奥本海默（Robert Oppenheimer）也去了德国，与马克斯·玻恩和维尔纳·海森堡一起工作。

1930 年代初，纳粹主义的兴起和对德国犹太科学家的迫害使得科学的重心向大西洋的彼岸转移。爱因斯坦于 1933 年离开柏林定居普林斯顿就是一个象征性的标志。跟随他的还有许多科学家，包括我们在本章中见过的奥托·施特恩、恩里科·费米和乔治·伽莫夫。第二次世界大战结束后，情况已经发生了相对逆转。美国至今仍然维持着全球领先的地位，但在对光的研究以及和其他众多领域里，欧洲这个科学的摇篮已再次成为了光芒四射的研究中心。法国秉承着自菲涅耳以来在光学领域形成的强大传统，是欧洲的一股主要力量。

随着以中国为首的远东国家的科学发展，另一股竞争力量如今正在东方兴起。现代科学自 16—17 世纪诞生以来就是一场无国界的全球性活动。它在世界范围内的发展就是一个明证。从最早开始，分配给科学研究的资源就反映了支持科学研究的国家的经济实力和雄心。希望在这场日益激烈的竞争中，作为科学诞生地的旧大陆能有足够的决心和资源在获取知识的伟大冒险中继续发挥出重要的作用。

第六章

激光、光子和巨型原子

2012 年，我和我的同事兼好友戴维·维因兰德（David J. Wineland）共享了当年的诺贝尔物理学奖，获奖原因是："开发能够测量和操纵单个量子系统的开创性实验方法。"这些获得诺奖认可的实验工作在实验室中实现了量子理论的奠基者们在 1920—1930 年代所想象的部分思想实验，对此我在上一章中进行了描述。我们二人的研究小组，一个在巴黎，一个在科罗拉多州的博尔德，我们早期的实验可以追溯到 1980 年代，距爱因斯坦和玻尔在索尔维会议上的争论已经过去了半个世纪。此时的技术进步，特别是激光的发展，使 20 世纪早期的伟大物理学家们的梦想成为了可能：通过操纵单个量子粒子来直接揭示世界在微观层面上的奇怪逻辑。

　　就我而言，这场冒险大约可以追溯到距此更早的 20 年前，起始于我的科研训练时期，对此第一章已有描述。与所有的基础研究一样，好奇心和对了解大自然的渴望是我和我的研究小组的首要驱动力。我们所走过的是一条曲折的道路，充满了难以预料的结果、意外以及不时的失败。尽管我们研究的大方向从一开始就很明确——利用光来更深入地了解原子世界，但我们最终实现的目标——在不破坏光子的情况下操纵和测量单个光子——是在经历了长时间的不确定后才逐渐明朗的。我将在本章中描述这段漫长探索的开始。

被光子所缀饰的原子

这场冒险开始于我在克洛德·科恩－塔诺季指导下的硕士论文工作。在第一章中我已经概述了开启我科研生涯的实验。利用传统灯光，我使汞原子核的角动量（可以简单称之为自旋）获得取向，继而研究它们在射频场作用下的舞蹈。每个自旋都有两个态，记为 + 和 –，它们的能量分别为 E_+ 和 E_-，对应的磁矩方向与施加在原子上的静磁场 B_0 方向呈平行或反平行。能量差 $E_+ - E_-$ 与磁场的大小 B_0 成正比，相应的跃迁频率 $\nu_0 = (E_+ - E_-)/h$ 被称为拉莫尔频率，在强度为 1 高斯或 10^{-4} 特斯拉的外场中（地球的磁场约为 0.6 高斯），这一频率等于 760 赫兹。

此时若有另一个磁场 B_1 在垂直于 B_0 的平面上以拉莫尔频率 ν_0 旋转，就会引起自旋的上下翻转，从最初的 + 态取向变化到 – 态取向，之后又回到 + 态，这种自旋所遵循的正弦式演化被称为拉比振荡。这一周期性现象的名称源于美国物理学家伊西多·拉比，他在 1930 年代发现磁共振时首次观察到了这一现象。拉比振荡的频率 ν_R 与射频场 B_1 的振幅成正比，且与拉莫尔频率 ν_0 相区别，后者与静磁场 B_0 的大小成正比。

每个原子的粒子自旋是一个只能取离散数值的量子可观测量，射频场也是如此，在这类实验中，构成射频场的就是众多波长很长的光子（1000 赫兹频率对应波长 300 公里）。尽管物质和场都具有本质的离散性，但自旋舞蹈的物理机制却可以采用经典描述。实际上，我们所观察的是数十亿个自旋在我们的共振气室中的同时演化，而引发这种演化的射频场每秒输运上百亿亿个光子。此时任何量子颗粒性都是完全无法观察到的。因此，在我的学生时期，自拉比开创性的工作以来所进行的所有磁共振实验都是用经典图像描述的。

然而，克洛德凭直觉认为值得认真对待我们实验中颗粒性的一面，并要求我去描述它们，这种描述所涉及的量子态需要明确包含原子和场二者的贡献。我们采用了玻尔用于描述单个原子和电磁场之间进行能量交换的基本图像，并首先关注处于较高能量状态 + 的自旋在光子真空中的情况。我们用符

号 $|+,0\rangle$ 来表示原子和场的共同状态，$|\rangle$ 括号中的第一个符号用于指代原子的状态，第二个符号指代场的状态（0 个光子）。这一符号由保罗·狄拉克在 1920 年代引入，用来泛指一个量子态。当原子通过发射一个射频光子而从 + 翻转到 – 时，系统从 $|+,0\rangle$ 态演化为 $|-,1\rangle$ 态，此处的符号显含了原子和场各自的状态。

在这种情况下，单纯的拉比振荡就对应于在 $|+,0\rangle$ 和 $|-,1\rangle$ 两态之间的来回翻转。这两种状态对于原子和场的整体系统来说并不是定义良好的能量状态。如果是的话，它们将永远停留在各自的状态上，这是时间和能量的不确定关系的必然结果。而这一问题的定态，即所谓的能量本征态，是组合而成的状态 $|H_0^+\rangle = |+,0\rangle + |-,1\rangle$ 和 $|H_0^-\rangle = |+,0\rangle - |-,1\rangle$，各自均为两个状态 $|+,0\rangle$ 和 $|-,1\rangle$ 的叠加，叠加概率幅前者同号后者反号。$|H_0^+\rangle$ 和 $|H_0^-\rangle$ 两态的能量之差是一个大小为 ΔE_0 的能量间隔，其对应的频率 $\nu_{R,0} = \Delta E_0/h$ 被称为真空拉比频率。

当我们采用了这种视角后，拉比振荡就表现为一种量子干涉现象。系统整体的初始状态 $|+,0\rangle$ 实际上是两个能量本征态 $|H_0^+\rangle$ 和 $|H_0^-\rangle$ 的叠加。因此，在初始时刻，原子和场的整体系统在两个能量不同的量子态之间悬而不决，就像在杨氏双缝实验中，粒子在穿过带有双缝的屏幕时，其所处的叠加态包含了两个不同的经典位置状态。当我们在稍后的时刻 t 测量原子的自旋时，我们会以一定的概率得到结果 + 或 –，这个概率源自初始状态分量 $|H_0^+\rangle$ 和 $|H_0^-\rangle$ 的两个相应振幅的干涉。这两个振幅的相位差在时刻 t 为 $2\pi\nu_{R,0}t$，这导致检测到原子处于 + 态或 – 态的概率会随时间振荡，这就像在杨氏条纹中，两个振幅的相位差会导致在检测屏幕的不同位点上发现粒子的概率在空间上振荡。现在空间上的干涉变为了时间上的干涉，但二者在物理上是相似的，并且它们都基于完全相同的方程式，只不过在杨氏实验中的位置和动量变量在拉比实验中被时间和能量变量取代了。

我们仍有一个问题需要解决。0 光子态和 1 光子态之间量子振荡的频率取决于一个基本参数，即真空场量子涨落的振幅，它决定了拉比频率 $\nu_{R,0}$。对于我们实验极低频率的射频场来说，这些涨落的振幅是如此之小，以至于

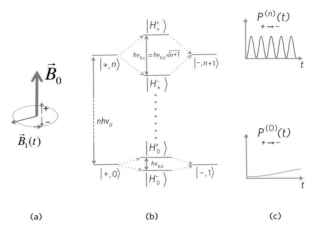

图 6.1　缀饰原子理论中的拉比振荡。(a) 场的构型：自旋态 + 和 − 分别指向与静态磁场 B_0 的方向平行和反平行的方向。圆偏振的射频场 B_1 在垂直于 B_0 的平面上以拉莫尔频率 ν_0 旋转，从而在 + 态和 − 态之间引发了拉比频率为 ν_R 的自旋振荡。(b) 缀饰原子的能级：在原子 + 光子的系统的基态上，$|+,0\rangle$ 态和 $|-,1\rangle$ 态之间的耦合生成了一对"缀饰"态 $|H_0^+\rangle$ 和 $|H_0^-\rangle$。这两个态之间的能量间隔所对应的就是真空拉比频率 $\nu_{R,0}$。该图还显示了在缀饰原子能级结构中处于能量 $nh\nu_0$ 附近的部分，这对应于一个非常大的光子数 n。缀饰态 $|H_n^+\rangle$ 和 $|H_n^-\rangle$ 之间能量分裂对应于拉比频率 $\nu_{R,n} = \nu_{R,0}\sqrt{n+1}$（能极图的比例并不严格，实际上拉比频率的放大系数 $\sqrt{n+1}$ 是巨大的）。(c) 如果系统从某一对缀饰态的叠加开始演化，在与之相关联的量子干涉的作用下，自旋处于 − 态的概率 P (t) 会是时间的函数，这个概率随着自旋在 + 态和 − 态之间的翻转而在 0 与 1 之间振荡。在真空的情况下（下方的曲线），这种振荡是如此缓慢，以至于它在实践中无法被观测到。当射频场含有的光子数量 n 非常大时（上方的曲线），概率振荡周期在百赫兹量级，是可观测的（这里呈现的 $n=0$ 和 n 非常大的情况下的两种演化的时间轴并未采用同样的比例）。

能量间隔 ΔE_0 和其相应的拉比频率 $\Delta E_0/h$ 也非常小，这导致自旋翻转耗时极长，在我们实验的时间尺度上是完全无法被观测到的。那么我们所测量到的拉比频率又是怎么来的呢？事实上，我们观察原子磁矩的集体演化时，原子并不处于真空场，而是处于一个含有大量光子的射频场。为简单起见，让我们考虑一个数值非常大但定义明确的数字 n，此时所有先前的分析仍然有效，只不过我们现在所描述的是系统整体在 $|+,n\rangle$ 态和 $|-,n+1\rangle$ 态之间的演化，相应的自旋在有 n 个和 $n+1$ 个光子存在时分别处于 + 态和 − 态。于是系统整体的能量本征态就变成了 $|H_n^+\rangle$ 和 $|H_n^-\rangle$，各自均为 $|+,n\rangle$ 和 $|-,n+1\rangle$ 两态的叠加。本征态之间的能量差值 $\Delta E_n = \Delta E_0\sqrt{n+1}$，与光子数加一的平方根成正比，这导致光子数非常大时，拉比频率为 $\nu_{R,n} = \nu_{R,0}\sqrt{n+1}$，这一数值在我们当时进行的实验中在百赫兹量级。

拉比频率随场内光子数量的增加而增加，这反映了爱因斯坦在 1916 年发现的受激发射现象（见第四章）。入射在原子上的场越强，该原子随后向该场发射一个额外光子的概率就越大。公式 $\Delta E_n = \Delta E_0 \sqrt{n+1}$ 实际上表达了场的放大现象，这在另一种情境下会导致激光现象。

通过将原子和与之相互作用的场描述为一个整体量子系统，我们在磁共振中引入了被称为缀饰原子的理论，意思是原子被它周围的射频光子云所缀饰（缀饰原子的法语 atome habillé 中，第二个词表示缀饰，因此我取其首字母 H，在上文中以 $|H_n^+\rangle$ 和 $|H_n^-\rangle$ 来表示原子和场的整体系统的能级）。这一命名是克洛德通过与量子电动力学类比后而想到的，后一理论将电子和原子的特性描述为这些粒子被浸浴着它们的真空的量子涨落所缀饰的结果（见第一章）。对于自旋来说，这种缀饰并不是自发的。它是由我们对原子所施加的场所引起的，但原理是相似的。克洛德在自己几年前通过答辩的博士论文中就已经提到了这一类比，那时他发现一个不与原子共振的光场在包含大量光子时可以改变原子能级的位置，这与真空量子涨落造成兰姆移位的机制完全相同。这种光致频移已经是光子对原子缀饰的一种体现。

我在发展这个模型时，只是使它适用于射频，并将其推广到场在不同构型时的多种情况，以涵盖静磁场 B_0 的方向和用于缀饰原子自旋的射频磁场 B_1 的偏振方向的不同取法。这一方法非常普适。对于场的每一种构型，我们需要确定缀饰原子正确的能级，在这些能级的叠加中演化的系统经历着多种路径，我们进而将实验描述为联系着不同路径的概率幅之间的干涉。缀饰原子能级图这一综合性图像立即指出了一些磁共振的经典描述未能明确揭示的新效应。在这个模型的引导下，我发现了几类新的共振和场对原子的缀饰效应，这些都是以前从未被观察到的。

1971 年 6 月，我完成了博士论文的答辩。法国核磁共振的先驱阿纳托尔·亚伯拉罕（Anatole Abragam）是我的答辩委员会成员之一。克洛德很敬佩这位优雅而尖锐的科学家，他是法兰西公学院的教授，大约 15 年前，当他在原子能委员会授课时曾教过克洛德量子物理学和核磁学原理。在答辩会上，我介绍了我对射频光子所缀饰的原子的探索，之后，亚伯拉罕以他特有的讽刺性微笑和优雅的语言问我，我究竟为什么要大动干戈去发展出一整个量子理论工具库用以描述那些已经被电磁场的经典处理方式所完美解释的效应［亚伯拉罕本人在其权威著作《核磁学原理》（*The Principles of Nuclear Magnetism*）中对经典处理方式进行了极好的阐述］。

这个问题在很大程度上是辩述性的，是为了答辩听众而问的，因为克洛德和我之前已经在他面前论述过缀饰原子的优势，解释了我们这种将原子和场对称处理的综合性方法如何使我们对磁共振有了新的认识，如何与量子电动力学理论建立了富有成效的联系，以及这种视角如何指引我们探索出意想不到的现象。我很高兴亚伯拉罕给我这个机会在观众面前重复这些论点，于是我就这样做了。亚伯拉罕随后拓展了他的问题，问我是否可以想象在某些新效应上，场的量子描述不再只是一个有用的技巧，而是不可或缺的存在。换句话说，是否存在一些本质上的量子性现象，其中辐射量子的颗粒性会以一种靠场的经典描述无法解释的方式表现出来？

我回答说，为此，必须将缀饰原子的光子数减少到几个，这样一来 n 个和 $n+1$ 个光子之间的差异就会变得显著。终极的理想条件所对应的情形是 0 个和 1 个辐射量子之间的拉比振荡，这在当时完全是理论上的设想。如果想让原子和场之间的耦合足够强，从而使这种振荡能够在不超过一次可行实验过程的时间间隔内发生，当时的条件还差着至少 20 个数量级，这是做博士论文的短短几年时间所无法达成的。

我在这里所重现的是一场近半个世纪前的交流，我的讲述或许会受到后来学习和研究的影响，从而和当时的情况有所出入。尽管如此，亚伯拉罕当年的挑战——探索必须用电磁场量子化解释的现象——从那天起激励并指引着我的研究。接下来的过程若要以简明扼要的方式来总结，我会说，对我个人而言，这是一场漫长的对数量级的追逐，以求将真空中的拉比振荡周期从几十亿年缩短到几微秒。使这场探索成为可能的仪器是激光，我在做博士论文时没有使用过这种仪器，因此我必须熟悉它。所以，在我服完兵役后，我决定到加州的斯坦福大学进行博士后研究，在阿瑟·肖洛（Arthur Schawlow）的小组工作，他是这种有前途的新光源的发明者之一。

在加州初识激光

与太阳、白炽灯或放电灯等传统光源相比，激光确实为希望探索量子世界的物理学家带来了几个决定性的优势：其辐射的强度和方向性，其单色性和时间上的相干性，最后还有它的高亮度。在过去的半个世纪中，众多基础物理学实验都利用了这些特性中的一个或多个，从而使它们在测量精度和灵敏度、时间分辨率或所探索的现象的温度范围上提高了 10 个或更多的数量级。这种量的飞跃导致性质上全新现象的发现，并开辟了我们当时无法想象的新视角。

激光辐射的单色性和相干性意义是它可以在不受振幅或相位扰动的情况下在数量巨大的光周期上进行振荡，这是由于在放大光的介质中，原子或分子会一致地在同一场模中生成光子。这种由爱因斯坦发现的受激发射现象与传统光源的自发发射相反，在后者中，众多原子独立发射出在频率、发射

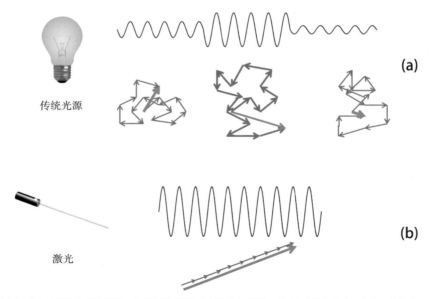

图 6.2 （a）经典原子源的辐射：代表菲涅耳平面内总场的矢量是一系列方向随机的步子之和，这构成了一个无规行走。众多原子迅速并且彼此独立地改变相位（图中显示了三个连续的无规行走构型），这造成了光在振幅和相位上的快速跳变。（b）激光的辐射：众多原子以相同的相位一致地发射。由一串方向相同的连续步子所生成的场，该场具有大的振幅和稳定的相位。

方向和偏振方向上都随机分布的光子。使用菲涅耳发明的表示法（参见第三章），对于激光来说，与不同原子所发射的场的振幅相关联的一系列矢量在菲涅耳平面内朝向一致，从而在相加时产生相长干涉，而在传统光源中，它们指向不同的方向，这些元矢量相加而产生的总场在这个平面上构成了一个无规行走。这解释了为什么激光具有比传统光源更高的强度。至于激光的时间相干性，是由于激光介质中的不同原子能够在长时间保持相同的辐射相位，使总场的菲涅耳矢量具有一个稳定的方向，而在传统光源中，不同原子发射的波列在很短的时间内就会改变相位，该时间与原子的激发态能级的寿命在同一个数量级。这导致与介质中不同原子相关联的矢量的分布会快速变化，从而总场的振幅和相位会随机跳变。

要使受激发射现象占据主导地位，处于激发态的原子或分子的数量必须达到一个临界阈值，以使得受激原子产生的光的放大超过留在基态的原子对光的吸收。激发态通常是由放电或由传统强光源照射放大介质产生的。为了降低激光振荡的阈值，这种介质通常被放置在两个相对的反射镜之间，使光能够多次通过该介质，从而延长了光被放大的路径。两面镜子形成了一个长度为 L 的光学腔，当 L 等于半波长的整数倍时，腔中的场会通过相长干涉逐步建立起来。

随着时间的推移，激光技术经历了可观的进化，导致如今发展出了侧重于优化不同辐射特性的多种激光源。具有气态、液态或固态放大介质的激光器应运而生，日新月异。它们今天的尺寸和功率涵盖了一个极其广泛的范围，从能在很短的时间内产生相当于几个核电站输出的强光的几十米长的巨型激光器，到 CD 或 DVD 播放器中功率为几毫瓦的微小激光二极管。

当我 1972 年去斯坦福大学时，激光仍处于初生期。这种光源具有原子物理学亟需的两个特质：它们的单色性和可调性，这就可以在一个宽大的频谱范围内变化具有明确频率定义的辐射，从而使光的频率与被研究的原子或分子的能级跃迁频率相吻合。最早提供这种可能性的激光器是在阿瑟·肖洛的实验室里由一位年轻的德国研究员特奥多尔·亨施（Theodor Hänsch）开发出来的，在美式英语中他的名字被简称为泰德（Ted）。这种激光使用的放大介质是有机染料分子，这些分子被稀释于一个充满酒精的小玻璃室中。小玻璃室被一个抽运激光器所产生的紫外闪光所辐照，闪光来自激光器中被短促的放电所激发的氮气。

染料激光器的两个镜子之一被一个色散光栅（一块刻满细槽的玻璃基片）所替代。为了粗调染料激光器的波长，我们用一个微米级螺丝使光栅绕一条垂直于激光腔的轴线转动，这就改变了从光栅反射回放大玻璃室的光的颜色（光栅使光依据颜色产生弥散的特性由托马斯·杨发现，在第三章中有讨论）。

为了使光谱变窄，一个具有两个反射性的平行表面的滤光薄片被插入激光腔中。该薄片被称为一个法布里－珀罗标准具，它通过干涉效应滤出了半

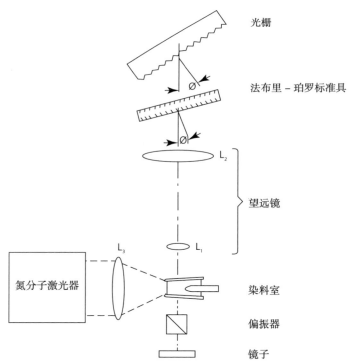

图 6.3　特奥多尔·亨施的第一台染料激光器的示意图。氮分子激光抽运着含有染料的玻璃室。闭合激光腔的底部和顶部分别是一面镜子和一面用于选择波长的光栅。腔体和光栅之间的望远镜增宽了入射到光栅上的光束，提高了其分辨率。一个干涉滤光片（法布里－珀罗标准具）将激光的谱宽变窄。可以加上一个偏振器用于设置光束的偏振 [原图见 T. Hänsch, *Applied Optics* 11 (1972), 895]。

波长的整数倍与其厚度吻合的一系列波长。正如我们在第二章和第三章中所见，薄片的这种颜色特性是由牛顿发现的，然后由杨和菲涅耳做出解释。当转动光栅以对光频率做粗调时，必须使这种转动与法布里－珀罗滤光片的转动同步，以改变通过滤光片的光路长度从而连续驱动滤出的频率。

这提供了一个在几十埃波长范围内的连续频扫。通过改变染料，就可以覆盖整个可见光或近红外光谱。通过让光束穿过对光辐照具有非线性响应的晶体，激光的频率还可以加倍。这一现象是在 1960 年代激光发明后不久发现的。频率为 ν 的强激光在这种晶体的原子中可以诱发出具有 2ν 频率的傅里叶分量的偶极子振荡，在入射激光束的方向上辐射出一个谐波场。

这种光学谐波的生成使激光的辐射光谱扩展到了紫外区间，从而扩大了可能的光谱实验的范围。为了记录光谱，人们可以测量透过含有被研究气体的气室的光的强度，并在激光频率与原子的某个跃迁一致时去检测由于原子对光的吸收而导致的信号的减小。我们还可以在与激光束方向垂直的方向上收集原子的荧光，每当光与原子共振时，荧光都会显著增强。

泰德能娴熟地操作各种光学元件，包括反射镜、光栅、干涉滤光片和倍频晶体，他能精确地调整它们并改变它们的布局，从而将激光的谱宽尽可能地减少。我很钦佩他的实验技巧、想象力和物理直觉，在接下来的三十年里，这些都将引导他做出伟大的发现。这些早期的可调谐激光器与今天的仪器相比，就像 20 世纪初的飞行器与现代飞机相比一样原始。它们所有的元件都是手动控制的。设备噪声很大，伴随着氮分子激光在抽运时的闪动而嘀嗒作响。故障是经常发生的，而且仪器还不能自动记录数据，只能由操作实验的学生完成，他们必须不断监测一切是否正常，彼时，计算机还不能代替人类来操作机器。

在斯坦福，大学的研究人员和在私营企业工作的工程师联手开发出了最早的商用激光器，在此过程中二者之间所建立的紧密关系也令我印象深刻。这种学术界和私营企业之间的合作最终汇拢了在十年之后成就硅谷诞生的所有要素。这在当年很快促成了商用激光器的开发，它们比最初在实验室自制的设备更加稳健实用。这类激光设备很快得到了完善。氮分子激光对染料的短脉冲抽运被氩原子激光提供的连续激发所取代。这种连续可调的光源能产生比最早实验的脉冲激光的单色性更好的辐射，使得测量更加精确。

在这场精度的竞赛中，斯坦福大学的研究人员比起他们在巴黎的同行来说，具有决定性的优势，因为他们是第一批从新生的激光工业技术进步中获益的人。最早的原型机被低价出售给他们，或者直接借给了他们。他们用这些设备所做的精彩实验被发表在最权威的物理期刊上，成为了极佳的产品宣传。对研究人员和销售人员双方来说，这种合作是一种双赢的局面。

我还记得在阿瑟·肖洛的实验室的那些日子里所感受到的热情和活力。肖洛为人热情、开朗、幽默，带领着一个年轻的研究团队，在激烈的国际竞争压力下不知疲倦地工作。然而实验室的氛围一直很轻松，并经常因为各种恶作剧而活跃起来。有一次，肖洛意识到，溶解在他早餐甜点果冻中的染料可以成为一种放大介质，他称其为为世界上第一个可以吃的激光器。于是他立刻开展了相关实验，并在一本严肃的科学期刊上发表了一篇相关主题的论文。这在卡斯特勒和布罗塞尔严肃的实验室里是无法想象的，虽然那里不乏幽默感，但那里的人们绝不会考虑这样的实验。诚然，我们的食物品味和美国人的各不相同，但我们的想象力永远也不会让我们发明出这种可以吃的激光器。

战胜多普勒效应

玩笑归玩笑，斯坦福大学的研究人员于这个时期在原子能谱和分子能谱方面开创了许多个第一次。其中我将仅仅提及那些通过消除多普勒效应而实现高分辨率的研究，这一效应是原子能谱实验的大敌。想要使原子或分子的共振谱线变窄，只凭激发原子的光源的单色性是不够的，还要求原子或分子本身不能有过度的运动。如果它们向着光波运动，在它们的参考系中看到的场就会向高频偏移。反过来，如果它们在逃离激光束，它们看到的场的频率就会降低。这一广为人知的效应由德国物理学家克里斯蒂安·多普勒（Christian Doppler）在 19 世纪发现，而后又经过了伊波利特·斐佐的深入研究，后者同时也是首位对光速进行地面测量的人（见第三章）。多普勒效应同时适用于光波和声波：我们都听过救护车或消防车在路上经过我们时那种从高转低的警报音调。

　　若用光子来表述，多普勒效应也有一个简单的粒子解释。为了能够吸收一个光量子，在原子所经历的过程中，物质和场的整体能量和动量都必须是守恒的。如果一个质量为 M 的原子在沿着光的方向运动时吸收了一个动量为 $h\nu/c$ 的光子，原子自身的动量 p 也必须增加同等的量，同时其速度 $V = p/M$ 会增加一个小量 $\Delta V = h\nu/Mc$，进而它的动能 $E_c = (1/2)(MV^2)$ 在一阶近似下的增量为 $\Delta E_c = MV\Delta V = h\nu (V/c)$。另一方面，原子本身从内部电子能量为 E_1 的状态被带到了能量为 E_2 的激发态，因此它的总能量增加了 $E_2 - E_1 + \Delta E_c$。这个能量必须等于被吸收的光子的能量 $h\nu$。于是我们有等式 $E_2 - E_1 = h\nu - \Delta E_c = h\nu (1 - V/c)$，如果 V/c 与 1 相比很小，该式可以被改写为 $\nu = [(E_2 - E_1)/h](1 + V/c)$。因此，一个沿原子运动方向传播的光子只有在其频率比普朗克频率 $(E_2 - E_1)/h$ 高出占比为 V/c 的一个量时才能被吸收，后一个分数即原子速度与光速之比。

　　这等价于说，这个原子在自身参考系中"看到"的振荡场频率比它在静止时"看到"的更低，因此该频率需要增加 $\nu (V/c)$ 才能使场与原子跃迁产生共振。如果光子的运动方向与原子的相反，吸收频率的偏移就会变号，成为负数。此时原子每吸收一个光子都会减速，这种效应对于后来实现的原子的激光冷却至关重要。在这些我简化过的情况中，激光束与原子速度仅呈平行或反平行。但实际上容易证明，多普勒效应只依赖于原子速度沿激光束的投影。因此，对于在垂直于该激光束的平面内运动的原子来说，这种效应为零。

　　对于在室温下以热运动速度运动的原子来说，我们已经在第五章看到 V/c 的数量级为 10^{-6}。因此，一个 10^{15} 赫兹的光场的多普勒频移约为数吉（10^9）赫兹。这一频移的正负取决于原子沿激光运动方向的正反。当我们用单色激光照射由速度随机的原子组成的原子气体时，原子的吸收谱线以无运动原子的吸收频率为中心，在频率范围上会有数吉赫兹的延展。因此多普勒效应导致了吸收线的增宽，从而在这一宽结构中掩盖了原子能谱中的所有精细或超精细成分，这些成分由电子和原子核的磁矩相互作用造成，它们的宽度通常最多为几十兆赫兹。为了消除多普勒效应从而观察到这些结构，一种方法是用垂直于一束原子流的激光去照射原子流中的原子，此时所有的原子都沿着一个明确的方向传播。该方法是有效的，但它需要一套相当复杂的设备，包括一个发射原子的炉子和一个排空了所有残留气体的空腔。

泰德倾向于使用另一种方法开展实验，他对密封在一个小玻璃气室中的气体原子进行操作，但使得共振信号只对气体中速度与激光束方向垂直的原子敏感。为了做到这一点，他利用了一种被称为**饱和吸收**的现象，这是他几年前在德国做博士论文时的发现。

含有被研究原子的共振气室因此被两束传播方向相反的光束所照射，这两束光是同一束激光被二分后的两列波，它们由反射镜沿相反的方向送入含有被研究气体的共振气室。当激光的频率 ν 与静止原子的原子跃迁频率 ν_0 不一致时，光会与气体中的两类原子发生相互作用。那些在激光轴上的速度投影等于 $c(\nu-\nu_0)/\nu$ 的原子会被朝着其中一个方向传播的光束所激发，而那些速度投影取相反数值 $-c(\nu-\nu_0)/\nu$ 的原子则会被朝相反方向传播的光束所激发。如果 ν 不等于 ν_0，这两类速度相反的原子就会彼此独立地与光发生作用，这导致任意一束透射光的吸收共振线都具有多普勒展宽。

另一方面，当激光的频率正好为 ν_0 时，两类速度重合于 $V=0$，对应的原子垂直于光束传播。影响这类原子的光强度是与单一光束作用的原子所感受到的光强度的两倍。如果光强度很高，$V=0$ 的原子的吸收就达不到沿激光束速度不为零的原子的两倍，导致在吸收线中心处的吸收减弱。当光的强度高到原子不再能够对激光的激发作出成正比的响应时，物质与光的相互作用所遵循的法则从属于所谓的非线性光学，这是一个随着激光的发明而出现的光科学领域。

垂直于激光束运动的原子的响应所具有的这种非线性饱和效应在其中一束光的透射共振线形的中心造成了轻微的凹陷。它被称为兰姆凹陷，这是因为首先将它算出来的人是兰姆移位的发现者威利斯·兰姆。这一凹陷的谱

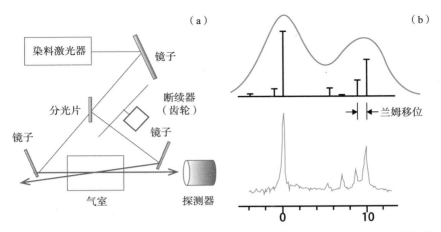

图 6.4　氢原子跃迁的饱和吸收能谱，跃迁发生在主量子数为 $n = 2$ 和 $n = 3$ 的能级之间。（a）实验装置：一个红色染料激光器（可在 656 纳米左右调谐）的光束被一个分光片一分为二，所得的两列传播方向相反的波被用于照射一个含有氢气（H_2）的玻璃气室。一次放电会将氢分子（H_2）分解为其原子形态 H，并将原子激发至 $n = 2$ 的能级。在玻璃气室内从左向右传播的光束的透射强度会随激光波长的变化而改变，这一强度变化被一个光探测器所测量。一个齿轮周期性地阻断从右到左的对向传播光束，以便调制信号从而通过减法分离出由于吸收饱和而产生的成分。（b）泰德·亨施在没有对向传播光束（上图）和有此光束（下图）的情况下分别观察到的能谱［图改编自《自然》（*Nature*）235 (1972)，63］。垂直的竖线标注出了通过量子电动力学理论计算出的跃迁频率。虽然在没有对向传播的光束时，精细结构和超精细结构完全被包容在 3 吉赫兹到 4 吉赫兹的多普勒展宽中，但饱和吸收能谱清楚地显示了这些结构。大小约为 1 吉赫兹的兰姆移位（氢的 $^2S_{1/2}$ 和 $^2P_{1/2}$ 能级的间隔，见第一章）第一次可以在光学能谱上被直接观察到。

宽在理想情况下等于受激原子能级的固有宽度，如我们之前所见，它对应于该能级寿命的倒数。这一宽度是能量和时间之间的海森堡不确定关系的必然结果，它通常比多普勒宽度小两到三个数量级。为了清楚地显示饱和吸收信号，我们可以从两束光均存在时测得的光强度中减去其中一束光被阻挡时气室所透射的另一束光的强度。两者相减后，剩下的只有兰姆凹陷，揭示出了在通常的能谱中被多普勒效应所隐藏的能谱细节。

　　泰德·亨施并不是这种克服多普勒效应的优雅方法的唯一发明者。一位年轻的法国研究者克里斯蒂安·博尔代（Christian Bordé）在 1960 年代末做博士论文时也独立发现了这一效应。我自己当年也对饱和吸收产生了兴趣，并与弗朗西斯·哈特曼（Francis Hartmann）一起写了一篇描述饱和吸收的理论文章，哈特曼是法国国家科学研究中心的研究员，1971 年在我的博士论文答辩后，他曾在他位于奥赛的实验室短暂地邀请过我。我在那里以"派遣科学家"的身份进行了实习，当时，取得这种身份的年轻研究人员可以用实验室的科研工作来当作为期一年的兵役。因此，我对饱和吸收是熟悉的，至少熟悉其理论，而泰德得以将其应用在原子上，直接用他的染料激光去照射原子，这让我对他的工作很是着迷。

特别是，他做了一个绝妙的氢原子饱和吸收实验，氢原子是所有原子中最简单的，它的能级早在量子物理学初期就被玻尔、薛定谔和狄拉克算了出来。亨施首次在光学能谱中清楚地呈现了狄拉克预测的精细和超精细结构以及著名的兰姆移位，在此之前，这一移位只能通过受激原子能级之间的射频能谱实验来检测（见第一章）。

在这一首创的氢原子实验中，泰德使用了他由氮分子激光闪光所抽运的脉冲染料激光器。该激光的谱宽在 100 兆赫兹量级，被数十纳秒量级的脉冲持续时间的倒数所限制。泰德随后通过使用能产生连续光的商用染料激光器从而大大改进了这种方法。

几年后，他在实验中用另一种非线性光学方法——没有多普勒效应的双光子吸收——取代了饱和吸收。相应的实验装置与饱和吸收实验一致，同样将一道强激光束对向重叠，但它的频率会被调整为原子基态和激发态之间跃迁频率的一半。然后，原子可以通过同时吸收两个而不是一个光子而获得激发，在这一过程中，能量是守恒的。当原子从对向传播的两束光中各吸收一个光子时，多普勒效应就消失了。此时这两个光子的多普勒效应的符号是相反的，会相互抵消。此时所有的原子都对共振信号有贡献，而不仅仅是那些在垂直于光束的平面内传播的原子。

这种方法在 1970 年代初由贝尔纳·卡尼亚克（Bernard Cagnac）和他的学生吉贝尔·格林伯格（Gilbert Grynberg）共同设计，前者是克洛德在巴黎高师的同事，后者是我博士期间的同窗之一。一位俄罗斯研究人员维尼亚明·切博塔耶夫（Veniamin Chebotaev）也独立地提出了这一方法。泰德·亨施和卡尼亚克在巴黎的学生们都出色地应用了这一方法，从而进一步完善了氢原子能谱的研究。一直到最近几年，泰德都还在持续进行这类实验。我们可以从实例中感受到这一领域从我所描述的时间开始所取得的进展，目前，泰德和他的团队所获得的谱线宽度的数量级仅为几个赫兹，而跃迁频率的数量级为 10^{15} 赫兹。不仅不再有任何多普勒效应存在，而且共振线的固有宽度也极其地小，因为它所对应的激发态能级具有非常长的寿命（十分之一秒量级）。

量子拍

在斯坦福大学的一年里，学习激光技术和倾慕泰德的实验技艺并不是我所做的全部。阿瑟·肖洛为我提供了一个染料激光实验室，并要求我指导他的一名学生杰弗里·派斯纳（Jeffrey Paisner）。这是我第一次可以自由地决定自己的研究课题，并承担起培训年轻研究人员的责任。我决定用我的染料激光的短脉冲去激发铯原子，并观察受激原子发出的荧光随时间的变化。

当原子样本在某一给定时刻被带到一个寿命为 τ 的孤立激发态后，它们会在返回基态时发射光，光的强度呈指数下降，其时间常数为 τ。具体到我提议研究的那些铯原子激发能级，这一时间常数在一百纳秒量级。这些能级实际上是一组超精细结构，相邻能级之间的间隔约为几十兆赫兹。这种结构是由电子磁矩和原子核自旋之间的相互作用产生的。一个持续时间 T 为几纳秒的激光脉冲的谱宽至少等于 $1/T$，可以在大小为 h/T 的能量窗口内同时激发其中所有的超精细结构能级。若在这次激发后从特定的方向观察出射荧光的特定偏振，我们期望能观察到一种伴随着多种频率调制的光强度衰减，这些频率对应于同时激发的超精细能级之间的能量差。这是一种典型的量子干涉效应。在一次激光脉冲后，原子会同时遵循多条路径，经过不同的激发能级，然后再落回到相同的基态。只要没有关于原子所走的具体路径的信息，与所有路径相关的概率幅就会相互干涉。正如在杨氏双缝实验中一样，每个原子在激发的瞬间都处于多种状态的叠加，因此探究它是处于一种状态还是另一种状态的问题是没有意义的。

杰弗里和我很快就准备好了实验，经过几周的紧张忙碌之后，我们开始记录荧光信号，用于记录信号的示波器平均了由激发激光的连续脉冲所引起

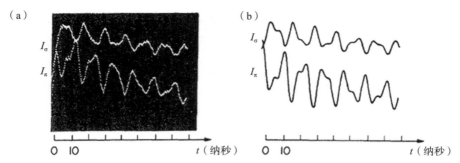

图 6.5　铯原子的量子拍。（a）探测两种偏振相互正交的出射荧光所得的信号，荧光来源于三个超精细能级的相干叠加，由原子被短暂的激光激发后制备而成。每条信号都是三个阻尼正弦波的和。（b）理论计算出的信号。实验和理论之间有极好的一致性，表明这种方法可以应用于确定未知的精细或超精细结构 [原图见《物理评论快报》（*Physical Review Letters*）30（1973），948]。

的数千条曲线，激发以每秒 10 次的频率重复。在每次实验的开始，我们都会观察到一个简单的指数递减，一条粗大且噪杂的曲线。几分钟后，我们开始看到这片噪声中有一段逐渐清晰的微弱调制，半小时后，我们一直在等待的调制信号变得清楚可见。当自然界的一个秘密得到揭示时，这种第一时间的喜悦之情是难以描述的。我们已经计算出了预期中的信号，而小玻璃气室中的原子对我们发送的光脉冲的响应与我们预测的完全一致。这些原子向我们展示的调制特征是独特的，就像一个人的指纹一样。它表现为一系列阻尼正弦曲线的和。在计算机的帮助下，我们很快得到了它的傅里叶变换，这使我们可以找到被光所激发的不同超精细能级之间的所有跃迁频率。这是一个演示性的实验，它并没有告诉我们任何关于铯能谱的新知识，因为这些结构已经用其他方法测量过了。

　　上述现象被称为量子拍，在其他的实验背景下已经为人们所知。我们只是简单地证明了这种拍可以很容易地由脉冲染料激光所引发，为一种新的光谱研究方法开辟了道路，这在后来被证明可用于测量其他未知结构。我无法确切地说出究竟是什么导致我去研究这一特定现象。原因很可能是多方面的。在我攻读博士期间，我曾经有机会与牛津大学的教授乔治·塞勒斯（George Series）进行讨论，他对传统灯光引发的光拍很感兴趣，其所用的光会被截断，以产生几微秒的脉冲，这有点像斐佐在 19 世纪所做的实验。这些脉冲的持续时间只允许我们观察到非常缓慢的原子荧光调制。当年我在想起了这些实验后，就觉得激光的强度更高，在时间上也更加集中，可以作为这些实验的一个理想的新光源，从而使实验有实际的用途。

此外还有另一个想法吸引着我：这种光谱研究方法恰好和我隔壁实验室的泰德·亨施所使用的方法形成互补。彼时的他正通过扫描激光的波长来研究受激原子的频率响应，而我则在揭示原子对光的冲击的时间响应。这些早期染料激光器的光由短脉冲组成，这对于泰德的实验来说是一个缺陷，因为这限制了他所能够观察到的最小谱线宽度。然而对我来说，这却是一个优势，因为光脉冲的持续时间越短，我就可以覆盖越宽的能谱范围，从而激发更多的能级。

虽然这一方法被称为"量子"拍，但它仍可以用经典图像来解释，因为我们观察到的信号是气室中数十亿个受激原子的平均响应。但每一个原子所遵循的依然是量子物理的奇怪逻辑。实际上，量子拍只可能是单个原子现象的总和。若两个不同的原子在气室中以不同的速度飞行，则来自它们的光不会相互干涉，因为就算只考虑两个原子不同的多普勒效应，它们也会搅乱相应的拍。最后，一旦试图去找出一个原子所经历的激发能级，就会导致调制消失。例如，我们可以尝试在激光束前放置一个干涉滤光片以减小其谱宽，使得每次只会激发一个超精细能级。这会导致光脉冲持续时间变长，从而拍会消失。我们还可以调整光的偏振，以改变所考察的多个超精细能级的相对激发概率。此时调制的对比度也同样会受到影响，从而始终服从于互补原理。

在实验中，对于每个原子所遵循的路径信息了解得越多，观察到的振荡对比度就越低。因此，在讨论这个非常简单的系统的物理时，可以重现杨氏双缝思想实验中的所有论点。这项研究使我对自己以新方式探索自然的能力有了信心。这是我第一次设计和开展个人研究项目。我完整履行了我对阿瑟·肖洛和杰弗里·派斯纳心照不宣的承诺，并开始了与泰特之间的长期友谊。

加州轶事

第一次在加州的工作经历让我愈发强烈地感受到自己加入了一个科研人员的特殊共同体，尽管他们的文化背景和个人经历不尽相同，却被同样的好奇心所驱动。这一共同体根植于光和电磁物理的历史，这一点我在斯坦福可以强烈地感受到。在阿瑟·肖洛和妻子奥蕾莉亚在他们的家中组织的欢乐的晚宴上，我见到了费利克斯·布洛赫，他和爱德华·珀塞尔同为核磁共振之父。他同时也是第一个用量子物理成功解释了金属结构的人，那时还是 1930 年代初。他与狄拉克和海森堡是同一代人，1920 年代末的时候还曾与后者在巴伐利亚阿尔卑斯山脉一起滑雪。他非常亲切，对我这个年轻的研究人员很关心。与他的交谈令我极其难忘，因为这是一位 20 世纪科学革命的伟大参与者与见证者，但他同时也经历过那段创伤的历史，在希特勒上台时像爱因斯坦一样从欧洲移民到了美国。克洛迪娜由于不是科学工作者，所以并不像我一样激动，她也因此能更自然地和布洛赫进行交流，当然这也让我们之间的氛围更加轻松。

克洛迪娜还和奥蕾莉亚·肖洛成为了朋友，她的哥哥查尔斯·汤斯（Charles Townes）发明了微波激射器（maser）。这是第一种利用了受激辐射的仪器，是激光的前身，工作于微波范围（maser 是一个英文缩写，其全称为 Microwave Amplification of Stimulated Emission of Radiation，意思是辐射的受激发射的微波放大）。我还记得在一次肖洛家的晚宴上，他讲的一则相关轶事。1951 年的夏天，查尔斯·汤斯和阿瑟·肖洛在华盛顿的一家宾馆里同住一个房间。他们当时还不是连襟，却已是好友，共同来此是为了参加美国物理学会的一次会议。查尔斯由于家里有两个年幼的孩子，因此习惯于早起。一天清晨，当阿瑟还在房间里睡觉的时候，查尔斯离开酒店，坐在富兰克林广场的一张长椅上沉思，那是白宫附近一块安静的绿地。就是在此时，他忽然灵光一闪，意识到氨分子在通过一个微波腔时产生的受激发射现象是可以被利用的，这就是微波激射的想法。这是一场伟大的科学与技术冒险的起点，几十年后，它将生出一个每年价值几百亿美元的激光产品市场。汤斯获得了 1964 年的诺贝尔物理学奖，而肖洛则要等到 1981 年。

肖洛在 1973 年讲述完这个故事后，提出家庭生活有助于促成伟大发现，并迸发出了他那富有感染力的笑声。当年他还是个没有孩子的单身汉，所以在那个清晨他能够安然熟睡，也因此没能与查尔斯分享那一灵光闪现时刻的喜悦。克洛迪娜和我来到加州时还带着两个年幼的孩子朱利安和朱迪思，所以我很能理解在一个平静的早晨醒来时，新的想法更容易涌现。

在那次灵光闪现的几年后，汤斯和肖洛共同撰写了一篇论文，宣告微波激射效应可以被推广到光，他们将这种未来的仪器称为"光学微波激射器"。他们曾试图造出第一台这样的设备，但在 1960 年被休斯实验室（一家私人公司）的工程师西奥多·梅曼（Theodore Maiman）抢了先。至于激光（laser）一词，它也是个英文缩写，该缩写只是将"微波激射（maser）"的首字母 M（英文"微波"的首字母）替换成了 L（英文"光"的首字母），造这个词的人是戈登·古尔德（Gordon Gould），他是这段故事中另一位丰富多彩的人物。1950 年代，古尔德是哥伦比亚大学的一名博士生，当时汤斯也在那里授课，古尔德想出了激光的概念，但是他并没有像汤斯和肖洛那样将他的想法发表，而是将其保密并且把它写在了一份专利草案中。在激光被发明后，他为了主张自己对激光的想法及其应用的最先权利，进行了一场长期的法律斗争。最终在 1980 年代，他在美国法院赢得了某些方面的胜利，并因此致富，这是后话。

汤斯和肖洛与古尔德的关系并不好，这无疑是因为他们在科研上采取了不同的范式。汤斯二人走的是学术路线，在科学期刊上公开发表了他们的想法。而古尔德在预见到激光的巨大产业潜力后，选择了私人研究的隐秘道路，他创建了一家商业公司来专门研发这种新仪器。为此，他放弃了在哥伦比亚大学继续攻读博士，之后和汤斯渐行渐远，最终在制造第一台激光器的竞争中被击败。这次失败给他带来的损失比汤斯和肖洛的更大，汤斯二人同样获得了激光的专利，但他们同时也公开发表了他们的研究。而古尔德并没有把他的想法提交给科学期刊进行同行评议，而是把它们写成了专利申请中晦涩难懂的法律文本，提交给了律师和法学家，但这些人并不能判断其真正的意义。

此外，古尔德早年是一名共产主义者，这让事情变得更加复杂。在麦卡锡时代，联邦调查局禁止他与自己创建的公司里的研究人员和工程师进行交流，同一时期这些员工在研发第一台激光器时也没有获成功。这个故事十分离奇，令人难以置信。它混合了政治、金融和科学三个方面。阿瑟·肖洛以他的幽默口吻（和他对古尔德可以理解的明显偏见）讲述了这个故事，它向我揭示了一些科学中难以预料到的方面，这与我在巴黎时从理想主义的科学家卡斯特勒、布罗塞尔和克洛德等人那里学到的东西相去甚远。美国的确是一个神奇的世界，让我感受到这一点的另一个例子是美国参议院关于水门事件的听证会，1973 年的春季这在美国电视上滚动播出。

第一次大型国际会议

这一年的夏天也是我考虑返回巴黎的时候。但在此之前，我将在第一届激光光谱学会议上展示我在量子拍方面的工作，会议在科罗拉多州的韦尔市举行。我在落基山脉的壮丽背景下见到了这一新兴物理学领域的所有参与者。与会者中有我的两位老师克洛德·科恩－塔诺季和让·布罗塞尔，还有从附近的博尔德市赶来的克里斯蒂安·博尔代，彼时他正在伟大的激光专家约翰·霍尔（John Hall）的实验室做博士后。霍尔的团队在美国天体物理联合实验室（JILA），也就是四年前我第一次去美国时曾访问过的研究所（见第一章）。当时他们刚刚对光速进行了最精确的测量，给出了 $c = 299\ 792\ 458$ 米 / 秒的数值，不确定度为十亿分之三。测量方法在原理上非常简单。JILA 的研究人员将激光锁定在甲烷分子 CH_4 的近红外光谱中一条很窄的吸收线上，然后测量激光的频率 ν 和波长 λ，测量中使用了饱和吸收技术来消除多普勒效应。他们推导出 c 值就是乘积 $\nu\lambda$。

对 λ 的测量是通过干涉测量法进行的，也就是数出一米等于多少个 CH_4 分子跃迁的波长，当时的米被定义为氪原子的一条红谱线的波长的整数倍。于是这一测量就归结为对两种波长进行简单的干涉比较。测量的不确定度约

为 10^{-9}，被米的定义精度所限制，这一定义的精度在当时取决于氪原子共振线的测定精度，而后者依然受限于氪原子气池中的多普勒效应。

相对更巧妙的是对 ν 的测量，即 CH_4 分子的跃迁频率，它的数量级在 10^{14} 赫兹。没有任何仪器能够直接检测这个频率。于是 JILA 的实验人员从一个可以用原子钟直接测量的微波范围内的低频率开始，逐步合成一个又一个更高的频率，每一个都是初始频率的倍数，为了放大这一系列信号，多个激光被锁定在不同的谐波上，直到得到一个足够大的频率，能和锁定于甲烷跃迁频率的激光产生拍，从而可以将两者直接比较。在韦尔会议上展示的这一实验壮举是在一个巨大的飞机库里进行的，以容纳这条频率链里的所有元素，它们必须在一起同时运作才能弥合微波和光频之间的差距。

这是对光速的最后一次测量。在此之后，试图继续提高其精度显然是徒劳的，因为导致其不确定度的是这一测量所用的长度标准。几年后，计量学家们决定反其道而行之，将光速直接约定为 JILA 所发现的数值，同时将米定义为光在 1/299 792 458 秒内所走过的距离。由此，他们将长度单位与时间单位联系了起来，后者可以由原子钟以高得多的精度确定，秒被定义为铯原子的微波跃迁周期的一个精确倍数。自从罗默在路易十四时代首次测定光速以来（见第二章），我们已经走过了一条漫长的路。如我们所见，当时的误差在 30% 到 40%，当时使用的长度标准是粗略测算的地球轨道半径。3 个世纪后，我们对这一物理基本参数的了解增加了九个数量级。而故事并没有就此结束。自那次韦尔会议以来的 50 年间，光频率的测量持续取得巨大进展，在精度上又增加了九个数量级，为光学仪器和计量学开辟了迷人的新前景。JILA 的巨大频率链已被抛弃，它被一种更加方便的频率梳激光器所取代，后者可以被装进一个不到一米见方的盒子里，这是约翰·霍尔和泰德·亨施共同创造的一项非凡发明，因此他们共同获得了 2005 年的诺贝尔物理学奖。我们之后还会回到这个话题。

巨型原子的未知地带

1973 年秋天，我回到巴黎，开展了一个原创的实验项目，使用了我在加州熟悉掌握的那种染料激光器。量子拍的实验让我知道，这种光源可以将原子激发至远离基态的能级。若使用波长越来越短的光子，或让原子经历一个中间激发态，连续吸收两个光子从而达成一次"阶梯式"激发，我预计所到达的能级可以接近原子的电离极限。这一极限所对应的外围电子的结合能趋向于 0。这些高度激发的状态是不可能通过传统光源来制备的，因为在接近电离极限时，一个光子被原子吸收的概率会迅速下降。但激光可以将其高强度集中在一个窄小的频谱范围内，似乎可能有效地激发这些原子，这为在实验室中探索原子物理学的这片未知地带开辟了道路。

这些高度激发的状态被称为里德伯态，以瑞典物理学家约翰内斯·里德

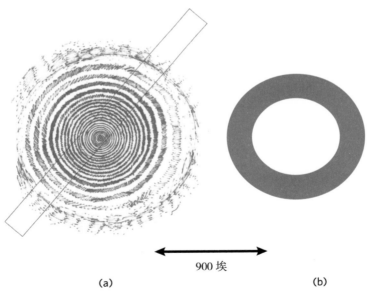

900 埃

(a)　　　　　　　　　　　　　　　(b)

图 6.6　一个里德伯原子中的电子云分布。(a) 摘自我 1978 年发表在《科研》(*La Recherche*) 上的一篇文章。它呈现了氢原子的 30S 态的电子轨道，态的主量子数 $n = 30$，轨道角动量量子数 $l = 0$。该态的波函数由 30 个同心的环形波动组成，远离质子（中心的一个不可见点）的环形的相邻间隔会逐渐增大。作为对比，叠加在原子上的长方形给出了烟草花叶病毒的大小。(b) 同种原子在处于 $n = 30$ 的最大角动量 ($l = n - 1$) 状态时的电子轨函数，图中的角动量方向垂直于纸面。这种圆态里德伯原子的电子被局域在一个环面中。电子出现概率最大的区域形成了一个半径长达 900 个玻尔半径的圆周，圆心为质子（在图中尺度下不可见）。在图中所示的环面上，电子的存在概率是其最大值的一半。

伯（Johannes Rydberg）的名字命名，他在 19 世纪末所确立的公式给出了氢原子中这些能级与原子基态之间的跃迁波长。里德伯的经验公式是从对氢原子光谱的观察中推测出来的，这一公式在当时没有理论解释，但它后来引导玻尔创建了原子的第一个量子模型。为了语言的简短，处于这些能级上的原子就被称为里德伯原子。它们不是元素周期表中的新元素，而只是普通的原子，只不过当它们的外围电子处于远离原子核的轨道时，它们就获得了这一修饰词。

天体物理学界自 1960 年代起就知道这种状态的存在。星际间的氢、氦或碳元素的离子在俘获电子后就会形成这些元素的里德伯原子，它们的电子会不断接近原子核，在失去能量的同时从一个能级跌落到另一个能级，在此过程中所发出的微波揭示了它们的存在。这些微波在经过漫长的太空旅行后会被射电望远镜探测到。里德伯原子非常脆弱，因为它们的电子被原子核束缚的程度较弱，很容易被其他原子的碰撞所扰动。在太空近乎完美的真空中，它们可以存活相对较长的时间，而若要在实验室观察它们，除了使用激光外，还需要采取特别的保护措施。

我为什么对里德伯原子产生了兴趣呢？一个显然的原因是我想要在一个非常规的尺度上做原子物理研究。当一个原子晋升到里德伯态时，电子波函数所延伸的尺度与基态波函数相比会变得非常巨大。从里德伯和玻尔开始，这些能级的能量均用一个主量子数 n 来标记（不要与光子数相混淆），电子与原子核的结合能以函数 $1/n^2$ 的形式递减。习惯上，当整数 n 约为 10 或更多时，我们就称其为一个里德伯态。电子轨道的大小与 n^2 成正比，并且原则上 n 的数值没有上限。一个 $n = 50$ 的里德伯原子所具有的"尺寸"比处于基态的原子大了 2500 倍，约为 0.25 微米。这一尺度已经接近病毒或者细菌这样的生物体的尺度了。在 $n = 1000$ 时，我们得到的原子的尺寸约为十分之一毫米，相当于一根头发丝的粗细。如果 n 的值能达到 10 000，这个原子差不多会有一颗豌豆或者一粒樱桃那么大。

为了把自己从白日梦中拉回现实，我自然地意识到，在这些被人工"膨胀"的原子中，外围电子的结合能与 $1/n^2$ 成正比，越大的原子结合能越小，这让我明白，必须采取特别的措施来保护它们免受扰动。然而，它们的脆弱性显然可以使它们成为对其环境高度敏感的探测器。因此，在我的设想中，接下来的进展将类似于格列佛在巨人国的冒险：探索一个具有不同寻常的数量级的世界，必将带来很多惊喜。

还有另外一个原因使我被里德伯原子所吸引：它们是非常简单的量子系统。一旦外围电子晋升到了一个大的轨道上后，原子核和其他电子的表现就接近于一个点电荷，几乎与单个质子相同。实际上，原子芯是一个复杂的系统，包括一个含有 Z 个质子的原子核，周围环绕着 $Z–1$ 个电子在大约 1 埃外运行，但在一阶近似的描述中，这些事实对于那个在数千埃外运行的电子的动力学来说都不再重要，这个电子只会把原子芯视为一个点。因此，只要 n 足够大，所有元素的里德伯原子都与处于激发态的氢原子相似。其中所有的物理，在能做良好近似的情况下，都可以归结为一个电子在一个按照 $1/r^2$ 减少的有心力场中的运动。当然仍然存在一些与原子芯的具体结构有关的小的效应，从而使不同元素的里德伯态不尽相同，但它们的影响至少在一阶近似下是小的。

与天文学的类比也激发了我的兴趣。正如我在第一章中提到的，天文学激起了我最初的科学激情。围绕原子芯运行的里德伯电子可以被比作围绕太阳运行的一颗行星。诚然，这是一个量子系统，轨迹的概念在其中并不具有真正的意义，但玻尔轨道的经典图像依然可以用于描述该系统并估计它的各种特征参数的数量级。

在天文学中，行星服从开普勒的经验定律，其合理性被牛顿的计算所证明，计算依据的仅仅是引力按照 $1/r^2$ 变化，其中 r 是太阳到行星的距离。电子在原子中所受的力也按照同种规律随电子与原子芯之间的距离变化。因此，开普勒定律也必须适用。开普勒第三条定律指出，行星绕太阳运行的周期的平方除以其轨道半径的立方是一个常数，这对所有行星都一样。在原子物理的语境下，这一定律告诉我们，里德伯电子在玻尔轨道上的旋转周期的平方必须与 n^6 成正比，即与正比于 n^2 的半径的立方成正比。因此可以推断出里德伯电子的周期正比于 n^3。这一周期，若用玻尔模型估算，则正比于里德伯原子从一个玻尔轨道跃迁到下一个轨道时所发出的光子的波长，在此过程中 n 从 n 变为了 $n-1$。在 $n = 50$ 时，这样推算出的波长是毫米级的，比原子深层能级之间的跃迁所发射的光频段光子的微米级波长要大几千倍。这样的波落在了微波的范围内，其对应的频率量级在几十吉赫兹。基于这种与天文学的类比，在简单计算了一些其他数量级后，我意识到，这些原子将成为超精确和超敏感的微波光子探测器。

探索以前从未在实验室中观察到的原子状态所带来的挑战，再加上这种系统的不寻常的数量级所有望导致的新效应的发现，这些都让我感到兴奋。此外，我当时可能还有这样的感觉：这种系统在概念上是简单的，它们在与电磁波的相互作用中所表现出来的效应将会清晰且直接地展示出量子物理学的奇怪规律。但现在我很可能只是做了一个事成之后才逐渐明朗的回顾。当我在加州度过一年之后回到巴黎时，我对里德伯原子会带来什么只有一个模糊的概念。

当年为了开启这场冒险我所做的只是从斯坦福给让·布罗塞尔寄了一封两三页的手写信，用比我以上更加简短的语言解释了为什么里德伯原子研究使我感兴趣。我没有承诺任何具体的结果，只是想尝试看看这项研究会将我带向何方。为此我需要资金来购买氮分子激光以用于抽运染料激光，外加一些必要的光学和电子器件以用于组建几个可调谐激光器。此外，我还需要一套机械设备以用于做出一束原子流，因为高 n 值的里德伯原子若要存活，需要在类似太空的良好真空中沿直线轨迹传播。我还得负责指导一两个学生。布罗塞尔很信任我，他没有征求任何人的意见就立即满足了我的要求，用的是国家科学研究中心调拨给他实验室的科研资金。就这样，我得以秉持自由的精神开始了一场长达数十年的冒险。

我不由得将自己当年的情况与如今在法国从事研究的年轻科学家们进行了比较。他们即使有幸能在几乎没有定期预算的国家科学研究中心或大学里获得一个职位，在没有资金的情况下，他们也必须立即提交一个研究项目，由一个法国机构（国家研究局，ANR）或欧洲机构（欧洲研究理事会，ERC）资助。这往往要花费掉几个星期的时间：他们必须填写几十个表格，详细解释他们希望达成的发现，具体为一个研究项目划分出不同阶段，而"研究"从字面意义出发就是不可预测的，最后他们还需要想象他们的研究有朝一日会有什么用处。

项目需要上交给专家委员会，在与数百个其他项目的直接竞争中，申请者们原则上只有 1/10 的成功机会，因此平均来说，他们必须将这种乏味的工作重复很多次后才得以真正开展工作。这足以浇灭最有激情的年轻人的热情。那些申请成功者们往往会被迫放弃一个雄心勃勃且必然有风险的项目，转而去做更常规的或者直接就是"有用"的研究。如果我当年不得不克服所有这些障碍，并且在此过程中不可避免地去过度夸大项目，同时承诺无法被提前预测的结果，我想我就不会踏上这场冒险了。也许我会选择其他的工作，或者留在美国搞科研。

在回到巴黎后的五年里，我学会了制备和探测碱金属（钠、铯和铷）的里德伯原子，它们都有一个外部电子在核心外运行，核心的多个封闭的致密电子层具有稀有气体的化学惰性结构。其光脉冲激发分为两个连续的步骤，使用两个不同颜色的可调谐激光器，将原子先带到一个中间能级，然后再到达最终的里德伯能级。我首先在主量子数为 10 ~ 20 的能级上激发量子拍，此时的原子仍不算太大，在共振气室中可以良好存活。在这些原子被短脉冲激发后，对它们的荧光调制的检测使我能够测量它们的精细结构间距，这种间距由所谓的自旋－轨道耦合导致。这是一种相对论效应：原子芯的电场在里德伯电子参考系中被变换为一个轨道磁场，并与该电子的自旋磁矩相耦合。根据这个自旋的指向相对于轨道磁场方向的正反，里德伯原子会获得一小份或正或负的额外磁能。

其结果是，对于每一个轨道角动量状态，存在两个在能量上略微不同的精细结构能级。它们在同时被染料激光脉冲所激发后产生了能揭示精细结构的量子拍，从而使里德伯电子所见的磁场得以被测量。这一效应随着原子大小的增加而逐渐减弱。这既反映了电子所见的电场在距离原子芯越来越远的地方逐渐减弱，也反映了电子在越来越大的轨道上运行时，速度越来越慢，使得相对论效应越来越小。随着我们持续爬升里德伯阶梯，原子回落到非激发态时的荧光会变得更弱，也更难检测，这些状态发射出一个光频段光子的概率随着它们激发程度的上升而急剧下降。用这种方法研究主量子数大于 20 的里德伯原子变得很困难，我们不得不转向其他方法。

于是，我们通过使用染料激光照射碱金属原子流来制备里德伯态。这些原子是通过蒸发一小份钠、铷或铯的样品而获得的，样品被置于一只带有一个小孔的炉中。这只炉被放置在一个空腔中，其中的空气被抽空。原子们从炉中逸出时呈一条直线，在真空中传播时形成一条略微发散的射束。激光以短脉冲激发原子，原子随后飞向一个由两块平行金属板组成的检测器，两板间被施加了一个电势差。一旦金属板之间的电场大小超过了将里德伯电子向原子芯吸引的电场，前者就会将里德伯电子剥离，从而将原子电离。电离所需的电场随着原子激发程度的增加而减小，这一依赖性使我们能够选择性地检测具有不同结合能的多种里德伯能级，检测灵敏度远高于观察它们的荧光。

从原子芯的吸引中逃离的电子会加速朝一个电子倍增器前进，这一器件

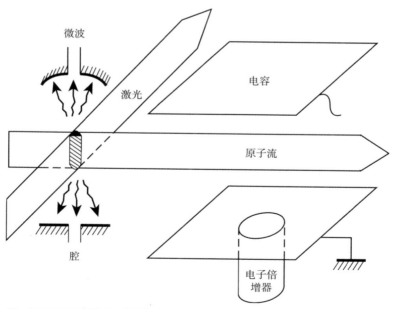

图 6.7　第一个用于研究里德伯原子微波能谱的实验装置示意图。激光器在一个由镜子组成的开放腔中激发一束原子流（图左）。在通过腔后，原子进入一个电容并被其中的电场电离。出射的电子数量用电子倍增器（E.M.）计数。

由一连串阴极构成。每个里德伯电子都会从第一个阴极撞出几个电子，而这些电子又会从第二个阴极撞出几个电子，以此类推。这导致了电流的显著放大，最终记录电流的存储示波器所保存的信号由连续的激光脉冲引起，重复速率约为每秒 10 次。在我们最初的实验中，我们在同一时刻所检测的受激原子数量很大。通过降低激光强度，我们逐渐能够观察到由数量越来越少的里德伯原子所产生的信号。最终，我们在每次激光脉冲后检测到的信号平均对应于一个里德伯原子的制备。

腔量子电动力学的诞生

随后，我们开始进行系统的微波能谱实验。在激光激发和最终检测之间，我们的原子处于一个由毫米波辐射源所生成的微波场中，其频率约为几十吉赫兹。这个微波场集中在一个小腔中，腔由一对彼此相对的球冠形铜镜组成。微波通过一个波导从辐射源传播到腔中，波导的末端是钻在其中一个镜面上的小孔。以每秒几百米的热运动速度行进的原子在穿越腔体所需的数微秒时间内会被暴露于腔所储存的场中。

微波的频率与腔反射镜间距会被同时扫描，从而腔内的场可以通过相长干涉生成（镜面间距 L 必须是场的半波长的倍数）。我们观察到，当场的频率符合从初始激发能级到最终的里德伯能级的跃迁频率时，里德伯原子的检测电流会发生变化。在经典图像中，该实验等价于测量里德伯电子在其玻尔轨道上的旋转频率。我们之前已经看到，这些频率接近于氢原子中的电子在相应轨道上的频率。它们与氢原子频率之间的小差异源自原子芯的扰动效应，因为原子芯只有在一阶近似下才是一个点电荷。因此，通过系统地记录碱金属原子的里德伯态在主量子数 n 和轨道角动量量子数 l 不尽相同的情况下的不同能谱，我们可以对里德伯电子与原子芯的相互作用进行深入的研究。

与氢原子能谱之间的偏差可以通过一个简单的模型来表示。模型中里德伯电子的结合能不是像氢原子中那样正比于 $1/n^2$，而是正比于 $1/(n-\delta_l)^2$，其中 δ_l 被称为量子数亏损，是一个数字，比 n 要小，它依赖于里德伯电子穿透准点状原子芯的概率。在玻尔的图像中，这一概率随着轨道的椭圆率或者说电子的角动量量子数 l 的变化而变化。低 l 值的轨道（$l = 0,1$ 或 2）的椭圆程度很高，电子在其近日点处非常接近原子芯，导致量子数亏损量 δ_l 相对较大（数量级为 1）。l 值较大的轨道（$l = 3,4\cdots$）几乎不会穿透原子芯，所以它们的量子数亏损非常小。然而，它们并不会完全消失，因为即使在原子芯外，里德伯电子也会受到它的微弱影响。

与天文学的类比可以帮助我们理解这种影响。我们知道，月球围绕地球运行，诱发了潮汐现象。月球对地球施加的引力移动了海洋质量，周期性地使地球的大地水准面发生形变。反过来，这种形变又会影响地球的引力场。因此，相对于地球是一个不可形变的完全刚性固体的情况相比，真实的月球周期表现得略有不同。类似地，里德伯电子通过其电场略微修改了碱金属原子芯的电子电荷分布，而这种修改反过来影响了其运动。在上述模型中，这就导致存在一个小的残余量子数亏损，它会随着 n 和 l 的增加而减少。

1979 年的某一天，这类实验给我们带来了一个惊喜。当时我们正在研究钠原子中从一个 $n = 23$ 的里德伯能级到一个 $n = 22$ 的较低激发能级的跃迁，跃迁频率为 340 吉赫兹。此时我们并没有开启微波场，但我们非常惊讶地发现，原子在**没有微波施加**的情况下从一个能级跳跃到了另一个能级。这一切所需要的只是对两个镜子之间的距离进行适当调整。当镜子之间的距离 L 满足一个并**不存在的场**的共振条件时，高低能级之间的布居转移信号达到了共振最大值！不久我们就搞清楚了原因：无意中我们做出了一个里德伯原子微波激射器。就像查尔斯·汤斯的微波激射器中的氨分子一样，我们的众多里德伯原子通过受激发射在腔中辐射出了一个相干场。这个场使它们集体转移到了较低的跃迁态。这是一个脉冲微波激射器，其发射的重复频率与激发激光一致。接下来，为了估计这个微波激射器的阈值，我们逐步减少每次脉冲所制备的里德伯原子的平均数量，这只需要调低激发激光的强度即可。

令我们极度兴奋的是，我们发现这个微波激射器的阈值极低。只有当我们每次脉冲制备的原子少于两三百个时，这种效应才会消失。相比之下，汤斯的腔中需要有数十亿个分子才能使他的微波激射器发生振荡。这一对比极具启发性。里德伯原子对微波的这种极度敏感性的体现使我们所能观察到的系统开始接近于我在八年前完成博士论文时的梦想。在我们的腔中，几百个原子与几百个微波光子发生了相互作用。

这还没有达到单个原子和单个光子的终极目标，但其接近程度已经开始值得认真对待。在那之前，我们很少关注所使用的腔的性质。从那以后我们意识到，如果能提高腔的品质因数 Q，我们达到的情况有可能允许该微波激射器只需要一个原子就能运作（因数 Q 是一个数字，与光子在被吸收之前在镜面之间反射的次数成正比）。为此，我们用一对由铌制成的镜子取代了铜腔，铌是一种在 9 K 以下会变得超导的金属。这对镜子在理论上的无限电导率会大大增加其反射率，从而提高腔的 Q 值。

这项新技术迫使我们改用一个低温实验装置，其中的核心会被冷却到液氦的温度，液氦被装在一个与反射镜有热接触的罐中。低温实验还有一个优势：降低了镜子的温度，也就降低了它们自发辐射出的热场的温度。在 $T = 4$ K 时，普朗克定律告诉我们，腔中存在的频率为 340 吉赫兹的热光子数量只有不到一个。这样我们在研究原子和场之间相互作用的量子效应时不会被室温下的热噪声所干扰。

在对实验装置进行了低温改造后，我们在 1983 年得以尝试这种实验。我们发现，当铌腔被适当调谐时，单个原子会被迅速地从高能级转移到低能级。在我们所达成的这种情况中，一个原子与一个光子进行了相互作用，并产生了一个可检测的信号。这很令人兴奋，但这距离我们圆满的快乐还差了几个数量级。在腔中发射出的光子在与原子重新作用之前就消失在了腔壁中。这个光子的寿命约为 300 纳秒，对应的 Q 因子约为 7×10^5。我们仍然需要提高一个到两个数量级，才能让这个光子在腔中停留足够长的时间，以使我们观察到真空场中的拉比振荡。

但是，我们知道我们所必须做的事情：进一步延长腔中光子的寿命，同时延长里德伯原子的寿命。在那以前，我们的里德伯原子由两个或三个激光脉冲所引发的阶梯式激发制备而成，它们相应的轨道具有低角动量和非常高的椭圆率，其中的里德伯电子的寿命也相对较短，大约为几百纳秒。为了获得更长的寿命，必须制备低椭圆率和高角动量的里德伯原子，最好是具有最大轨道角动量量子数 $l = n - 1$ 的圆态里德伯能级。同时增加光子和原子的寿命将要求我们建造一个新的实验装置并实施新的技术，这将逐渐引导我们做出在下一章中我将要描述的实验。

在 1980 年代，我们并不是唯一对腔中的里德伯原子的性质感兴趣的人。美国的丹尼尔·克莱普纳（Daniel Kleppner）是麻省理工学院的物理学家，也是我在 1973 年韦尔会议上结识的好友，他在 1983 年完成了一项漂亮的实验，实验表明当一个里德伯原子被限制在一个不具备其自发发射光子模式的腔中时，原子的寿命会被延长。为了进行这项实验，他使用了我前面提到的圆态里德伯原子，并发明了制备它们的方法。这个发射抑制实验与我们当时刚做的单原子里德伯微波激射实验正好相反。在我们的实验中，腔的存在增加了原子自发发射的概率，而在麻省理工学院的实验中，腔抑制了这种发射。

核磁共振的先驱爱德华·珀塞尔早在 1946 年所写的一份简短说明中就预测了腔的存在对受激原子寿命的改变。他当时会用电路的谐振线圈去引发固体或液体中的磁共振，他所感兴趣的是利用这些线圈与自旋的耦合效应去改变自旋的自发发射。该情景与我们的腔原子实验不同，但效果是相似的。腔壁或线圈构成的环境对一个量子系统的"缀饰"改变了浸浴着原子的辐射真空的模式，从而改变了这些系统的自发辐射特性。丹尼尔·克莱普纳为这种新的物理学起了一个名字：腔量子电动力学。

其他研究人员很快开始投身于这一物理学。在德国，赫伯特·瓦尔特（Herbert Walther）用里德伯原子微波激射做了一些非常漂亮的实验，实验中的原子通过一个一个前后相继地发射光子而填充了超导腔中的场。美国和欧洲的多个科研小组开发出了能把可见光光子限制在极小体积内的微腔，并使这些光子与穿过腔的基态原子发生耦合，从而将腔量子电动力学的概念推广到了光学领域。

大西洋两岸的研究和教学

怀着愉快与怀旧的心情，我回忆起在卡斯特勒和布罗塞尔的实验室里的这段充满着忙碌、意外和发现的时期。我与三名博士生，以及菲利普·戈伊（Philippe Goy），一位从固体物理转来帮助我掌握微波和低温技术的同事，组成了一个科研小组，我们所共享的不仅是对展现在我们眼前的原子光子物理的热情，而且还有许多其他东西，从音乐、绘画到政治。幽默感永远不会远离，这使我们能克服日常面对的挑战。我最早的学生，米歇尔·格罗斯（Michel Gross）与克劳德·法布尔（Claude Fabre），帮助我建立了我的实验室。我在上面概述的研究是他们博士论文的主题，后来他们继续着研究生涯，一个进入了国家科学研究中心，一个进入了大学。下一位学生是我的重大发现之一——一位年轻的高师毕业生，让–米歇尔·雷蒙（Jean-Michel Raimond）。他在 1978 年加入了我的团队，从此就再也没有离开。最初，他是我带的博士生，然后成为了我在大学的同事。他对物理学的深刻直觉，在计算机科学方面的丰富知识，在科学和人文方面的优秀素养，以及他"要命"的幽默感，这些都成了我们小组独特精神的一部分，这是一种友好的融洽氛围，同时被一种确定性所激励着：我们正在参与着一场由激光所开启的探索量子世界的伟大冒险。

我们不懈地进行着这场探索，在实验室里度过了一个个漫长的夜晚，进行着需要长时间积累数据的实验。研究人员的生活节奏并不会遵循固定的上下班时间表。很多时候，原子和光子实验需要长时间的准备和调试，之后自然界才能展露出它的秘密。当数据采集得以进行的时候，通常夜幕也已降临。往往就是在实验室处于这种异常平静的特殊气氛中时，一个实验的真相才得以揭示。此时大家必须鼓起双份的注意力，以抵抗疲倦并保持感官敏锐。在这种情况下，在友好的氛围中一起工作是极其有用的。

另一个关键时刻是撰写一篇论文或快报来展示我们的工作成果。我们必须找到正确的行文方式，为我们的工作在其所属的研究脉络中重新定位，同时强调其独创性和有希望的潜在发展。一份稿件若能被美国物理学会的顶级周刊《物理评论快报》接受，就是其高质量工作的明证。文章的标题、简介以及参考文献列表，往往是唯一会被阅读的部分，撰写时需要特别谨慎。在寥寥几个关键词之间，它必须能吸引全世界同行的注意力。一篇快报不能超过 4 页，同时还不能为了简洁而牺牲细节，原则上，它必须使任何人都能重复文中的实验或计算。这是一门我们所享受的艺术，我们会共同写作，相互鼓励并进行友好的批评，直到我们最终对结果感到满意。

但研究工作并不是一切。最开始，我是国家科学研究中心的研究员，1975 年，在我 30 岁时，被聘任为巴黎第六大学的教授。我的教学工作可以被分为两部分，一部分是在巴黎六大和高师对本科生进行教学，另一部分是在巴黎高师对让·布罗塞尔指导的研究生项目的学生进行教学，我在十年前就曾是该项目的学生。离开国家科学研究中心并加入大学让我感到开心，因为我一直热爱教学工作。在尽可能向学生们清楚地解释现代物理学的微妙概念的过程中，我自己也学到了很多东西。在教学方面的努力常常能帮助我加深对事情的理解，有时还会给我带来作为一个纯粹的研究员所不会产生的想法。当教学负担不太重时，它也可以帮助研究人员改变视角，从研究固有的困难中抽身，这样他们就可以带着一个经过休憩的新头脑回归科研。

在 1980 年代之初，我面临着一个艰难的选择。我可以留在法国，留在培养了我的实验室，这里给了我所能期望的一切自由，使我能做我喜欢的研究；我也可以顺应美国的召唤，当时那里的知名大学为我提供了教授职位。我对里德伯原子的研究得到了认可，因此我开始被邀请到世界各地，在国际会议上主持研讨会和讲座。我的履历说明我是一个具有上升潜力的年轻研究人员，对于这样的人，哈佛大学、麻省理工学院或斯坦福大学都会竞相争取，以期提升它们研究部门的学科实力。

这些职位邀请很诱人。我在加州做博士后的一年中，很喜欢那里既有竞争却又轻松的氛围，一想到能再回去并领导一个研究小组，我也动了心。我还被美国研究人员的巨大流动性所吸引，他们在美国大学之间的激烈竞争下会被驱使着去多处生活，并获得各种各样不断更新的研究经历。这一点在我看来一定能充实他们并拓宽他们的研究视野，而作为巴黎高师的终身职员，可能会让我产生某种思想上的禁锢，从而限制了我的研究的可能性。但同时，我又觉得在大西洋的另一边很难找到与我在巴黎的研究小组一样的团队精神。早在那个时候，在美国的科研已经成为了一种业务，所需要的不仅是一个研究人员素质，还有一个企业家的技能，才能娴熟地筹集资金，并在与同事或与科研机构的管理层冲突时老练地维护自己的利益。这与我在开明的实验室主任让·布罗塞尔的保护羽翼下工作时所习惯的那种情况截然不同。

为了不必在法国和美国之间二选一，我向耶鲁大学提议给予我一个兼职职位，让我每年能够在那里进行一个学期的教学和科研。而另一个学期我则回到巴黎继续教学，同时最重要的是避免将我与研究小组割离，这个团队带给了我很多东西，我想和他们一起追求我操纵孤立量子粒子的梦想。我从不后悔从 1983 年至 1992 年间在耶鲁大学度过的那些学期，这让我在一所常春藤大学的特殊氛围中经历了一个美国教授的生活。在那里，不同学科（包括科学领域和人文领域）的教授之间的关系比在法国更密切。每年的毕业典礼被美国人奇怪地称为"开始日"（Commencement Day），出席典礼的教师和学生都必须穿着学院长袍；每周系里会组织例会，会上会讨论未来教授的招聘；在大学俱乐部举行的招待会上，校长和院长们会以一种既正式又轻松的方式欢迎新来的同事——所有的这些活动都使我体验到在法国学术界已经或多或少消失的传统。

更重要的是，我很喜欢在耶鲁大学的教学生活，那里的学生与巴黎高师的学生截然不同。他们来自世界各地，按照多种多样的录取标准被选择了出来，形成了一个不像高师学生一样同质化的群体。由于他们的数学知识普遍偏少，他们的物理基础不如我在巴黎的学生，但美国的教育体系鼓励他们更多地表达自己、提出问题，而不会因为暴露自己的无知而感到尴尬。出人意料的是，他们的局限性使他们更加大胆，课程也因此变得更加生动活泼。此外，我在耶鲁大学与两位和我一样来自欧洲的同事成立了一个小型实验团队，他们分别是爱德华·海因兹（Edward Hinds）和迪特·梅舍德（Dieter Meschede），我们进行了有趣的研究。我不会在这里描述这一工作，因为它与后来被诺贝尔奖认可的工作没有直接关系。

　　尽管这种在大西洋两岸的双重职位有很多好处，但几年之后，我开始明显意识到自己不再能继续在这两个如此不同的情境之间保持"相干叠加"的状态了。情况对于我的家庭来说也变得越来越糟。克洛迪娜是国家科学研究中心的社会科学家，她可以很方便地跟随我去耶鲁大学，并且能在该大学宏伟的图书馆里继续她的工作，但朱利安和朱迪斯当时还是青少年，需要稳定的生活，无法跟随我移居生活。他们在巴黎上学，这不利于我家庭生活的协调。最终在 1992 年，我选择全职回到巴黎，当时我们在巴黎的原子和光子方面的工作正在经历一次可喜的转折。某次我在耶鲁大学工作期间，让 – 米歇尔·雷蒙招募了一位杰出的年轻学生米歇尔·布吕内（Michel Brune），之后他将一直与我们在一起，这充实了我们的团队，为接下来的冒险做好了准备。

激光致冷革命

　　在那个时期，给我们带来热情与振奋的还有加速涌现的与激光相关的发现和发明。1970 年代是激光能谱研究进展巨大的年代。在随后的十年里，激光也成为了一种控制原子运动的理想工具，它可以使原子停在它们的路线上，陷俘它们并研究它们的个体。由于停止原子就意味着减少它们的动能，从而也会降低它们的温度，因此这个领域很快就被称为激光致冷。我们的实验更关注于控制和操纵作为光的粒子的光子，虽然我们没有直接参与这个领域，我们也在密切关注着我同事在冷却和陷俘原子和离子时所取得的进展。操纵原子和操纵光子有很多共同点，其中一个领域的进展会使另一个受益，这在基础研究中是常有的事。激光致冷的物理研究在大西洋两岸都在发展，而我频繁的赴美工作使我能够第一时间了解那里开展的实验，以及美国和欧洲的研究人员在这一领域激烈的国际竞争。

　　通过冷却和陷俘原子，理论上可以在量子物理所允许的范围内最大限度地冻结原子运动，这很快就成了能谱研究的终极目标，用这种方法可以完全摆脱多普勒效应这一计量学的敌人。1970 年代的非线性光学方法确实能够在一定程度上消除多普勒效应，但该方法需要将原子置于强烈的光场中，从而会对原子能级产生摄动效应，其所导致的谱线移位和增宽都需要后续校正。此外，这类实验涉及的样本含有大量的粒子，它们相互碰撞所导致的其他摄动会进一步加剧原子跃迁的增宽和移位。很快人们就意识到，避免所有这些麻烦的办法是让原子全体静止，并且如果可能的话，让它们彼此孤立并保持距离。激光就可以做到这一点。最初的目标是进一步提高能谱精度，这不但得到了实现，而且良好程度远远超出了计量学家们的梦想，这导致其他完全意想不到的基础发现。

激光致冷依赖于光对物质施加的辐射压。如我们之前所见，原子在吸收一个光子后会获得这一光的粒子的动量。如果原子向激光源运动，其速度就会降低。在吸收了光子之后，原子会通过自发发射回到它的基态。由于这一发射的方向是随机的，原子所获得的动量在这一过程中平均为零，因为自发发射的概率在任意两个相反的方向上都是相等的。一束原子流中的原子在一束与自己速度方向相反的共振强激光的照射下，每秒都会经历大量的吸收发射循环，平均在每次循环中都会失去一小部分速度。

为了使这一过程变得高效，以求将原子减慢到近乎静止，原子们必须保持与激光的共振，这就需要补偿多普勒效应导致的变化。这种变化使得原子"看到"的光的频率比在实验室参考系中的更高。此外，这一表观频率会随着原子速度的降低而降低。为了防止激光脱离与原子的共振从而减损辐射制动的效率，我们可以利用原子磁性的一个特点。正如我们在第一章中所见，每个原子都携带着一个小磁体，它们在一个外磁场中会感受到自身的能量偏移了一个与外场大小呈正比的量。这被称为塞曼效应，以一位荷兰物理学家的名字命名，他是洛伦兹的同事，曾在 19 世纪末研究过磁场对原子能谱的影响。

为了在激光致冷的过程中利用塞曼效应，原子流会被送入一个用导线在圆柱上绕成的螺线管中。这个螺线管在原子流的方向上生成了一个不均匀的磁场。在螺线管的轴线方向上，每厘米的导线圈数递减，以使得原子在失去速度时处于一个递减的磁场中。此时的塞曼效应会严格补偿多普勒效应导致的变化，使原子一路上都能与光保持共振。

这个巧妙的装置被称为**塞曼减速器**，由威廉·菲利普斯发明，他曾经是丹尼尔·克莱普纳的学生，工作于华盛顿郊区的美国国家标准与技术研究所。1983 年，菲利普斯成功阻停了一束钠原子流中的原子，它们由黄光染料激光所激发。他用肉眼和相机都观察到了位于螺线管出口处的一小团由近乎静止的原子所形成的荧光云，这在世界上是首次。

两年后，另一位美国人朱棣文在新泽西的贝尔实验室将菲利普斯展示的一维冷却方法推广到了空间的全部三个维度。一束钠原子流首先由一束与之相对传播的激光和一个塞曼减速器预冷却，然后被三对激光束在三个相互正交的轴上所辐照，每一对激光都相互对向传播。因此在这三对激光的交汇处，原子们在所有的三个方向上都感受到了减缓它们速度的光，这些光的方向与原子速度相反，但原子们在其传播方向上也会同时感受到推动并加速它们的光子。为了使减速效果大于加速效果，朱棣文将六道激光束的共同频率略微红移。由于多普勒效应，在原子们看来，相对于自己的速度反向传播的光总是比同向传播的光更接近共振。因此，它们受到的减速大于加速，最终

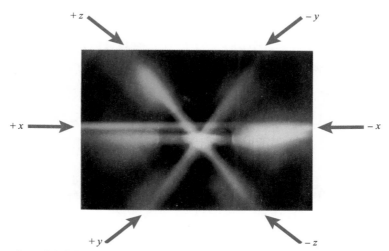

图 6.8　钠原子的光学黏团，拍摄于美国国家标准与技术研究所威廉·菲利普斯的实验室中。沿着三个正交轴双向传播的六道激光束是可见的，这是因为光在其路径上遇到的众多快速原子散射了光。在这些光束的交汇处，一个更强的散射点揭示了大约 10 亿个冷原子的存在，它们以每秒几十厘米的速度随机地进行着布朗运动。水平方向在视觉上有两道光：一道是在水平方向上的黏团激光对，在其上方的是用来预冷却钠原子流的激光束。

在几分之一秒内，它们的速度在所有三个方向上都会被降到非常低。

以这种方式利用多普勒效应，在六束激光的构型下减慢原子的想法在1975年已经由亨施和肖洛提出。而真正的实验则不得不等到10年之后，凭借激光技术的进步和朱棣文的实验技巧才得以实现。在光辐照的作用下，受冷却气体中的原子在六道激光束的交汇点移动缓慢，因为它们持续受到一个与它们的速度相反且成正比的力。这个力类似于一个小球落入一罐蜂蜜后所受到的阻碍其运动的黏滞力，因此该装置被命名为光学黏团。根据已知的理论，黏团中单个原子的残余动能平均应该等于荧光光子的能量不确定度。根据海德堡关系，这一不确定度等于 h/τ，其中 τ 是激发态原子的寿命，数量级在 10^{-8} 到 10^{-7} 秒。当时的理论预测，受冷却气体的温度 T 约为 $h/k_B\tau$，也就是几百微开尔文，其对应的平均原子速度为每秒数米。

菲利普斯跟进了朱棣文的实验，着手测量这个温度值。他瞬间关掉一个光学黏团的激光束，让原子在黑暗中经历几毫秒的坠落，然后重新打开激光，通过检测原子发出的荧光来测量它们的最终位置。由此，他可以推断出黏团中原子的初始速度分布，从而确定这团气体的温度。令他非常惊讶的是，这一温度的量级仅有几微开尔文，是预期的数值的百分之一！

几个月后，克洛德·科恩-塔诺季和他的学生让·达利巴尔（Jean Dalibard）为这个意外的惊喜给出了一个解释。他们意识到，当时的理论忽略了一个事实，即钠原子在其基态上具有两个自旋态，这使得原子和激光之间的动量和能量交换过程比简单的多普勒致冷更复杂。多束叠加的黏团激光会形成干涉条纹，它们通过对原子进行"缀饰"，造成了不同的自旋态在空间上的能量调制。因此，原子根据它们所处的态，会在势能景貌的众多高峰和低谷之间移动。

相互干涉的光束的偏振也会在空间上变化，这导致某一自旋态上的原子在到达一个势能高峰的顶端时，更容易吸收激光光子。之后，原子会通过发射一个光子回落到另外一个自旋态上，这个态处于一个低谷的底部，原子随后又必须爬上下一个高峰去吸收下一个光子。因此，激光致冷在结合了原子与光之间的能量和角动量两种交换之后，效率会远高于单纯靠辐射压制动，后者所作用的原子只有一个基态能级。克洛德和让将这种原子制动机制称为西西弗斯致冷，该名称所援引的这位神话人物被惩罚去无休止地将一块巨石反复推上山坡。鉴于这些在 1980 年代的发现，朱棣文、菲利普斯和克洛德在 1997 年分享了诺贝尔物理学奖。我有幸见证了这些工作，它们一部分发生在巴黎的一间实验室中，就在我实验室的隔壁，一部分发生在美国东海岸的一些研究机构中，我在耶鲁大学授课时曾有机会访问这些单位。

在激光致冷研究中，处于非共振光下的原子的能级移位后来会扮演一个重要的角色。正如我们之前所见，这一效应是克洛德在做博士论文期间发现的。传统的低强度灯光所产生的光致频移是微小的，只是单纯的有趣现象，而若换用激光，频移会变得非常大。将方向和偏振都经过适当选择的激光束交叠在一起后，我们可以通过干涉产生具有周期性结构的光场构型，使其光强在极大和极小之间交替。处于这种光场中的原子的能量具有空间依赖性，就像一个球在凹凸不平的表面上滚动时，其重力势能就具有了空间上的调制。

如果这个球的动能太小，不足以让它从一个凹陷移动到下一个凹陷，它就会一直被困在其中一个凹陷里。同理，被激光冷却的原子可以被陷俘在光势阱阵列中，这种阵列由相互干涉的多束非共振激光布局而成。将冷原子气体浸入到这种光结构中，就可以形成陷俘原子的阵列。对这类陷俘原子的研究在 1990 年代初开始发展，大大丰富了实验的可能性。

1 微开尔文的温度所对应的原子速度为每秒数厘米。为了防止它们在地球的引力场中集体坠落，它们必须受到一个与引力方向相反的力。为此，让·达利巴尔发明了一种巧妙的装置，将辐射压的效应与在空间上变化的磁场相结合。这是一种陷阱，自从 1980 年代以来为大量的实验室所配备，它被称为磁光阱。人们还发明了纯粹基于磁场的其他种类的原子陷阱，这可以使原子停留在黑暗之中而不会受到光的扰动。这类陷阱就好像具有无形瓶壁的"磁瓶"，其磁场的构型对原子的自旋施加了一个磁力，从而将它们限制在空间中的一个小区域内。

1990 年代初，在位于博尔德的 JILA，也就是约翰·霍尔在 1972 年测

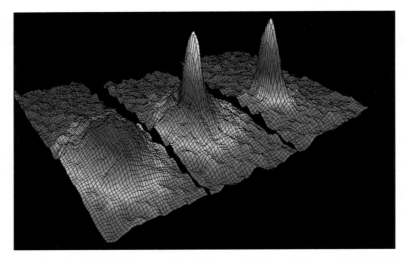

图 6.9 玻色 - 爱因斯坦凝聚的首张图片。一团超冷铷原子气体被陷俘在一个磁瓶中，通过蒸发得到进一步冷却。为了测量原子在不同冷却阶段的分布，陷阱被突然移除，在一段延迟之后，持续膨胀的原子云中原子的位置可以用它们对探测激光的吸收来检测。这就给出了移除陷阱时刻的原子速度分布。图中给出了这种分布在三个温度下的三维假色图像，温度从左到右递减，垂直维度表示原子的密度。左边是临界凝聚温度以上的情况，此时我们可以看到原子有着相对较宽的热运动分布。当达到临界温度时（中间），一个窄峰出现在一个较宽的台座中心，后者代表还未凝聚的原子。在更低的温度下（右边），这个台座会逐渐消失，此时大部分原子都落入了凝聚相 [图片来自迈克尔·马修斯（Mike Matthews），美国天体物理联合实验室]。

量光速时所在的研究所，两位研究人员卡尔·威曼（Carl Wieman）和埃里克·康奈尔（Eric Cornell）开始着手进一步冷却被悬在一个磁瓶中的一团已经非常冷的玻色子气体。他们的目的是达到玻色－爱因斯坦凝聚的阈值温度，此时原子会以每秒几毫米的速度运动，相应的德布罗意波长在微米量级。按照爱因斯坦在 70 年前的预测（见第五章），此时的玻色子将全部聚在陷阱的基态，所有原子都可以用一个波函数来描述。

为了达到这个在百纳开尔文量级的温度，仅靠激光致冷是不够的。威曼和康奈尔使他们的原子处于另一种被称为蒸发致冷的机制下。对于困住原子的陷阱，他们逐渐降低其磁势垒，从而允许那些最热的或者说动能最大的原子逃逸出去。剩余的原子会通过相互碰撞回归到一个更低温度下的平衡状态。这个过程类似于我们直觉上用来冷却过热液体的方法：用嘴吹。我们用这种方法加速了表面附近速度最快的分子的蒸发。那些留在液体中的分子在热平衡后会获得较低的平均动能，因此得以被冷却。

威曼和康奈尔直到 1995 年才达到了铷原子气体的玻色 – 爱因斯坦凝聚的阈值，创造出了一种具有迷人特性的新物质状态。几个月之后，麻省理工学院的沃尔夫冈·克特勒（Wolfgang Ketterle）又成功地凝聚了一团钠原子气体。威曼、康奈尔和克特勒因为这一发现而分享了 2001 年的诺贝尔物理学奖。

陷俘离子和量子跳跃

为了完成对冷原子研究全貌的概览，我还必须提到陷俘离子和电子的物理学。一个离子就是一个被夺取了电子的原子，夺取过程可以是光致电离，也可以是与其他粒子的碰撞。因此它带有正的基本电荷，并会在电场中受到一个力。不同构型的静场或振荡场可以由不同的电极和电流回路生成，一些特定构型的场通过作用于离子的电荷和磁矩，可以使离子保持在一个平衡位置附近。在此过程中，基本电荷所受的力远强于作用于中性原子的辐射压力。因此，离子陷阱比上一节描述的光陷阱要深得多，也稳定得多。它们能够约束住的粒子的温度量级可以达到 1 开尔文或更高，这比光陷阱所俘获的原子的温度高数千倍。同样的陷俘技术也适用于电子和正电子，它们比离子轻得多，但也带有基本电荷，场的构型可以对它们施加回复力。

陷俘粒子的运动在陷阱装置的金属电极或导线中会感生出振荡电流，早在 1950 年代，对这种电流的探测就使人们得以研究这些粒子的动力学。这一物理研究由德国物理学家沃尔夫冈·保罗（Wolfgang Paul）开创，之后在 1960 年代和 1970 年代对电子或正电子进行的实验中，该领域达到了非同寻常的复杂程度。在此期间，移民到美国西雅图的另一位德国物理学家汉斯·德默尔特（Hans Dehmelt）完成了一系列不折不扣的实验壮举，最终成功陷俘了一个孤立的电子，之后又陷俘了孤立的正电子，并将它们在他的设备中维持了数月之久。

他利用这些粒子在陷阱壁上感生的电信号，以非凡的精度测量了它们的磁矩。这是对与周围环境相隔离的量子粒子的首次研究，也终于实现了 1920

年代的思想实验的理想条件。这些实验使量子电动力学理论得到了非常精确的验证，实验结果与理论预测之间的一致性高达十位有效数字。

在激光进入原子物理学领域之后，德默尔特很快就明白了如何用激光观察和操纵陷俘离子。1978 年，他和另一位德国同事彼得·托沙克（Peter Toschek）在一个精彩的首创实验中用光检测到了一个孤立的离子。他们用激光照射一小团钡离子云，与激光共振的跃迁耦合了离子的基态与一个激发态，随后他们用显微镜观察离子样本的荧光。众多离子不断被强烈的激光重复激发，每秒向显微镜的物镜散射出数百万个光子。若在陷俘离子之前减弱用于产生离子的放电，他们就能够降低陷阱的填充率，直到只剩下一个单独的离子，它的荧光在陷阱的中心就像一颗微弱闪烁的小星星。他们对其拍摄的照片首次显示了一个悬浮在真空中的孤立原子，这个量子粒子可以用光来观察而不会被破坏。就这样，薛定谔的预言——这样的实验只能导致荒谬的后果——得到了强有力的反驳。

不久后，激光不仅被用于观察陷俘离子，而且还被用于操纵它们。1975年，从哈佛大学获得物理博士学位的戴维·维因兰德（David Wineland）彼

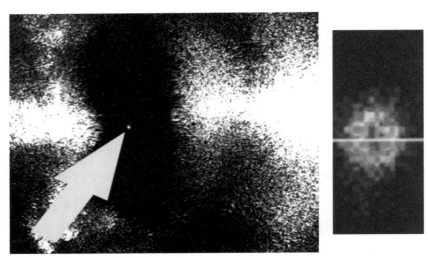

图 6.10　首次对单个原子进行的光学观察：一个单独的钡离子通过其荧光被检测了出来。这张模拟照片的曝光时间为 10 分钟，由德默尔特和托沙克于 1978 年用柯达胶片拍摄。陷阱电极所散射出的杂散光并没有完全掩盖箭头所指示的小亮点 [摘自《物理评论 A》（*Physical Review A*) 22 (1978)，1137]。右图是现代离子阱实验中的单个镁离子的数字图像，如今通常在几分之一秒内就能获得。

时还在德默尔特的实验室做博士后，这两人共同设想了一种用激光冷却离子的方法，类似于同年亨施和肖洛为冷却中性原子所提出的方法。当用一束激光照射陷阱中振动的离子时，只要激光频率略低于离子的某个共振频率，就可以使离子优先吸收与其运动方向相反的光子，从而使离子失去振动能量。一个离子在其陷阱中的运动在一阶近似下可以被描述为一个小振子相对于其平衡位置的振动。这个小振子的能级是量子化的，就像一个电磁场模式一样。振动量子的能量阶梯由多个等间距的横条构成，就像一个腔中的光子能量阶梯一样。这些能级中最低的一级是陷阱中的振动基态。

这样一来，被陷俘在基态上的粒子的静止程度就达到了量子物理所允许的极限。其位置和残余动量所表现出的涨落服从于海森堡不确定关系。维因兰德通过将激光致冷方法应用于陷俘离子，终于将单个离子冷却到了这种状态上，此时他已完成在西雅图的博士后并在博尔德工作。

我在 1980 年代的几次会议上见过戴维·维因兰德，并对他的实验非常感兴趣。在他的陷阱中振荡的离子非常类似于在我们的腔中与微波光子发生相互作用的里德伯原子。在这两种情况下，系统的状态均由两个量子参数来描述，其中一个关联着原子或离子的内部电子状态（在许多实验中可以描述为一个自旋在两个长寿命的 + 能级和 − 能级之间演化），另一个则关联着一个量子振子的状态（对于腔中的里德伯原子来说，由光子数量描述；对于振荡的离子来说，由振动量子的数量描述）。

为了具体地解释这一类比，让我们考虑一个处于振动基态的离子，它被制备在 − 态上。我们让它与两束激光相互作用，调整两激光的频率差 $\nu_1 - \nu_2$，使其等于 + 态和 − 态的能量之差除以 h。随后在两个激光模式之间必然会发生光子交换。这一过程被称为拉曼散射，以印度物理学家钱德拉塞卡拉·拉曼（Chandrasekhara Raman）的名字命名，他在 1920 至 1930 年代是分子能谱学的奠基人之一。我们的离子会从 − 态切换到 + 态，在这个过程中它在一束激光中吸收了一个光子，并在另一束激光中通过受激发射发射了一个光子。这一可逆的现象类似于一次拉比振荡。拉曼散射使该离子在 − 态和 + 态之间来回振荡，并且不会改变其振动状态或激光束之间交换的光子总

数。现在，我们调整频率差 $\nu_1 - \nu_2$，使其等于（$E_+ - E_-$）$/h$ 再加上陷俘离子的振动频率。能量守恒要求离子从 − 态到 + 态的切换须伴随着一个振动量子的激发。此时，离子应该在 $|{-},0\rangle$ 和 $|{+},1\rangle$ 两种状态之间振荡。同样，对于我们在巴黎的实验来说，如果腔能够容纳光子足够长的时间，那么当我们研究的里德伯原子在两个电子态之间振荡时，这两个电子态也应该关联着场中存在的 0 个或 1 个光子。

里德伯原子的物理和陷俘离子的物理遵循着同一个方程式！在这两种情况下，都应该能观察到拉比振荡。在我们的实验中，振荡是自发发生的，导致振荡的是存在于里德伯原子和适当调谐的腔的真空场之间的耦合作用。在陷俘离子的情况下，振荡是由激光引发的。早在戴维·维因兰德和我能够在实验室中明确地观察到这些现象之前，上述的相似性就令我们印象深刻。在 1980 年代，我们以不同的方式朝着同样的目标前进。很多时候，在我们各自研究的启发下，我们两个系统之间的相似性会引导我们去想象新的实验。

最后，我必须提到 1980 年代的一个陷俘离子实验，它激发了我的想象，后来我试图将其推广到我们的腔量子电动力学实验中。我们已经看到，一个在陷阱中的孤立离子在受到探测激光照射时，与激光共振的跃迁耦合了基态 g 和一个激发态 e，离子因此会持续每秒散射出大量的光子。这种荧光可以用简单的显微镜看到。

现在，让我们考虑离子的另一个激发能级，将之命名为 d。用第二束汇聚在该离子上的激光与 g、d 两能级之间的跃迁共振。假设离子与第二束激光的耦合远弱于与第一束的耦合，导致离子从 g 到 d 的激发概率要远小于从 g 吸收一个光子后跃迁到 e 的概率。那么在探测激光的频率上，我们会观察到怎样的离子荧光呢？只要离子没有进行过从 g 到 d 的跃迁，显微镜就会持续接收到大量的光子。一旦第二束激光将离子带到了能级 d 上，离子的强烈荧光就会突然熄灭，表明它已经离开了能够散射探测激光的能级 g。因此，荧光的突然消失标志着离子从光散射态 g 向"暗态"d（英文 dark state 的首字母）进行了一次量子跳跃，后一个态无法散射探测激光。一段时间后，离子会自发从 d 回落到 g，随后荧光重新出现，就像它消失的时候一样突然。

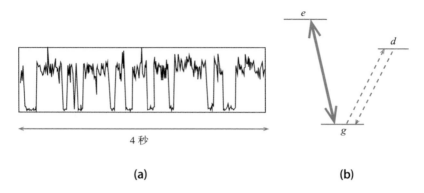

图 6.11 （a）通过间歇的荧光所观察到的量子跳跃，荧光由一个陷俘汞离子发射。（b）离子能级图：引发荧光的是一束强烈的激光，它使原子在 g、e 两能级的跃迁上迅速往复。与此同时，另一束激光在激发 g、d 之间的跃迁，d 能级寿命很长。当原子从 g 被激发到 d 时，荧光消失，并在离子自发落回到 g 时突然重现［摘自《物理评论快报》（*Physical Review Letters*）57（1986），1699］。

　　这个实验是用一个汞离子做的，由维因兰德和他在博尔德的小组在 1986 年完成。西雅图的德默尔特和德国的托沙克在同一时期也做了类似的实验，直接观察到了单个离子在两个能级之间的突然跳跃。我还记得在那年的一个国际会议上有一段短视频演示。观众们都着了迷，他们看到一个单独的离子被孤立在一个陷阱里，像一颗小星星一样闪烁着，在随机的时刻忽灭忽明。这种量子跳跃——其存在为玻尔所预言，却从未被薛定谔所接受——得以首次被直接看见。

　　这个实验在原子物理学界引发了轩然大波，人们分成了两派，一派认可这种跳跃的存在，另一派则像薛定谔一样对此并不相信。后一派的怀疑所依据的事实是，直到那时为止，人们观察的只是粒子的大容量样本（系综），其在统计上的演化掩盖了单次原子跳跃的存在。从理论上讲，薛定谔方程在一个量子系统的波函数演化中并没有预测任何不连续性。只要这一理论所面对的实验是对大体量系综所进行的，跳跃的概念就不是必要的。对孤立粒子的观察则从根本上改变了这种情况。

　　关于这些跳跃是否为真实的问题，可以用简单的措辞提出。若探测激光不存在，无法检测离子是否处于"亮"能级 g 上，而激发从 g 到 d 的跃迁的激光依然与原子进行着相互作用，此时原子是否还会不连续地跳跃到"暗态"d 上？换句话说，如果我们不去"看"它，最初被制备在 g 态上的离子是否会发生量子跳跃？哥本哈根学派的答案是简单的：只有当系统被观察时，才会有跳跃。在没有与任何测量仪器耦合的情况下，若存在激光与从 g 到 d 的跃迁共振，其所引发的拉比振荡会使离子从 g 态开始连续演化，并全程处于 g、d 两态的相干叠加中，此时说它处于一种状态或另一种状态是没有意义的。只有在这种情况下再打开探测激光时，离子才必须随机"选择"它所处的态:若选择 g 态，离子会开始散射光，量子跳跃也未曾发生;若选择 d 态，离子不会发出荧光，依然不可见，这表明发生了一次跳跃。如果探测激光继续测量原子的状态，那么离子在被刚刚发现处于 g 态后，有很大的概率会在一段时间内留在该态，因为将其向 d 态转移的激光的微弱激发只能缓慢地建立起在这个"暗态"上发现离子的概率振幅。因此，离子的荧光可以在一定的时间段内被观察到。然而，最终离子会跳跃到 d 态，此时"亮态"g 的荧光会突然熄灭。

这一分析所包含的论证也是诠释杨氏双缝实验所用的论证。在没有探测激光的情况下，询问离子是否处于一种状态或另一种状态，就好像询问一个粒子是否通过了杨氏干涉仪的一个狭缝或另一个狭缝，这种问题没有任何意义，因为此时没有任何设备能够回答这个问题。在这两种情况下，所关注的量子系统均处于多种状态的相干叠加中，只要我们不试图通过测量来消除这种量子的模棱两可性，系统就一直处于这种叠加中。

离子阱用光束来非破坏性地操纵孤立的物质粒子。而我的团队和我从 1980 年代末开始试图颠倒物质和光两者的角色。我们想利用里德伯原子射束去操纵被囚禁在一个腔中的光子。其中极端的困难在于，光量子比离子或原子要脆弱得多。它们在被囚禁的状态下，一旦接触到物质往往会迅速消失。想要在不破坏它们的情况下连续地观察它们，想要去检测一个电磁场的量子跳跃，这无异于一项不可能的挑战。我们花了 15 年的时间来实现这一点，做出了在下一章中所描述的实验，这使我们得以用光子去探索量子世界和经典世界之间的边界。

第七章

驯服薛定谔的猫

　　"看"是世界上最自然的行为。我们能够感知周围的一切现实，凭借的是光，它由辐射源发出，经过环境中物体的散射后进入我们的眼睛。通过这种方式，我们接受了大量的信息，它们经过大脑的处理之后，使我们能够了解我们所生活的这个世界。所有这些信息都是通过光子传递的，这种粒子以光速穿越空间，难以捉摸且无所不在。通过与物质——我们周围的物体、我们的视网膜以及我们用于检测可见和不可见辐射的探测器——的相互作用，这些粒子让我们了解了世界。光子可以被我们直接感知，这让我们形成了对我们所处环境的认识。光子也可以被日益复杂的仪器所探测，这为我们提供了关于宇宙的知识，包括其起源与演化。

　　不同光子所携带的信息取决于它们的不同属性。它们的颜色是一个重要参数，可以通过能谱研究进行分析，这种研究测量的是光的波长。不同的谱线标志着存在于恒星和星际空间中的不同元素。它们的频率根据光源和观察者之间的相对速度而变化。多普勒效应让我们能了解原子的运动，无论是它们在地球上实验室中的运动，还是它们在运动恒星中受到驱动的情况下向我们发出信息时的运动。若我们接收的光子是从引力场中发射出来的，其颜色也会根据引力场中时间流逝的节奏而变化。广义相对论的时间膨胀效应会向我们透露时空的弯曲。光子在沿磁场传播时，其偏振平面会绕磁场方向旋转（这是第三章中讨论过的法拉第效应），这可以告诉我们恒星和行星周围场的分布情况。最后，光子的波长在宇宙的膨胀下会改变，这种膨胀在宇宙时间尺度上延长了空间距离，这解释了宇宙背景辐射的冷却，这种辐射的波长原本很短，现在则延长到了无线电波的频谱范围。

光子所传达的信息中一个重要部分在于其流量的强度，也就是每秒到达的光子数量，它们来自空间中的不同方向，最终到达我们眼中的晶状体、相机的镜头或望远镜的抛物面，它们形成了我们观察到的世界的像。信息的另一个组成部分更加微妙，它包含在电磁场的相位中，这只有通过观察干涉现象才能检测到。其原理是将来自一个物体的波的相位与一个参考波的相位进行比较，后一个波叠加在前一个之上。这种叠加会呈现出振幅的空间变化。于是，物体发出的波的相位中所包含的信息被转化为了强度信息，可以通过一块光敏板来收集。

同时利用光的强度信息和相位信息是一门艺术，它极大地提高了光学和成像仪器在可见波段和不可见波段的表现。一个例子是全息图，也就是用一块照相底板来记录两束光的干涉，一束光直接来自一个激光器，另一束是被激光器所照射的物体散射在底板上的光。因此，基于底板收集到的信息，用读取激光甚至自然光照射底板时，就可以重现物体的三维图像，而普通摄影由于只利用了光的强度，因此只能得到平面的二维图像。天文学家将干涉术和全息术的原理推广到对天空的观测中，通过各种巧妙的方式减少了由大气层湍流造成的光相位波动，从而大大地提高了行星和恒星图像的分辨率。

我刚才所概述的成像原理，若排除相对论效应，可被描述为是经典的。它们用到的仅有几何光学定律、波光学定律以及自从菲涅耳、多普勒、斐佐和麦克斯韦时代以来就已知的现象。但我们不能忘记，光子这种善变的粒子既是一个波，又是一个粒子。爱因斯坦在 1905 年对该二元论的接纳是量子物理学的起点。在光子所传递的信息中，有一部分不能被简单约化到单一的粒子层面或波动层面。在被测量之前，光子不会"选择"自己是一个波还是一个粒子，这种模棱两可性是一种纯粹的量子特性，也是一个引发争论的主题，这体现在了 1920 年代和 1930 年代的思想实验中，对此我们在第五章做了回顾。想要在实验室中研究被囚禁光子的这种模棱两可性，可以通过应用腔量子电动力学的方法来实现，在这种研究的可能性刚刚浮现时，它就成为了我和我的团队的目标。

　　然而这一工作的困难是双重的。其中一个困难与光子的脆弱性有关。在自由空间中，光子是永存的，宇宙背景辐射光子就是一个明证，它们已经在宇宙中旅行了 130 多亿年。但当我们试图俘获它们时，一旦它们与材料相接触，很容易就会消逝。即使是最具反射性的镜子和最透明的介质也会迅速吸收它们。即使是效率最高的光纤也会在几十公里后造成光的衰减，而光子走过这一距离只需要不到一毫秒。

　　另一个困难来自这种脆弱性的后果。在对光子的常规检测方法中，检测光子的可以是我们的眼睛、光电倍增器、光电管、红外相机或无线电天线，而它们都会破坏光子。爱因斯坦在 1905 年所分析的光电效应就很好地描述了这种现象。光子落在金属上，将其能量让给一个电子后自身消失，随后电子从金属逸出。由此产生的咔嗒声标志着光子的死亡。这种效果类似于对加速器中粒子留下的轨迹进行的检测，也就是观察它们碰撞后产生的残骸。

　　在这个意义上，在一个非常不同的能量范围上，光子检测让人想起薛定谔描绘的图像，他将气泡室中观察到的轨迹视为消失的粒子留下的死后信号。通常的光电检测器（包括我们的眼睛）记录到的信号也是如此：被检测到的光子是一个消失了的光子。为了能观察到活着的光子并且不杀死它们，我们必须造一个腔来将它们长时间囚禁，并使用超敏感的原子来探测它们，这些原子能够在不破坏它们的情况下从它们身上提取信息。

　　这种控制、操纵和观察光的新方法后来把我们引向了一系列基础实验。我们在不破坏光子的情况下看到了光子，这使我们能够为光穿上奇特的新衣。我们将光制备成了不同状态的叠加，使它同时以一个相位和相反的相位进行振荡。我们还可以制备出其他的状态，让光既能照亮囚禁自己的一对腔镜，同时又能让它们处于黑暗之中。我们突出呈现了这类奇异光场态的极端脆弱性，并展示了它们如何在须臾间变成了普通的经典光。用这些方式，我们探索了微观量子世界和日常感受的宏观世界之间的边界。我们开发的方法使腔中的量子奇异性得到了尽可能长时间的保存，由此我们开始探索是否能将其利用在创新的信息处理设备中。这些就是我在本章中将会讨论的冒险。

光子盒

我们最终造出来的光子盒看上去并不像伽莫夫送给玻尔和爱因斯坦的那一只（以纪念二人在 1930 年索尔维大会期间的辩论）。不过我们将会看到，两者之间确实有一些相似元素，我们的光子盒可以容纳一个非常特殊的时钟，这使我们能够确定光子进入或离开盒子的时刻。我们并未改动最初实验所用的腔的几何形状，构成腔的始终是一对彼此相对的球冠形镜子，但我们逐步提升了它的品质，使其金属表面的反射性越来越强，为此我们在抛光的铜上以光学精度加工其表面，并在上面覆盖了薄薄的一层超导铌。我们现有镜子的表面不均匀度不超过几个纳米，这使得散射到腔外的微波极弱。超导薄层近乎无限的电导率也使得金属对光子的吸收降到了最低。

为了衡量从 1990 年至 2006 年之间取得的进展，我们可以比较两个数字。我们最初的一对超导镜子由纯铌切割而成，光子在镜面间反弹仅 5000 次后

图 7.1　巴黎高师的光子盒。51 吉赫兹的微波场被储存在两块球冠形铜镜之间，铜镜上覆有薄薄一层超导铌。光子能够在镜子上反弹超过 10 亿次，平均能被囚禁 130 毫秒。造成损耗的是金属中残留的吸收作用和表面瑕疵导致的微波衍射。该腔被保持在 0.8 开尔文。在这个温度下，平均热光子数为 0.05。在有些实验中，一个微弱相干场会被注入腔中，场中平均仅含有若干个光子。辐射出该场的是镜子附近的一个小喇叭天线（图中未显示），天线通过波导被耦合至一个经典微波源。微波通过在镜子边缘的散射与腔模耦合。

就会消失，而在用铌覆盖的铜镜上，它们能够反射超过十亿次。我们同时利用了两种金属的特性：铜的机械品质较高，比铌更容易加工，而铌是超导体，在铜上的覆盖厚度约为 10 微米。

这个腔中的场模形成了一个驻波，在相距 2.6 厘米的两面镜子之间有九个波峰。这些波峰之间的节点为腔场振幅抵消的位点，它们相邻 2.95 毫米，是以 51 吉赫兹振荡的微波辐射波长（5.9 毫米）的一半。在我们性能最好的腔中，在两块镜子之间反弹的光子平均能够存活 130 毫秒，并走过约 4 万公里的折叠路径，等于地球的周长。谈论这些光子的轨迹时援引的是一个经典图像，在量子物理学中没有意义。事实上，光子在腔的驻波中是完全非定域的，如果我们可以在腔中放置一个微型探测器，那么在每一点检测到光子的概率与驻波振幅的平方成正比。

为了能感受这个腔的品质，可以回想我们在带有反光侧壁的电梯中都经历过的体验。当我们面向这些镜子时，可以看到一系列自己的复制影像，但它们在远处很快就变得模糊，这是由于那些反射表面上有瑕疵。但如果在我们所处的电梯中，其平面镜在可见光频率上的完美程度可以媲美我们的微波腔镜，我们就可以看到超过 10 亿个自己，形成一条长长的人链，和中国或印度的人口一样多！诚然，此时我们不会感到非常舒适，因为这些镜子必须被保持在不超过 0.8 开尔文的温度下，这使得其表面的电导率几乎为无限，并在实质上消除了它们的热辐射。

经过长时间的反复试错我们才完成了这只理想的盒子，曾经有很多尝试让我们走入了死胡同，也有很多实验遭受了各种意外。在追求理想的腔的过程中，我们得到了来自萨克雷原子能委员会（Commissariat à l'énergie atomique de Saclay）的研究人员和工程师的帮助，他们在开发粒子加速器的微波腔方面拥有丰富的专业技能。然而，他们制造的腔的约束条件与我们的差别很大，我们需要调整他们的加工程序以适配我们的实验。

尽管当时我们知道，理论上并没有什么能限制我们做出想要的腔，但在实践中我们是否能做到则并不确定。铜基面上最轻微的划痕，处理镜子时落在表面上最微小的灰尘，铌膜附着时的微小缺陷，这些都足以使光子的寿命缩短好几个数量级，使我们所要做的实验无法进行。我记得 2006 年春天的一天，米歇尔·布吕内带着灿烂的笑容走进我的办公室，他告诉我，我们的学生终于测量出了超过一百毫秒的光子寿命，那一刻我们的喜悦和欣慰令我永生难忘。正是在那天，我们知道一直梦想的实验已经成为可能。

圆态原子

进行这些实验，单凭一个腔，就算它有几乎完美的镜面，也是不够的。为了探测它的场，我们需要被激发至寿命非常长的能级上的特殊原子，它对微波光子极其敏感。我们使用的这种探测器是圆态里德伯原子[1]，其主量子数 n 约为 50，它的外层电子环绕原子芯旋转时所处的圆形轨道直径为普通基态原子轨道的 2500 倍。

这些巨大的圆态原子与我们在早期实验中使用的原子不同。那些原子具有一个低角动量，其外层电子相应的经典轨道的椭圆程度很高，类似于彗星在太阳系中的扁长轨道。这些原子通过吸收两三个激光光子制备而成，其中每个光子只能为电子贡献一个单位角动量。在这些状态下，里德伯电子在位于椭圆轨道的近日点处会接近原子芯，它在原子芯附近的高加速度使它有很大的概率辐射出一个光子并下落到一个激发程度较低的态上。因此，这些椭圆态的寿命被限制在几微秒内，过短的寿命使它们无法在我们的腔中成为微波光子的良好探测器。但若换做一个圆态，相应的外层电子会在一个正圆上旋转，并始终远离原子芯。因此，它经历了一个最小的加速度，这使得该原子的寿命可高达约 30 毫秒，与我们腔内的光子寿命在一个数量级。

圆态原子的制备是由丹尼尔·克莱普纳于 1983 年在麻省理工学院首次

---

1 这是一种目前世界上仅有少数几个课题组在进行实验研究的里德伯原子。书中的圆态里德伯原子（Circular Rydberg Atom）和圆态原子（Circular Atom）是同义词，这种原子所处的量子态在书中被称为圆态（Circular State）、圆里德伯态（Circular Rydberg State）或圆态里德伯能级（Circular Rydberg Level），这三者也是同义词。

实现的，整个过程包括两个步骤。首先，激光激发使原子进入一个低角动量的高激发态。然后，对原子施加一个圆偏振的射频场，原子从中吸收了约 50 个非常低频的光子，每一个都为外层电子贡献了一个大小为 h 的单位角动量，仅仅略微地增加了其能量。这第二个步骤让人想起我们对一颗人造卫星的轨道调整，轨道的椭圆率可以通过卫星助推器的多次小推动来改变。圆态原子实际上是最经典的原子，其电子波函数的空间分布最接近于一个经典轨道。其电子在概率不可忽略的空间区域形成了一个环，类似于一个卡车轮胎，其厚度大约是半径的七分之一。

这个环界定出了一个有点模糊的圆形轨道。轨道的半径不能被完全确定，这反映了电子的位置和动量之间的海森堡不确定原理。电子的状态被描述为一个在环面内旋转的德布罗意波函数。轨道的稳定性条件要求其周长等于整数个波长。这一量子化条件就是玻尔在 1913 年发现的经验条件，出现在他的第一个氢原子量子理论中。圆态原子的主量子数 n 只是以德布罗意波长为单位而测得的轨道周长。

在一个量子数为 n 的圆态里德伯原子中，外层电子的能量是完全确定的。因此，电子在给定时刻在其轨道上的位置不能确定，这是时间和能量之间的海森堡不确定关系的要求。量子物理在此描述了一个以非常精确的频率旋转的粒子，但它在其轨道上有一个完全不能确定的相位。由于电子的电荷出现在轨道上相反两点的概率相同，电子分布的中心就与带正电的原子芯

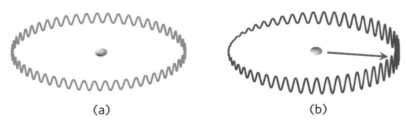

(a)　　　　　　　　　　　　(b)

图 7.2　对单个圆态原子外层电子的德布罗意波的描绘。(a) 圆轨道 $n = 50$ 所关联的波在一个圆上绕原子芯旋转，该圆的周长等于 50 个德布罗意波长。波的振幅在圆周上是恒定的，原子的电偶极矩为零。(b) 两个圆轨道 $n = 50$ 和 $n = 51$ 的叠加，由一个 $\pi/2$ 微波脉冲制备而成。叠加所得的圆形波在电子轨道的一侧有一个波峰，在相反的一侧有一个波节。该原子获得了一个电偶极矩（箭头），它绕着原子芯旋转，旋转频率为 $n = 50$ 和 $n + 1$ 两能级之间的玻尔跃迁频率（约 51 吉赫兹）。

位置重合。因此，此时的电偶极矩，作为原子正负电荷重心分离度的一个衡量，在圆态里德伯上等于零。

然而，通过在原子中创造一个非零电偶极矩，我们就可以描述电子在其轨道上的位置，并为其转动给出一个定义良好的相位。为此我们可以制备两个相邻圆态的叠加，两态的量子数分别为 n 和 $n+1$，例如取为 $n=50$ 和 $n=51$。一个微波脉冲被调至这两态之间的跃迁频率后，会在它们之间引发拉比振荡，使原子进入这两态的叠加。这样一来，通过调整微波激发的持续时间和相位，我们可以制备一个具有可控概率幅的叠加。比如，假设我们在相当于拉比振荡周期四分之一的时间后中断这种激发（其磁共振术语为 $\pi/2$ 脉冲，因为它持续了一个完整的 2π 弧度的拉比振荡的四分之一）。于是，原子就进入了主量子数为 n 和 $n+1$ 的两个圆态的等权重叠加。

此时围绕原子芯旋转的德布罗意电子波成为了两个波的叠加，这两个波在两态各自的圆轨道上表现出 50 次和 51 次振荡，两轨道的半径几乎相等。如果这两个波在轨道的某一点上相位相同，那么它们在直径另一端的点上则相位相反，因为两个波在走过半个圆周后，经历的路径之差正好为半个波长。

于是，两个物质波之间的干涉在轨道的一侧相长，在另一侧相消。这一叠加由此产生了一个新月形的波，在直径两端的点上分别有一个波峰和一个节点。这个波包由两个德布罗意波生成，通过干涉得以定域，它绕原子芯旋转的频率等于叠加的两态间的跃迁频率，在我们考虑的 $n=50$ 和 $n=51$ 两态的情况下，这一跃迁频率为 51 吉赫兹。这就在原子中生成了一个转动的偶极子，类似于一颗围绕太阳转动的行星，或者在表盘上转动的时钟指针。这种转动的相位也是可控的，为此只需要调整产生两态叠加的微波脉冲的相位。最后，我们可以略微改变电子的旋转频率，这需要对原子施加一个垂直于轨道平面的静电场。该场略微改变了两个里德伯能级的能量，从而改变了它们之间的跃迁频率。

圆态里德伯原子在理论上是非常简单的量子系统，但在实践中十分脆弱，制备它们和保护它们不受环境扰动都并不容易。为了将原子从其基态晋升到圆态，我们必须将克莱普纳发明的方法应用于我们的实验装置，将激光和微波脉冲与完美校准的外加电场和磁场结合起来，并将原子流保持在一个冷却到极低温度（低于 1 开尔文）的真空室内。我们也学会了如何控制这些原子的速度和位置。通过使用在空间和时间上都彼此分离的多个激光脉冲对原子进行阶梯式激发，我们在原子流中选择出的原子具有定义良好的速度，范围在 200 ~ 300 米 / 秒之间，误差不超过若干个单位。这种速度筛选使我们能够知道原子在每个时刻的位置，从它们初始被制备为圆态的上游区域，到它们穿过腔后被检测到的下游区域。在最新的实验版本中，我们还制备了非常缓慢的圆态原子，其运动速度仅为每秒几米。为了获得它们，需要在垂直的原子流中激发已经被激光冷却过的原子。

对这些复杂操作的开发使我们忙碌了数年，与之同时进行的还有我们为完善腔镜而做的研究。在这一时期，我们验证了一个与量子物理无关的"互补原理"：我们越是试图在概念层面上简化实验，就越是需要尽可能明确和精准地控制所有的参数，从而在技术层面上的程序就会变得越是复杂。从概念上讲，我们想要构造出一个极致简单的情况：一个原子中绕圆旋转的电子与几个在一对镜子之间振荡的光子发生相互作用。这两个相互作用的系统各自既是波又是粒子，根据所做的测量，它们会揭示出其量子二元性的一个或另一个方面。

量子乒乓

在我们的腔量子电动力学实验中，一个关键的测试表明了我们的原子 - 腔系统的理想表现，这就是观察真空场中的拉比振荡。实现这一点是我长期以来的梦想，一直可以追溯到我的博士时期以及在 1971 年与阿纳托尔·亚伯拉罕的那场对话。圆态里德伯原子会与我们腔镜间的真空场涨落发生耦合，此时原子的演化是容易计算的。我在上一章中介绍的缀饰原子理论表明，一个被制备在 $n = 51$ 的圆态上的原子在进入初始为空的腔中时，会在初始圆态和 $n = 50$ 的圆态之间振荡，这意味着原子会周期性地反复发射和吸收一个光子。这一现象发生的频率为真空拉比频率 $\nu_{R,0} = 50$ 千赫兹，决定这个数值的仅仅是我们的巨型原子的半径和腔内的场所占据的体积。

　　为了观察这种振荡，$n = 51$ 和 $n = 50$ 两态（下文中简称为 e 和 g）之间的原子跃迁频率必须严格等于腔场频率，这一共振条件可以通过调整镜子之间的电场大小来实现。这种振荡对应于原子和场的系统在 $|e,0\rangle$ 态和 $|g,1\rangle$ 态之间的周期性演化，两态分别描述了在真空中处于 e 态的原子以及在单个光子存在时处于 g 态的原子。如我们在上一章中所见，这可以被诠释为一种量子干涉效应，在被腔场所缀饰的原子的能量图像中，系统所遵循的两条路径关联了进行干涉的两个概率幅。为了能观察到这种振荡，光子在镜子之间存活的时间相对于振荡周期 $1/\nu_{R,0} = 20$ 微秒来说必须较长。因此早在 1996

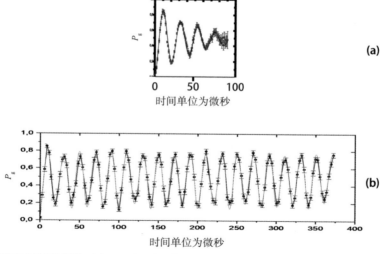

图 7.3　真空场中的拉比振荡。（a）1996 年观察到的信号，圆态里德伯原子在大约 100 微秒内穿过腔体。 光子在腔中的寿命为 220 微秒。实验中，将处于 e 态的原子一个接一个地注入真空腔中，且逐步递增原子与腔相互作用的时间，每次递增后，实验均被大量重复，由此我们观察到，发现原子处于 g 态的概率作为时间的函数会进行规律地振荡，呈现出了一场量子乒乓球游戏：原子和场以可逆的方式交换着一个能量量子。在振荡的极大和极小处，原子和场的系统相应处于 $|g,1\rangle$ 态和 $|e,0\rangle$ 态。在两者之间，系统处于原子和场之间的一个纠缠态［摘自米歇尔·布吕内，等，《物理评论快报》（*Physical Review Letters*）76（1996），1800］。（b）同样的信号，但改用"冷"圆态里德伯原子以及一个能维持光子 10 毫秒的腔。在这个实验中，原子流是垂直的。所用的铷原子在位于腔下方的磁阱中经过激光照射冷却。它们被一个垂直激光脉冲以 8 米 / 秒的速度注入腔中。我们随后在腔内将它们制备为圆里德伯态，为此首先对它们进行光激发，再使它们与腔镜周围的电极产生的圆偏振射频场发生相互作用。如今，这场量子乒乓球游戏的时间已经长了许多，达到了约二十次来回，不再只是三四次 ［弗雷德里克·阿塞马（Fréderic Assemat）与塞巴斯蒂安·格莱兹（Sébastien Gleyzes）的实验，2019 年］。

年，在我们的腔还不完美，只能将光子保存约 100 微秒的时候，我们就已经能观察到这一现象。

每个圆态原子都沿着水平轨迹通过腔体。我们注入处于 e 态的原子，并使它与腔内的场发生一段固定时间 t 的相互作用，随后我们会突然改变镜子间的电场以中断原子和场之间的耦合。由于共振条件不再被满足，系统的演化在这一刻被冻结，在腔的出口处的原子被电离检测时，其所处的状态就是到它在时刻 t 所达到的状态。

我们陆续用穿过腔的众多原子将实验重复大量的次数，从而得到了在时刻 t 发现原子处于 e 态或 g 态的概率。然后改变观测的时刻，在另一个时间 t' 再次累积数据。最终构建出了发现原子处于 e 态或 g 态的概率，它是时间的函数。这一概率呈现出了典型的振荡信号，这也是我们一直迫切期待的信号，从我们做里德伯原子微波激射实验开始，此时已经过了约十年。一个量子在原子和腔之间的相干交换可以被看作是一场量子乒乓球游戏，第一眼看到它就让我们着迷。

最初，我们只观察到了三到四次振荡。这一数字受到了光子寿命的限制，也受到了每个原子以 200 ~ 300 米 / 秒的热运动速度飞行穿过腔体所需时间的限制，这个时间在 100 微秒左右。后来，我们使用被激光冷却的慢速原子与高品质的腔发生相互作用，从而观察到了更多次数的真空拉比振荡。这些慢速原子被从腔的底部向顶部垂直注入，在半毫秒内通过腔体，让我们现在可以观察到多达 20 次的优美振荡。

真空场中的拉比振荡实现了原子和场之间的量子纠缠。我们可以设置这两个系统之间的作用时间，使它们在原子离开腔时处于 $|e,0\rangle + |g,1\rangle$ 态，这体现了爱因斯坦在其著名的 EPR 论文中所分析的非定域量子关联（见第五章）。生成这种纠缠只需要四分之一个拉比振荡，因此我们早在 1996 年就能够进行实验来展示这种现象。

量子编织

至此，我们得以开始研究原子和场之间的纠缠，这是令人激动的，因为它使我们能更加接近一股当时正在积极发展中的研究潮流：量子信息学。这门学科试图利用量子逻辑来革新计算和通信的方法。于是，人们开始以新的视角看待对单个量子系统的操纵。

利用实验室研究人员在研究离子、原子或光子时所开发的方法，信息可以被嵌入量子系统中，随后可以被操纵和检测，这种可能性激发了计算机科学家和数学家的想象力，他们发明了一系列利用量子奇异性的算法，以求在计算和通信上获得比传统设备更高的速度和效率。

反过来，这些算法的出现也驱使原子物理学家将他们的研究引向了量子信息学，他们将自己的实验作为量子计算或量子通信的基本程序演示。在1990年代中期，原子物理实验界和计算机科学界的联系愈加紧密，英国量子信息理论家阿图尔·埃克特（Artur Ekert）在其中扮演了一个重要角色。在一次会议上，他向我解释说，我们把里德伯原子置于腔中的这种实验布置是一个做量子门的理想手段，而以这种门操作为基本元素，有朝一日可能实现一台量子计算机。这次的谈话让我感觉，就像汝尔丹先生"不知不觉说散文"一样[2]，我也在不知不觉中做着量子信息学的研究！

在某种程度上，我们所挚爱的这一基础研究领域当时正在向更偏应用的方向转型。我不得不说，我和我的研究团队有些抵触这种趋势，因为我们觉得，在考虑实际应用之前，当时还存在许多基本要点需要厘清。我们同样觉得，如果过早声称我们的工作有实际应用，我们就有"过度营销"的风险，这是研究中经常出现的一个问题。

2　汝尔丹先生（Monsieur Jourdain）是法国戏剧大师莫里哀（Molière，1622—1673）所创作的喜剧《贵人迷》（*Le Bourgeois Gentilhomme*）中的主人公。汝尔丹先生请哲学教师替他给爱慕的贵妇人写信，哲学教师问他是要写韵文还是散文，并且"不是韵文就是散文"，没有第三种选择。汝尔丹先生问，日常说话算什么？哲学教师毫不犹疑地回答说，散文。汝尔丹先生恍然大悟："天啦，我说了四十多年散文，一点也不晓得；你把这教给我知道，我万分感激。"

　　尽管如此，在继续提升我们腔的品质的同时，我们也跟随量子信息的潮流，将我们的一些工作引向了这个新方向，这些工作中利用了真空场中拉比振荡的特性。我们尤其感兴趣的是形式为 $|e,0\rangle + |g,1\rangle$ 的纠缠态的特性，该态由四分之一个周期的拉比振荡制备而成。

　　在上述纠缠中，通过检测腔出口处的原子，我们就造成了与单个原子相纠缠的场的**超距坍缩**。如果我们发现原子处于 e 态，场就处于真空态。如果我们发现原子处于 g 态，场就变成了一个单光子态。如果在原子离开腔体后，用一个微波脉冲（$\pi/2$ 脉冲）去混合原子的 e 态和 g 态，那么对原子的最终测量会将场制备为 $|0\rangle + |1\rangle$ 态或 $|0\rangle - |1\rangle$ 态。

　　我们还可以将一个处于叠加态 $|e\rangle + |g\rangle$ 的原子送入腔中，然后使原子在真空场中经历半个周期的拉比脉冲，这同样可以制备出一个不同光子态的相干叠加。这种操作的结果很容易通过叠加原理来预测。初始处于 $|e\rangle$ 态的原子在半个振荡后会在腔内释放一个光子，随后必然处于 $|g\rangle$ 态。如果它初始就处于 $|g\rangle$ 态，它就不得不继续保持这种状态，腔中也一直会是真空。如果原子被制备为了两态的叠加，那么我们在腔的出口也将检测到这两种情景的叠加，此时离开腔的原子处于 $|g\rangle$ 态，而场则被制备为了 $|0\rangle + |1\rangle$ 态。这种场的叠加态反过来也可以再次被转化为原子的叠加态，为此可以让第二个原子以 g 态通过腔，并同样在其中经历半个拉比振荡。这些实验展示了一个量子存储器的运作，实验将一个原子的量子态写入腔场中，然后用另一个原子将其读出。

　　通过原子和场的相互作用，在改进的实验中，我们设法在设备中纠缠了前后相继的两个甚至三个原子。这些"量子编织"实验利用了各种拉比脉冲的组合，脉冲持续时间可以是四分之一个周期（拉比 $\pi/2$ 脉冲）、半个周期（π 脉冲）和一整个周期（2π 脉冲）。它们可以被看作是量子信息处理的基本环节演示。我们于 1990 年代在操纵原子和光子的艺术中获得的技能对我们筹划中的一系列基础物理实验来说是很有用的准备，在后续的这些实验中，我们所用的腔可以囚禁光子超过十分之一秒。

如何看到光子而不破坏它们？

在历经多年后，我们的梦想仍然是驾驭光子和原子从而能控制光而不破坏光，进而能在我们的腔中制备出奇异的场态。在 2006 年，这个梦想变成了现实。在描述实验之前，让我们暂时回到思想实验的虚拟世界。这将使我们能够简单地介绍指导我们开发出光的非破坏控制方法的原则。一个主导思想是，必须避免将对场的测量建立在光和物质之间的简单能量交换之上，在这种情况下，我们知道光子会被破坏。因此，必须以一种更微妙的方式从光子中提取信息。我们想到的第一个方法是不检测光子的能量，而去检测其动量。

想象一下，两块彼此相对的镜子处于一个惯性参考系中，远离任何引力质量，且它们可以在空间中自由移动，被困在这对镜子之间的光子在来回折返时不会受到任何反射损耗。每次在镜面上反弹时，光子的动量都会改变符号，动量守恒意味着镜子会感受到自身的动量增加。在这种辐射压的作用下，两镜的分离度会随时间递增，于是腔会经历一个持续的扩张。因此，通过测量镜子上的力，原则上我们可以数出在腔中进行反弹的光子数量，而不破坏它们。当然，这是一个虚拟实验，甚至比爱因斯坦的光子盒更不可能在现实中实现。

应该注意的是，能量守恒在这里扮演了一个重要的角色。镜子的加速伴随着它们动能的增加。这只能从光子身上获取，因此光子每次在镜子上反弹后频率必定会降低。被困在腔中的光的这种红移实际上是一种多普勒效应。如果有一位观察者跨坐在其中一块移动的镜子上，他会看到射向他的光向长波长频移，而且这一频移在光反弹后会翻倍。因此，腔的扩张会伴随其中光子的波长增加，就像宇宙的膨胀导致了大爆炸辐射的宇宙学红移。

由于维护一个漂浮在外太空中的腔是不实际的，让我们设想一个稍微更现实的实验。现在，我们的镜子被固定在地球上的实验室里，镜间依然囚禁着一组可见光光子，在其中进行着无损耗的反弹。假设我们在两块镜子之间插入一块完美透明的薄片。薄片中的光子传播速度会被一个等于玻璃折射率的因子所除，这改变了薄片内的辐射波长。但是，腔内的场模就像一根固定在两点之间的小提琴弦，它在固定的两镜间必须始终包含整数个波峰。为了补偿在薄片中变长的传播时间，场的波长在薄片外必须变短，这就要求场的频率略有偏移。因此，在这一实验中，薄片的插入同样也会伴随着光子和物质之间的少量能量交换。

若更仔细地分析这个实验，我们会发现，在将薄片插入场模的过程中，如果光子经过了薄片的边缘，它们会发生轻微的偏转。根据作用力和反作用力的原理，这种偏转会改变光子的动量，反过来也改变了薄片在相反方向上的动量。这个作用在薄片上的力所做的功略微地改变了它的动能。如果我们能够测量这种变化，则我们仍然可以用非破坏性的方式为光子计数。这个思想实验让我们回想起第五章中所描述的杨氏移动狭缝干涉实验。前一个实验与后一个一样在实践中都不可行，但它使我们朝现实更接近了一些。

现在让我们把这块宏观透明薄片换成一个非共振的里德伯原子，前者完全透明不吸收可见光，后者与我们的腔中储存的微波场之间没有共振。该原子从场中受到的力，将像虚拟的透明薄片的情况一样，导致原子能量的微小变化。通过检测这种变化，我们就可以提取出腔内存在的光子数的信息，且不会破坏光子。当然，这个原子必须对电磁场格外敏感，而这一特性正是我们的圆态里德伯原子所具备的。

然而应该注意的是，即使这样的测量没有破坏光子，以这种方式所观察到的光子也会经受扰动。就像在透明薄片的虚拟实验中一样，光子在与探测原子相互作用时频率会被略微改变。这种效应将使我们能够控制腔场的相位，据此制备出的场的量子态让人联想到薛定谔那只著名的猫，在两个不同的经典状态之间悬而不决。因此，无论是计数光子而不破坏它们，还是研究这类被那位奥地利物理学家视为荒谬理论奇谈的模棱两可状态，这两种实验是相互关联的，它们揭示了量子物理互补与本质的多个方面。

一个光子的生与死

能够将场囚禁在我们的超导腔中之后，紧接着在 2006 年的夏天，我们就进行了一个最简单的实验：首次在不破坏单个光子的情况下持续探测它。为此，我们所用的圆态原子与场之间没有共振，它扮演了上文中提到的透明薄片的角色。在腔镜被冷却到 0.8 开尔文后，我们将原子一个接一个地送入腔中，以测量腔场模式中残余的热辐射。普朗克定律预测，在当前温度下，腔中的场要么处于真空（概率为 95%），要么含有单个光子（概率为 5%）。因此，在这种情况下，光子的数量是一个二进制参数（取值为 0 或 1），只有在极罕见情况下，腔中才会包含两个或更多的光子。于是，我们需要利用同样是二进制系统的原子执行一个最优程序，使场模中存在一个光子时，离开腔的原子处于圆态 e（$n = 51$）；而如果腔是空的，则使离开腔的原子处于圆态 g（$n = 50$）。

在这一过程中，腔场必须在控制原子的状态时不被吸收掉。一旦一个原子宣称有一个光子存在，那么后续进入腔中的其他原子也必须确认这一结果。在物理学术语中，这被称为一种量子非破坏性测量。这种类型的场的测量从根本上有别于普通的光探测，后一种测量在发出证明一个光子存在的信号后，留给下一个探测原子的只有一个空腔。

我们第一次尝试这个实验是在 2006 年的 9 月 11 日，那天正好是我 62 岁的生日。生日晚宴时，当晚负责实验的德国博士后斯特凡·库尔（Stephan Kuhr）给我打来了电话。他告诉我，经过一整天的精细微调之后，他已经准备好开始测量。生日蛋糕还没来得及切，我就匆匆赶回实验室，及时看到了控制实验的电脑屏幕上出现的期待已久的信号：一系列像电报序列一样的红色竖条，表明原子正陆续以 e 态离开腔体，这证明腔内有一个光子，随后又有一系列蓝色竖条，对应于 g 态，这表明腔是空的。

实验每秒钟重复一次，每次都显示一段不同的信号，总是红色区间中穿插着蓝色区间。红色序列由数百个原子一个接一个地穿过腔体而生成，这清楚地表明该测量方法对光是非破坏性的。从统计上看，所有红色区间的时

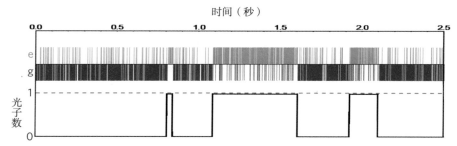

图 7.4 一个光子的生与死。一系列原子以每秒 200 个的频率连续进入腔中，以非破坏的方式测量被囚禁在镜间的热光子的数量（0 或 1。在实验温度下，腔中包含两个或更多个光子的概率可以忽略不计）。红蓝竖条分别对应于被检测为 e 态（n = 51）和 g 态（n = 50）的原子。图中信号由多段序列组成，每段序列中的原子大多处于相同状态，信号在多个位置被量子跳跃所中断，对应于一个光子诞生或死亡。有些检测到的原子所处的态与大多数原子相反，这是实验缺陷造成的。在这条信号中段检测到的光子存活的时间超过了半秒（是我们的腔中光子平均寿命的三倍）[摘自《自然》(Nature) 446 (2007)，297]。

长平均占据总观察时间的 5%，蓝色区间占据 95%。普朗克定律的所有属性都被直接地展现在我们眼前。经过这么多年的努力，看到大自然向我们揭示了它的一个基本属性，这种喜悦之情是难以言喻的。我回到家，将这个好消息带给了克洛迪娜和其他家人，他们在等待我的时候还在开玩笑说物理学家们总喜欢在不合时宜的时间工作。当晚，泪泪流淌的香槟酒既是对生日的祝福，也是对实验成功的庆祝。更晚的时候我带了些香槟回到巴黎高师，在那里我们又喝了一些——当然是适度的——同时在整个晚上继续记录着这些让我们目不转睛的第一批实验数据。

那么，我们是如何从穿过两镜间的里德伯原子的状态上得到了光子数量的信息呢？这无法用拉比振荡来解释，这是因为 e 态和 g 态之间的跃迁频率与腔模的频率略有偏差。二者间的失谐 δ 达到 100 千赫兹时便足以使原子对光子的任何吸收忽略不计。因此每个原子都会变得"透明"，它们会通过一种折射率效应改变场的频率，就好像一块插入腔中的微型薄玻璃片的效应一样。场的频率会因此略微增加或减少，记这个变化量为 $\Delta\nu$，它的量级在几千赫兹，其正负取决于里德伯原子是在 e 态还是 g 态。这一频移的具体数值取决于原子和腔模之间的频率失谐 δ，并可以进行微调。因此，当腔中包含 N 个光子时，腔的总能量变化为 $\pm Nh\Delta\nu$。根据能量守恒，一个处于两镜间的原子也会感受到自身的能量发生了大小相同（但符号相反）的变化，且与光子的数量成正比。这种效应正是由克洛德·科恩 – 塔诺季发现的光致频移，之前我们已经看到它在原子的激光致冷实验中发挥了重要作用。

因此，场的频移和原子能量的频移是两个互补的效应，在物质和光之间非共振相互作用的过程中，它们在另一种意义上表达了作用和反作用原理。因此，测量光子数量就被归结为测量在这种非共振相互作用中从场转移到原子的能量 $Nh\Delta\nu$。这个量与场的总能量 $Nh\nu$ 相比是极小的。确实，由一个原子引起的腔的相对频移 $\Delta\nu/\nu$ 的数量级在 10^{-7}，即一千万分之一。对于确定腔中的光子数来说，这样的能量成本与光电效应测量的成本相比是微小的，后一种测量会吸收掉腔中的光子。

事实上，若进一步审视，非破坏性测量最终没有花费任何能量。那份大小为 $Nh\Delta\nu$ 的能量实际上只是在场和原子之间进行了短暂的交换。当原子穿过腔体并离开腔后，物质和光就停止了相互作用，两个系统各自会重新获得其初始能量，同时不会改变光子的数量。因此，如果我们想继续用做交易打比方，更准确的说法是，原子在短时间内借用了场的一小部分能量，然后在被测量之前将其还给了场。这一短暂的借用使原子能够记录下关于光子数量的宝贵信息，供我们接下来破译。

为了进行这种破译，一种经典的方法是去测量场对原子施加的力的直接影响——力将瞬时减缓或加快原子的运动，这取决于原子在镜子间通过时能量是增加还是减少。我们做的并非这种实际上不可能实现的直接测量，而是采用了一种量子干涉测量法，它基于的是原子穿腔时态叠加的相位。在每个原子进入腔体之前，会在一个小的辅腔 R_1 中经历一个 $\pi/2$ 微波脉冲，这会将它从 g 态带入两个圆里德伯态 e 和 g 的等权重叠加。如我们之前所见，这一叠加制备出了一个电偶极子，当腔内有 N 个光子时，该电偶极子在圆轨道平面内的旋转频率等于原子跃迁频率再加上大小为 $2N\Delta\nu$ 的频移（其中一个能级的频移量为 $+Nh\Delta\nu$，而另一个频移了相反的量 $-Nh\Delta\nu$，因此二者叠加的频移表达式的系数为 2）。

因此，光子数量的信息被写入了这个旋转的偶极子的相位之中。在原子穿腔的时间 T 内，由 N 个光子的场诱发的相位积累是 $4\pi N\Delta\nu T$。圆态里德伯原子对场的敏感性非常之高，以至于单个光子的相移 $4\pi\Delta\nu T$，可以达到 π（即 180°）。为了测量态叠加的相位，原子在离开腔体时会被施加第二个微波脉冲，这发生在与 R_1 相同的第二个小型辅腔 R_2 中。然后，这个原子的最终状态会在位于 R_2 之后的电离检测器中得到测量，其结果是一个二进制信息单元，显示该原子被检测时处于 e 态或 g 态。这对包夹着光子存储腔的辅腔 R_1 和 R_2 构成了一个冉赛干涉仪，以美国物理学家诺曼·冉赛（Norman Ramsey）的名字命名，他是伊西多·拉比的学生，也是戴维·维因兰德的导师，他在 1949 年发明了这种干涉仪，以准确测量在两个能级之间振荡的系统的量子相位。

从一个原子被初始制备为 g 态开始，到它最终被探测为 e 态或 g 态为止，这个原子遵循了两条路径，二者的概率振幅在设备中发生干涉。如果我们最后发现原子处于 e 态，这要么是因为它在 R_1 中从 g 态切换到了 e 态并在通过 R_2 时维持了 e 态，要么是因为它在经过 R_1 脉冲后维持了 g 态并在 R_2 中从 g 态转移到了 e 态。在第一种情况下，原子在腔中时处于 e 态，在第二种情况下，它在穿腔时处于 g 态。由于实验无法给出原子状态在 R_1 和 R_2 之间时的任何信息，与两条路径相关联的概率振幅会彼此相加并产生一种干涉现象。为了观察到它，可以在原子频率 ν_0 附近扫描在 R_1 和 R_2 中实现 $\pi/2$ 脉冲的辅助微波的频率 ν。在扫描频率 ν 时，最终发现原子处于 e 态的概率会在 0 和 1 之间周期性地变化，构成了所谓的冉赛条纹信号。两个脉冲 R_1 和 R_2 在时间上相距越远，这些条纹就越细。因此，原子的速度越慢，即需要用越长的时间从 R_1 穿越腔体进入 R_2，条纹对频率 ν 微小变化的敏感性就越高。如果我们不记录发现原子处于 e 态的概率，而是测量其处于 g 态的概率，就会发现相位相反的另一种冉赛条纹，两种条纹的排列只是交换了它们的极大值和极小值。

这种干涉测量方法的优点就在于它对所研究的态叠加的相位变化的敏感性。当两个概率幅之间的相位差变化为 π 时，冉赛条纹恰好平移了半个条纹间距，概率的极大值变为了极小值。于是，我们调整里德伯原子与腔之间的频率失谐，使得单个光子的相移 $4\pi\Delta\nu T$ 等于 180°，这样在腔中含有 0 个和 1 个光子时就可以得到两种相位相反的条纹。当腔中包含 1 个光子时，若将频率 ν 固定在一个能够确定地发现原子处于 e 态的值上，则在腔为空时，我们就会确定地发现原子处于 g 态。正是这种理想的设置使得我们能够获得在 2006 年 9 月 11 日所观察到的信号。要注意的是，如果腔中含有较多的光子，以这种方式设置的冉赛干涉仪实际上测量的是光子数量的奇偶性，因为如果 $N = 1,3,5\cdots$，则原子全部会被探测为 e 态，而如果 $N = 0,2,4\cdots$，则原子会被探测为 g 态。

冉赛干涉仪和杨氏干涉仪之间具有惊人的相似性。两个冉赛区 R_1 和 R_2 的作用类似于杨的双缝。当原子经历从 g 到 e 的跃迁时，对其所在的具体区

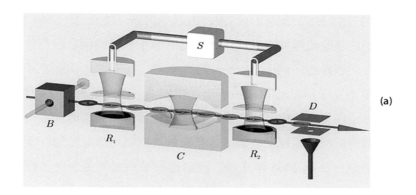

(a)

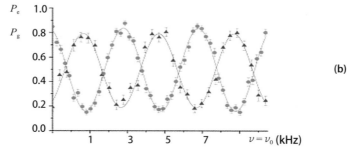

(b)

图 7.5　实验使用的冉赛干涉仪，它能够数出光子而不破坏光子。（a）实验设备示意图：在盒子 B 中产生的圆态原子在通过腔 C 后，在区域 D 中被检测（即用电场电离，这可以选择性地测量出 e 态和 g 态）。在通过 C 之前和之后，原子在腔两侧的辅腔 R_1 和 R_2 中会受到两个 π/2 微波脉冲的作用。这些微波脉冲是由相干源 S 产生的［摘自《自然》(Nature) 446 (2007)，297]。（b）检测到原子处于 e 态（红点）和 g 态（蓝点）的概率，该概率是在原子频率 ν_0 附近扫描的微波频率 ν 的函数。单个光子对原子偶极子的相移贡献等于 π。通过设置 ν 将干涉信号调整到一个条纹极大值后，我们检测到的原子会根据场中包含的光子数的奇偶而处于一个态或另一个态。

域（R_1 或 R_2）的无知维持了一种量子模棱两可性，导致我们观察到了冉赛条纹，这就像在双缝实验中对粒子通过的具体狭缝的无知使得杨氏干涉条纹可以在检测屏幕上经过统计累积后建立起来。通过在腔中放置一个光子来改变原子偶极子在 R_1 和 R_2 之间的相位累积，就好比在杨氏双缝的其中一缝后插入一块透明薄片。这块薄片会改变两条路径之差，从而会移动条纹，就像腔内的光子会移动冉赛条纹一样。这里我们再次注意到了原子和场二者扮演的互补角色。物质和场相互扮演了彼此的色散薄片，原子改变了场的相位（因此也改变了其频率），而光子则改变了通过腔体的原子态叠加的相位。

根据缀饰原子理论，当非共振腔内包含一个光子时，e、g 两态间的原子跃迁所具有的频移 $2\Delta\nu$ 与真空场中原子的拉比振荡频率 $\nu_{R,0}$ 有关。可以证明，在良好的近似下，$2\Delta\nu$ 等于 $\nu_{R,0}^2/\delta$。当频率失谐 δ 约为 $2\nu_{R,0}$ 时，已足以使原子对光子的吸收概率变得忽略不计，此时原子和场的耦合的色散效应对原子跃迁产生的频移 $2\Delta\nu$ 约为 $\nu_{R,0}/2 = 25$ 千赫兹。于是，非谐振原子在干涉仪中若要将单个光子引发的相移积累至 π 弧度，所需要的时间 T 约为 20 微秒，与谐振原子在真空场中完成一个完整的拉比振荡所需的时间在同一个数量级。在这两种情况下，原子获取光子信息的耗时都可以非常短，大约是腔场寿命的千分之一。从 2006 年开始，我们进行了一系列关于光子计数与操纵的腔电动力学实验，而对于所有这些实验来说，原子对微波场的这种极端敏感性都被证明是至关重要的。

再会杨氏移动狭缝实验

对冉赛干涉仪的研发在 2000 年代初期驱使着我们去思考两种拉比振荡之间的本质区别，其中一种振荡由腔中的真空引发，另一种由微波脉冲在腔两侧的冉赛区域在制备原子态叠加时引发。在这些区域中，让原子在 e、g 之间切换的场是经典的。它作用于一个里德伯原子上，将其制备为态叠加，而场自身并不被改变。注入这些区域的光子只在那里停留很短的时间，无法记录它们所影响的原子态的任何信息。因此，这些区域的行为就像爱因斯坦和玻尔的思想实验中的杨氏干涉仪的固定狭缝。

另一方面，当一个原子通过腔体时，在 0 个光子和 1 个光子之间振荡的腔场则类似于思想实验装置中轻质量的移动狭缝，因为其最终状态与原子的最终状态产生了纠缠。这种差异让我们想到，可以做一个结合两种脉冲形式的干涉仪，第一个脉冲以量子的方式混合 e、g 两态，让原子和腔场相纠缠，第二个脉冲则使原子经历一个经典的微波脉冲。这样我们所进行的干涉实验就会非常接近于爱因斯坦和玻尔设想的移动狭缝实验。

我们让圆态里德伯原子通过这个修改过的冉赛装置，发现没有干涉条纹。确实，第一种脉冲在设备中留下了关于原子路径的信息，且原则上可以被读取。如果腔场是真空，原子之前通过干涉仪时就处于 e 态，而如果在腔中数出了一个光子，则原子之前就以 g 态通过。对场的检测不是使条纹消失的必要条件。仅凭这种检测是可能的这一简单事实就足以抹除它们。

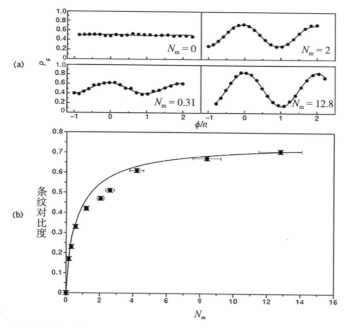

图 7.6 （a）冉赛干涉仪的干涉条纹，其中产生第一个 π/2 脉冲的是一个相干场，其包含的平均光子数 N_m 非常少，第二个脉冲是经典的。这等价于带有一个小移动狭缝的杨氏思想实验。可以看到，条纹的对比度在 $N_m=$ 0 时为零，进而随着场的变大而逐渐增加。（b）条纹对比度是 N_m 的函数（点为实验，线为理论）[摘自《自然》(*Nature*) 411（2001），166]。

为了使实验完整，接下来我们将一个振幅递增的微弱相干场注入腔中来作为第一个脉冲，注入过程是将腔与一个经典微波源进行短时间的耦合。为了确保这个脉冲总能导致原子进行一次 $\pi/2$ 拉比振荡，在用上述方式生成量子场时，我们每次增加场的振幅，都会依照振幅的反比减少原子与腔的作用时间。然后我们观察到，随着增大振幅，条纹会逐渐重新出现。一旦腔场平均包含了若干个光子，原子在腔中是否会留下多一个光子的事实就不再是可探测的，于是干涉就可以建立起来。同样，在杨氏思想实验中，随着移动狭缝质量的增加，它会变得越来越经典，我们也会随之看到干涉条纹以越来越高的对比度建立起来。就这样，我们尽可能地遵循了爱因斯坦和玻尔在 1927 年所交换的讨论，从而印证了互补原理。

一边数光子，一边看量子跳跃

现在我们回到用超导腔进行的实验。在成功地观察到单个光子而不破坏它们之后，我们将该方法推广，从而能以非破坏性的方式去数大于 1 的光子数。我们将看到，这个实验类似于爱因斯坦和玻尔另一个著名思想实验——光子盒。

为了完整理解这个实验，我们需要说明注入腔中场的性质。该场是一个由经典辐射源生成的微弱相干场，在场的注入过程中，经典源发射出一个非常短的微波脉冲并辐射进我们的空腔内，辐射方向与腔镜的轴线呈横向。少数光子在经过反射面边缘的散射后会落入腔模中，并在其中被持续囚禁大约 100 毫秒。这种场的制备类似于用短促的敲击来激发一口钟，从而产生一个逐渐衰减的长时间振动。以这种方式生成的场会以一个确定的相位振荡，即产生该场的经典源的相位。在我们的实验中，辐射源的强度经过了大幅衰减，注入腔中的平均光子数量只有若干个。

这个数量以及场的相位，会呈现出显著的量子涨落，以服从第五章中讨论过的海森堡不确定关系。这个相干场可以与一个复数联系起来，其大小和相位是该量子场的相应变量的涨落平均值。这个复数可以由一个矢量表示，即在菲涅耳平面上代表辐射的一个小箭头，对此我们在第三章中已经做过介绍。与量子涨落相关的"模糊性"可以被描述为一种对于这个矢量尖端的精确位置的不确定性。

量子涨落所反映的事实是，我们的经典源将场制备为了光子数不同的多个态的相干叠加。这类叠加以及它们的性质经过了美国物理学家罗伊·格劳伯（Roy Glauber）的详细研究，因此它们经常被称为格劳伯态。若使用非破坏性计数，则在这种叠加中找到不同 N 值的概率在理论上由一个钟形曲线给出，曲线以平均值 N_m 为中心，在该值附近的分布宽度约为 $\sqrt{N_m}$。描述这一曲线的公式被称为泊松分布，以一位 19 世纪数学家的名字命名，他和菲涅耳是同时代的人，在我们的光的历史中，我们已经在先前见过了他。如我们之前所见，他执着于光的微粒描述，而怀疑其波动本质。出人意料的是，两个世纪后，我们看到以他名字命名的分布调和了这两个方面，表达了量子物理学如何将辐射的两面联系起来，使其同时具有一个波动的相位和一种微粒的颗粒性。

因此，被注入腔中的相干场现在就类似于一块透明的量子薄片，在若干种厚度之间"悬而不决"，使原子偶极子的相位同时产生了若干种角度的偏移。为了数出光子的数量——或者，如果我们继续用薄片打比方，为了测量它的厚度——我们将一连串的圆态里德伯原子送入冉赛干涉仪。每一个原子凭借其在检测时所处的 e 态或 g 态给我们提供了一个二进制的信息单元。当有几十个原子在短于腔的衰减时间内穿过腔后，光子的数量就会退化为一个单一的数值。

这里我们不会赘述获取这些信息的细节过程，只说说其中的原理。假设在冉赛条纹设置下，若场中的光子数为 N_1，则原子不能被检测为 e 态。换句话说，与 N_1 个光子（或相应厚度的量子薄片）相关联的冉赛条纹在被固定在一个特定相位上，以使原子在 e 态上被检测到的概率为零。如果检测到的原子处于这个态上，那么我们只能断定不可能有 N_1 个光子，因为这样的结果与观察不相容。因此，被检测为 e 态的原子所提供的信息使我们能够从光子数的初始分布中剔除 N_1。随后在另一种条纹设置下，另一个通过干涉仪的原子使我们能够剔除另一个光子数 N_2，以此类推，直到只剩下一个光子数 N。以这种方式通过排除获取信息是对贝叶斯定理的一种应用，该定理的名称源于 18 世纪概率论的创始人之一，英国牧师托马斯·贝叶斯（Thomas Bayes），他引入的这种强大的推理方式被用于估计先验未知的量。其原则是，针对能影响所观察现象的参数，估计其取不同值的概率，这样当我们已知将特定测量结果的概率与某一事件的原因联系起来的规律时，就可以得到关于事件原因的信息。

在实验中，N 扮演了待测参数的角色，不同的 N 值对应着检测到原子处于 e 态或 g 态的不同概率，而我们知道其中的规律。这些概率由对应于不同光子数的不同冉赛条纹所描述，它们是频率 ν 的正弦函数，当 N 增加 1 时，它们的相位会移动 $4\pi\Delta\nu T$。通过仔细选择每个原子的条纹相位，陆续穿腔而过的原子对腔场进行了一次次的测试，使我们可以逐步剔除不同的光子数，直到最终获得唯一一个通过所有测试的数字。在这次测量的最后，初始能量不确定的场成为了一个具有明确定义的光子数和能量的态，这被称为一个福克态，以纪念苏联物理学家弗拉基米尔·福克（Vladimir Fock），他是活跃在 1940—1950 年代的量子场论专家。

该实验由一台计算机控制，它可以调整干涉仪的参数，并实时记录陆续检测到的原子所处的 e、g 两态。随着原子的不断到达，计算机会根据这些数据重建出所有可能的光子数的概率直方图，并使用贝叶斯推理进行更新。在几毫秒内（场还远远来不及有时间衰减）检测到的原子态序列以一串 *eegeggeeeg*…序列的形式出现，它像一个条形码，决定了这次测量所创造出的最终光子数。

在获得了这个数字后，计算机会继续破译由干涉仪中接连而至的原子所提供的信息。这些原子在一段时间内会确认最初发现的结果，表明我们的计数方法确实是非破坏性的。然而，腔镜对场的吸收终会发生，这导致光子的数量会从 N 突然变为 $N-1$，然后是 $N-2$…直到达到真空。每次对相同初始场的重复测量都会产生一个阶梯式下降的信号。

在实验的每次执行中，这个阶梯的起点和每一个台阶的持续时间都会

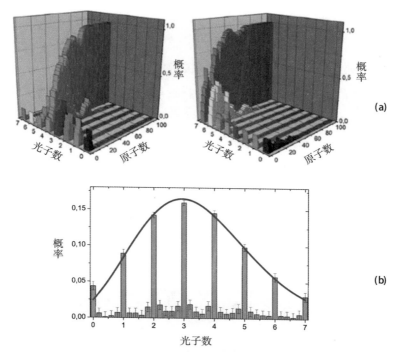

图 7.7 (a) 两次执行计数程序所得的两组直方图演化，每组演化都代表腔中包含不同数量光子的概率随检测到的原子数量而变化。最初，光子数量的分布在 0 到 7 之间是平坦的，因为我们唯一掌握的信息是这个数字很可能小于 8（我们调整了将场注入腔中的辐射源，以使得相干场中的平均光子数约为 3）。在每个序列中，随着一个个原子不断得到检测，光子数分布也得到了贝叶斯推理的更新。最后，在左边的执行中，腔场收敛至 5 个光子，在右边收敛至 7 个光子。（b）初始相干场中的光子数分布直方图，由 2000 个独立的计数序列重建。曲线对应于理论泊松分布 [摘自《自然》(*Nature*) 448 (2007)，889]。

随机变化。两个连续台阶之间的快速演化显示出场的一次量子跳跃，类似于离子阱工作者们于 1980 年代在孤立原子中观察到的跳跃。在他们的案例中，揭示原子跳跃的是光子的电报式序列的突然中断。在我们的实验中，原子测量的二进制结果形成了一串电报式序列，而显示出光子跳跃的是这个序列所提供的信号的变化。这两个实验互为镜像，它们对调了物质和光的角色，但说明了同样的量子属性。

通过大量重复相同的实验，我们重建出了初始相干场的统计学特性。在每个阶梯信号的开始数出 N 个光子的概率服从理论泊松分布。N 个光子所属阶梯的持续时间在每次实验中会随机变化，其平均持续时间 τ_N 等于 T_c/N，其中 T_c 是腔场振幅的衰减时间。这个 $1/N$ 规律反映了具有明确定义的光子数量的福克态也具有递增的脆弱性，这种态随着 N 值的增加会越来越难以在腔中维持。

冉赛干涉仪在我们的实验中起到了关键作用，该设备也被用在了自 1950 年代以来开发的所有微波原子钟之中。特别是铯钟，它定义了国际单位制中的 "秒"，同时也是 GPS 导航系统中至关重要的仪器。一束水平原子流中的铯原子接受了两个 $\pi/2$ 脉冲的微波，作用于该原子基态的两个超精细能级之间的 9.2 吉赫兹跃迁。微波的频率被锁定在中央冉赛条纹的顶部，这一频率就是时钟信号，其变化不超过 $1/10^{14}$。

为了收窄条纹以进一步提高钟的精度，一种更现代的版本使用了经激光冷却的慢速原子，并使它们在地球的引力场中垂直向上发射。这些原子以

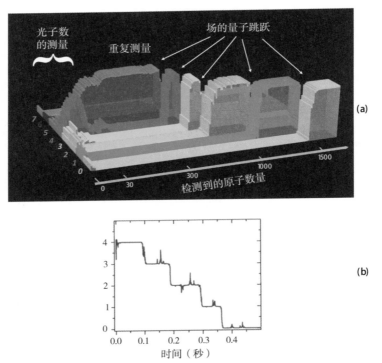

图 7.8 观察场的量子跳跃。(a) 一段长计数序列中的光子数分布的直方图演化。在这次实验中，光子数最初收敛于 5。收敛后的重复测量确认了一数值，随后腔的损耗体现为接连的量子跳跃，导致光子数阶跃式跌至 0。(b) 另一个序列中的光子数演化，初始态为一个四光子福克态。场的阶梯式衰减清晰可见 [摘自《自然》(*Nature*) 448 (2007)，889]。

每秒几米的速度形成一束喷泉式的射流，沿着先上升后下降的抛物线轨迹飞行。它们在接收两个 $\pi/2$ 的脉冲时都处于空间的同一区域，先是在上升段，后是在下降段。在它们下落后，通过对它们进行光学探测，我们获得的条纹的宽度达到从标准的水平射流装置中得到的条纹宽度的百分之一，相应的时钟稳定性量级在 10^{-16}，或者说在一亿年的时间测量中误差小于一秒。

我们的实验装置实际上是一个特殊的原子钟，它的时间走动对两个冉赛区之间的腔中存储的光子数很敏感。由于里德伯原子对腔场极端敏感，一个光子的存在就会使钟的周期改变大约一千万分之一，或者说每三个月改变一秒钟。获得这个小频移时不会造成光的吸收，这使我们的钟具有对单个光子的敏感性。

尽管我们的装置在概念上与爱因斯坦和玻尔的光子盒有很大的不同，但它们有着惊人的相似之处。这两种装置测量辐射能量时都不会破坏它，光子盒思想实验利用了引力，而我们的实验则利用了物质和光之间的色散相互作用。在这两个实验中，都有一只时钟被用于确定一个光子离开盒子的时刻。在爱因斯坦和玻尔想象的装置中，时钟激活了一个快门。而在我们的装置中，时钟可以检测到一次量子跳跃发生的瞬间，这标志着一个光子的消失。

爱因斯坦设计的虚拟盒子是为了测试时间和能量之间的海森堡不确定关系。我们在第五章中看到，在对盒子的运作进行了细致的分析之后，这种关系得到了证实。我们的实验是否也会指向同一个方向？实验表明，N 个光子的福克态的寿命为 $\tau_N = T_c/N$，比腔场能量指数衰减的平均时间 T_c 短了 $1/N$。傅里叶分析告诉我们，这个场的频率的不确定度是 $\Delta \nu = 1/2\pi T_c$。因此，N 个光子的能量定义具有的不精确度为 $\Delta E_N = Nh\Delta\nu = Nh/T_c$，于是我们可以验证关系 $\Delta E_N \times \tau_N = h$，这与海森堡不确定关系一致。

我们的非破坏性光子计数实验说明了量子测量的基本原则。它展示了被观察的量子系统（场）的信息如何能从这个系统与测量装置（接连通过冉赛干涉仪的一连串原子）之间的相互作用中被构建出来。由于每个原子只提供一个二进制的信息单元（计算机术语中的一个比特），因此，一旦光子数超过 1，就有必要从一串原子序列中提取信息。这种信息会被逐步构建起来，而控制实验的计算机让我们可以跟踪这一进程，这在真正的量子测量中还是第一次。在产生信息的不可逆测量之前（这里是指对每个原子所处的 e 态或 g 态的检测，这是一个随机过程，其结果只能从统计中预测），实验设备和被测量的系统处于一个纠缠态上。如果场由 N 值不同的多个态叠加而成，那么这些态中的每一个都会使原子偶极子的相位移动一个不同的角度，整个系统就会在相互关联的原子态和光子态的叠加中演化，这是一种高度纠缠的状态。而消除这种纠缠的是对每个原子的测量，测量破坏了离开腔后的原子，这"迫使"场经历了一个不可逆变换，变换后的场态取决于已获得的结果（e 或 g）所给出的信息。这种不可逆演化所对应的就是所谓的场的量子态的**坍缩**。

在描述这个过程时，我一直避免使读者感觉测量所揭示的结果只是先验未知，但已经以隐藏的形式存在于腔中。人们确实可能会相信，光子初始数量的不确定性是统计意义上的，源于对系统的不完整知识，而光子的数量是数出来的，就像数一个盒子里的弹珠。

但量子的情景是完全不同的。光子的数量在测量之前是**不存在的**，对此我们之前在思想实验的框架中有过讨论。我们只能说，处于初始格劳伯态上的场具有包含不同数量光子的多个概率振幅。这些振幅是一组复数，各自带有一个模和一个相位，它们在揭示场的经典相位的实验中可能会相互干涉。在测量过程中出现的数字 N 是由该过程创造的，而不是预先存在的。任何试图在测量前赋予它经典意义的做法都会导致我们在第五章中描述的那种不一致和悖论。

对数光子的这一分析使我们可以明确"非破坏性测量"一词在量子物理学中的含义。一般来说，在获取信息的过程中，**系统的状态会发生变化**。例如，它会逐渐从一个格劳伯态（N 值不同的多个福克态的叠加）过渡到一个光子数定义明确的态。这个态的能量 Nv，一般与初始相干态的平均能量不同。这并不意味着测量在经典意义上改变了系统的能量。实际上，场的能量具有一定的初始模糊性，这是由于 N 值在初始态叠加中具有一定的分布宽度。这种不确定性被测量所消除，在系统的状态坍缩之后，全部概率都集中在一个精确的光子数量上，这有点像一个光学仪器在经过调整后可以汇聚通过仪器的光线，从而使模糊的图像清晰。

测量按照上述机制指出的光子数量有可能与最接近原始相干场中的 N_m（平均光子数量）的数量相差几个单位。这类事件反映了光的强度中存在的量子涨落。然而，对大量实验的测量进行平均后，我们总能验证场的能量在统计意义上是守恒的。此外，一旦能量以这种方式得到确定，在场还未受到不可避免的衰减效应的影响时，后续的测量总能确认这一结果。正是在这个意义上，该方法可以被称为是非破坏性的。

测量一个场的能量并不能穷尽它所包含的所有信息。这一测量着重于确定光子的数量，它并不关注关联了不同光子数的不同概率振幅之间的相位关系。这些相位关系实际上被能量测量破坏了。测量从一个具有确定相位的相干场开始，得到了一个福克态的场，后者的能量完全已知，但其相位完全无法确定。对系统能量信息的获取完全扰乱了其相位信息，这印证了玻尔的互补原理。光子计数器揭示出了场的粒子性的一面，但对其波动的一面则完全不敏感。

量子场的X射线照相

接下来的实验给我们带来了另一个挑战。实验在经过简单的设备改动后，是否可以让我们破译任何量子场中包含的所有信息，或者说重建其完整的量子态？这种重建必须来自对不同变量的大量测量的处理，这些变量要么对场强敏感，要么对其相位敏感。由于对一个可观测变量的测量会抹除其互补变量的所有信息，所以这种重建不能用单次实验完成。必须有大量相同的系统被制备在相同的态上，并在测量它们后进行平均。

这强调了量子物理学的一个基本属性，即一个系统的态是一个统计概念，对于一个未知系统，如果我们只拥有它的一次实现，则不可能确定其波函数。换句话说，一个系统的量子态或波函数不是经典意义上的真实对象。它是一种数学抽象，构成了特定量子系统的身份，让我们可以确定对其进行可行测量的结果概率。这一量子身份不能被任何复制设备所复制，否则就会抹去原始系统中的信息。这被称为量子态不可克隆定理。

如果量子克隆是可能的，那么确实只要在测量仪器中添加一个量子复制器，然后将多个复制态分成不同子组，就可以用这些子组进行多个互补变量的测量了。这样一来，完整的量子态凭借单个系统就得以重建，这就为波函数的地位赋予了个体性和实在性，与量子物理学的假设相左。重建一个量子态的唯一方法是对大量的样本进行测量，而得到这些样本的方法是在相同的物理系统上重复制备这个态。

在实验中，我们可以生成无限组处于各种量子态上的场。它们可以是平均含有若干个光子的相干态，通过腔与经典源的重复耦合制备而成，这在上文中我们已经见过，或者也可以是通过对这些相干态中的光子进行非破坏性计数而获得的福克态。场的各种量子叠加也可以用可重复的方式制备，这我们将在后面见到。在这些量子态的实现中，每一个都会被测量一次，随后我们让场回到光子真空态，再将系统制备回同样的初态，并对其重复测量程序，如此反复。

对这些系综进行的数光子实验是态重建工作的一部分。为了获得关于场的相位的额外信息，在制备出待重建的态后，我们会立即向腔中注入一个振幅、相位皆可控的相干"探测"场。这种可调探测场的辐射源与冉赛干涉仪耦合在一起，成为了我们测量设备的一个组成部分。待测的场和探测场在腔内相加，它们之间的干涉所产生的场内光子数会被马上数出来。经过大量的重复测量，我们会得到关于场中光子数概率分布的直方图。这个分布给出了关于初始场和探测场之间干涉状态的信息。然后我们用不同振幅和相位的探测场进行重复实验。所有这些信息都存储在控制实验的计算机中，这让我们能够完整重建在多组相同的系统上初始制备的同一个量子态。这种方法将光场与相位、振幅皆已知的参考场混合，之后通过对光场强度的测量来获取其相位信息，这与全息照相术异曲同工，对于后者我在本章开始时回顾过其原理。

这个过程被称为量子层析，因为这种信息获取类似于射线照相术中所用的层析照相，后者用 X 射线从不同角度辐照病人的身体并检测透射光的强度，从而重建了一个二维或三维的图像。在我们的例子中，将所研究的场与不同振幅和相位的波相结合就相当于在医学层析照相中改变 X 射线辐照病人身体的角度，后者被称为 CT 扫描（电子计算机断层扫描）。X 射线扫描仪的探测器从不同的辐照方向收集不同的辐射强度，这会作为原始数据被计算机转化为被辐照身体的图像。同样地，在量子层析中，不同的直方图关联着具有不同振幅和相位的探测场与待测量场的组合，其中包含的信息被转换为数字，随后被计算机转化为一个三维图像作为场的量子态的可视化表示。通过观察这些图像，我们可以推断出按上述方式重建的量子态的特性。这与医学射线照相一样，需要专家训练有素的眼睛，下面我将简单描述这些图像表达了什么。

若所考察的是一个相干场，这属于经典物理学者所熟悉的情况。这种场的态确实可以在菲涅耳平面上表示，这是我们在第三章中详细研究过的情景。在平面上，一个经典场在某一给定时刻可以由一个矢量描述，其起点可以被约定为坐标系的原点。这个矢量的终点是菲涅耳平面上的一个点，它概括了该场振幅和相位的所有信息。如果我们想在这个描述中加入第三个维度，我们会将一个经典场表示为一个无限细的垂直峰，它在水平的菲涅耳平面上立于菲涅耳矢量的终点上。当一个相干态的量子涨落被纳入考虑后，这个峰变成了一个山丘，给出其钟形轮廓的数学函数被称为**高斯函数**，以德国数学家卡尔·弗里德里希·高斯（在第三章提到）的名字命名，他对这个函数及其在概率论中的重要作用进行了研究。这个高斯山丘的中心点与原点相距 $\sqrt{N_{\mathrm{m}}}$，其圆底面积等于 1，这是为了满足该量子场的振幅和相位之间的不确定关系。

真空是相干场的一种特殊情况，可以表示为菲涅耳平面坐标系原点处的一个山丘。于是其底部的延展就描述了真空场的涨落。具有有限振幅的相干场也由相同的高斯山丘表示，只不过在菲涅耳平面上经过了平移。当光子的平均数量变得非常大时，这些山丘的底部半径（等于 1）与它们离原点的距离相比变得可以忽略，量子效应也随之消退。这种图像可以推广到任何量子场，它们可以被表示为菲涅耳平面上的景貌，有高度为正的山丘立于平面之上，也有高度为负的山谷沉于平面之下。这些起伏可以表现为三维透视图或经过颜色分配的二维图像，就像地理学家会为海拔高低分配不同的颜色。

上文中我定性描述的这种菲涅耳平面上的二元函数被称为量子场的**维格纳函数**，以首次将其引入量子物理学的匈牙利裔美国物理学家尤金·维格纳（Eugene Wigner）的名字命名。它是一种实值波函数，其中包含的信息使我们可以计算出对场进行的任何测量所得结果的概率。这里没有必要详细说明这个函数是如何从数光子的测量中被重建出来的。简单来说，原则上只需要从每个直方图中提取出一个衡量获得奇偶光子数的概率之差的数字。这个差值是一个介于 +1 和 –1 之间的实数，它给出了维格纳函数在菲涅耳平面上某一点的取值，用具有不同振幅和相位的探测场进行的所有测量则重建了量子场的全局维格纳函数。在实践中，情况更为复杂，因为测得的信号受到噪声的影响，在一定程度上模糊了理论维格纳函数的理想轮廓。通过多种经典的数据估计与提取方法，这些误差可以被降到最低，从而使我们可以获得辐射量子态的美丽图像，对此这里不做展开。

我们先是重建了真空态以及具有不同振幅和相位的相干场态，并欣赏了它们优雅的高斯形状，随后我们研究了福克态的维格纳函数。这些态是通过对相干态进行数光子测量而随机制备的。一旦我们获得了所需的态，就会在场的衰减发生之前进行层析测量，在长时间的数据采集中积累结果，在此期间实验的所有参数都必须保持稳定。福克态的维格纳函数表现为以菲涅耳平面原点为中心的多个环形波纹，类似于石头落入池塘后泛起的涟漪。一个中心的峰值——可正可负，取决于光子数 N 的奇偶——被同心的波纹所包围，根据 N 的奇偶，这些波纹的多个环形峰会围成 $N/2$ 个或 $(N+1)/2$ 个圈，它们位于一个半径等于 $\sqrt{N}$ 的圆内。这些函数在绕原点旋转时的不变性清楚地表明了福克态不倾向于任何特殊相位，换句话说，它们的相位是完全不确定的。

维格纳函数的峰值和峰值之间取值为负的谷值的存在显示了福克态的量子特性。若维格纳函数恒为正，譬如相干态的情况，那么它可以被视为一种概率分布，在这种视角下，为高斯峰赋予展宽的量子模糊性就类似于一种经典噪声，影响着我们在确定场的振幅和相位时的精确度。若维格纳函数改变

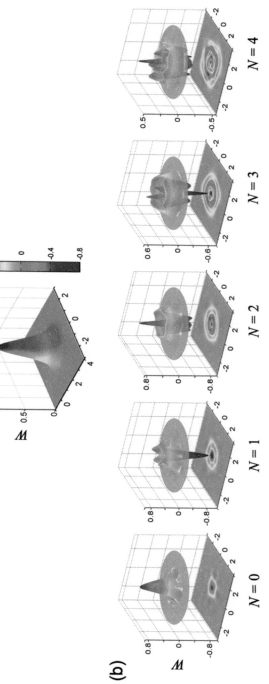

图7.9　腔场量子态的实验重建。(a) 相干场具有一个高斯型维格纳函数。(b) 各种福克态：$N=0$ 态被表示为一个以菲涅耳平面原点为中心的高斯分布（辐射真空）。$N=1$ 态的维格纳函数的形状是一个"墨西哥帽"，其中心有一个很大的负值。连续的福克态（$N=2,3,4\cdots$）显示出具有正峰和负合的环形波纹（这些维格纳函数以三维显示，在其下方的是二维版本，后者用不同颜色表示。0 "海拔"处为绿色）[摘自《自然》(Nature) 455 (2008)，510]。

符号，这种经典概率诠释就失去了意义，因为它将意味着荒谬的负概率的存在。于是，维格纳函数的谷值标志着腔中所囚禁的场的本质非经典属性。

与这些非经典特征相关联的是极其脆弱的量子干涉效应，它在最轻微的扰动下也会迅速消失。与腔场能量的衰减时间 T_c 相比，维格纳函数的波纹实际上在很短的时间内就会消退，这会将量子态迅速转变为统计混合，后者的维格纳函数恒为正，可以采用经典物理诠释。这种现象被称为量子退相干，为了对其进行定性理解，可以比较福克态与相干态二者的维格纳函数的时间演化。与后者对应的高斯峰会从其初始位置开始向真空连续演化，其形状不发生改变，它在接近坐标原点过程中所遵循的是描述腔场振幅经典衰减的指数衰减律。这种演化的平均耗时约为 T_c。

另一方面，N 光子福克态的维格纳函数在 T_c/N 的时间内会非常迅速地改变其外观。理论表明，该态函数的波纹会变得模糊，负谷会消失，导致出现一个经典的环形峰，其半径会在 T_c 量级的时间内完全收缩。这是由于 N 光子态在大约 T_c/N 的时间内会经历一次量子跳跃变为 $N-1$ 态，而这个态本身也会迅速跌落至 $N-2$ 态，依此类推。这个过程擦除了场的量子特性。每次实验制备的初始场发生跳跃的时刻都是不同的，量子重建描述的是一个统计平均，对应于系统所有可能的演化。因此可以理解，由此产生的维格纳函数必然非常迅速地朝着多种状态的经典混合演化，最终结果类似于一个热场，其中与不同光子数相关联的概率幅之间没有相位关系。这些态的量子特征消失得非常快，这解释了为什么一旦 N 超过了若干个单位，重建它们的维格纳函数就变得越来越困难。

薛定谔的光之猫

自 1996 年以来，我们对非经典场态所做的最引人瞩目的实验就是对"光子薛定谔猫"的研究。我们的超导镜子将一个环境保护了起来，使其与外界隔绝，我们在其中制备出的场态叠加能够追溯那位奥地利科学家所设想的著名的猫在两个经典不相容的状态之间悬而不决的命运。我们把一个含有若干个光子的场置于一个同时具有两个不同相位或不同振幅的量子态上。通过重建这类状态并观察它们如何逐渐失去其量子特性，我们能够探索量子世界和经典世界之间的边界，以及量子退相干的基本特性。

为了消除任何可能的误解，让我们开门见山：以"猫"来命名这类态纯粹是一种比喻。我们的系统只包含若干个粒子，其尺度和复杂性均远不及薛定谔故事中的那只动物。这个名称之所以在科学界内外变得流行，是因为用这类系统所研究的关于量子纠缠、测量和退相干的问题正是薛定谔在阐述他的猫的比喻时，以讽刺和挑战的口吻自我质问的问题。

我们的实验是用数光子实验中使用的冉赛干涉仪进行的，但我们对其中信息的分析方式与之前相反。我们之前研究的是原子偶极子的相位如何被场改变，而现在感兴趣的是其反效果，即原子对场的相位的修改。与在数光子实验中一样，我们首先制备一个处于格劳伯态的场，其平均光子数可以从零到若干个之间连续变化。这个场在菲涅耳平面上由一个高斯峰表示，指向峰的中心的菲涅耳矢量所关联的是一个具有同样相位和振幅的经典场。我们之前已经看到，单个原子会将场的频率 ν 移动 $+\Delta\nu$ 或 $-\Delta\nu$，这取决于它处于 e 态还是 g 态。

原子在进入腔之前，在穿越 R_1 区时被制备为两个态的等权重叠加。然后，场将开始以两个频率同时振荡，其中一个频率比 ν 小，另一个则比 ν 大。当原子与场相互作用了一段时间 T 后离开腔体时，腔场已经同时积累了两个不同的相位，一个超前了 $\Delta\nu T$，另一个则推迟了相同的量。与场关联的菲涅耳矢量同时指向两个方向。

这个"双头"场与原子纠缠在了一起。原子和场的系统的整体态是两项的和，一项对应的原子处于 e 态，其伴随的场的菲涅耳矢量相位超前了 $\Delta\nu T$，另一项对应的原子处于 g 态，其伴随的菲涅耳矢量场的相位推迟了相同的量。我们的场所处的情景让人联想到那只又死又活的猫纠缠着一个既受激又不受激的原子。我们也可以说，在这个实验中，腔场是测量原子能量的仪器。它在菲涅耳平面上用一个箭头表示，类似于钟面上的指针，它根据原子是否具有一种能量或另一种能量而指向两个不同的方向。我们在这里说明

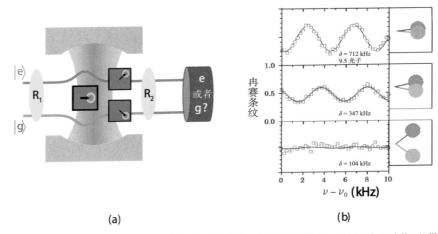

(a) **(b)**

图 7.10 从平均含有 9 个光子的相干场中制备光子薛定谔猫。(a) 实验示意图：一个原子由 R_1 中的 π/2 微波脉冲完成制备，它通过腔体并同时为场赋予了两个相反的相位。该原子之后在 R_2 中会经历另一个 π/2 脉冲，最后会被检测为 e 态或 g 态。(b) 检测原子所得的三种冉赛条纹，对应于"猫"的两个分量之间的三个不同的相移值。调整该相移的方式是改变原子和腔之间的频率失谐 δ。顶部曲线显示出对比度良好的条纹，此时猫的分量之间的分离度较小。随着这个分离度的增加，条纹的对比度会下降（中间的曲线）。当两个分量明显分离时，对比度就完全消失了（底部曲线）。这种条纹对比度的下降所伴随的是越来越多的原子状态信息在腔中被写入了场的相位，这印证了互补原理 [摘自《物理评论快报》(*Physical Review Letters*) 77 (1996)，4887]。

了量子测量的第一个阶段，测量设备（场）与被测系统（原子）相互作用，从而使被测的可观测量的信息可以从一个系统传递到另一个系统。

　　需要注意的是，在这个阶段还不存在与前述的数光子实验的任何区别。在物质和光之间相互作用停止的时刻，我们既可以说是原子在测量场的能量（原子偶极子上携带了关于场内光子数量的信息），也可以说是场在测量原子的能量（场在菲涅耳平面上转过的角度取决于原子能量），这两个主张都同样正确。然而，有一个差异打破了这种对称性。原子是一个微观粒子，在这个实验中只能在两种状态之间演化，而场虽然是一个小的对象，但其状态的数量却可以随意增加，为此只需要向腔中注入越来越多的光子。因此，在一个实验中，若含有若干个光子的场仅与一个原子进行相互作用，则将场视为测量设备是更自然的。通过增加光子的数量，我们就能够从测量仪器最初被描述为一个量子系统的情景开始连续演变，直到它变成一个越来越经典的对象。

让我们继续讲述原子的故事，它在通过腔时与场发生纠缠，在冉赛 R_2 区中经历了第二个 $\pi/2$ 微波脉冲之后，在干涉仪中完成了它的旅程。当我们最终检测它时，我们该如何讨论它处于 e 或 g 的概率呢？我们是否可以说，原子在穿腔时所处的 e 态或 g 态决定了原子在干涉仪中走的两条路径，二者所关联的振幅会导致量子干涉效应，从而反映在测得的 e、g 结果的概率上？这个问题的答案取决于场态。如果腔是空的，就会有干涉，因为原子没有留下它通过的痕迹。此时若在 R_1 和 R_2 中扫描 $\pi/2$ 脉冲的频率 ν 并大量重复实验，我们可以记录到对比度良好的冉赛条纹。另一方面，如果腔中初始包含一个有若干个光子的相干场，那么条纹的对比度就会下降，甚至可能消失。实际上，我们做的这个实验远早于对态的完全重建，因为它在每次制备出猫后只需要检测一个原子，因此所用的腔的性能可以逊于 2006 年所用的腔。

这个实验完成于 1996 年，它实际上是对互补原理的一种检验。如果关于原子所走路径的信息被写在了干涉仪的一个组成部分上，那么量子模棱两可性就会被消除，条纹就会消失。在我们的干涉仪中，两个腔场高斯分量之间的距离越大，传到场中的信息就越多。我们可以调整这个距离并保持平均光子数恒定，这需要改变由原子引起的场的相移。为此，只需改变场与腔之间的频率失谐。若失谐大，则相移小，场的两个高斯分量会重叠，这保持了腔内原子状态的模棱两可性，从而导致了良好的条纹可见性。随着原子和腔之间的失谐降低，场的两个分量会更加分离，条纹对比度随之下降，直到完全消失，此时猫的两个高斯分量也完全不再重叠。这个实验的结果类似于前述的一个实验，后者使用了修改过的干涉装置，其中的一个冉赛脉冲被一个量子场所取代，在这两个实验中，我们都印证了路径的可区分性和干涉的可见性之间的互补关系。

让我们再次注意，无需对场进行刻意的测量，干涉也会消失。场能够通过与原子的纠缠来记录路径信息，这个简单的事实已足以消除量子模棱两可性。因此，在我们能够测量腔场的十年之前，通过做这个实验并观察到条纹的消失，我们就能简单地据此得知我们已经在腔中制备了一个类似薛定谔猫的态。

当我们拥有了一只衰减时间很长的腔后，我们得以在 2007 年重复这个实验来确认这只猫的存在。让我们回到原子在被检测前一刻的故事。此时原子与落在它身后的腔场以一种非定域的方式纠缠在一起，这种情况类似于爱因斯坦在他著名的 EPR 论文中的描述。随后对原子的最终测量将破坏这种纠缠并引起场态的坍缩，这就是让爱因斯坦十分困扰的鬼魅般的超距作用。由于原子在通过 R₂ 时经历了态的混合，因此检测到它处于 e 态或 g 态并不能使我们得知它在通过腔体时所处的态。因此，R₂ 区扮演的角色是一只量子**橡皮擦**，它抹去了场在与原子相互作用的过程中所获得的路径信息。于是，场的相位的量子模棱两可性在这次检测中得以幸存。这次测量破坏了原子和场之间的纠缠，但场仍然在两种状态之间悬而不决，这种叠加包含了两个相位不同的相干场。根据原子被检测为 e 态还是 g 态，两个概率幅之间的相对相位会相差一个 π。这两种叠加态分别被称为偶猫和奇猫，原因我会稍后解释。

我们通过量子层析重建了这些态，此过程使用了一连串穿过干涉仪的原子和依次注入的多个与光子猫干涉的探测场。这些操作，包括猫的制备和测量，在每次实验执行中会一个接一个地在几毫秒内完成，这段时间与场的衰减时间相比是非常短的。在生成了大量相同的猫之后，我们重建了它们的维格纳函数。函数显示出了两个分离度良好的高斯峰，对应于具有超前相位和推迟相位的两个相干态。在两峰之间，多个波纹交替取正值和负值。这些量子干涉表明了两态叠加的相干特性。偶猫和奇猫都会呈现出相同的两个高斯峰，两猫之间的差异仅在于其波纹的正负号。将二者相加会消除干涉，所得的维格纳函数仅由两个峰构成，这表示了一个经典统计的情景。如果初始制备的场的经典相位非**此即彼**，那么对这两组实现的测量就会获得这样的情景。

我们实验中的"猫"最多只含有少量光子。若超过了这个数量，单个圆态里德伯原子就不再能够全局作用于这个量子场而不产生饱和效应和维格纳函数的强烈形变，这会改变我刚才描述的理想情景。在上述实验中，场的两个分量之间的相位差为 135°。在这一相位差为 180° 时，叙事会更方便，

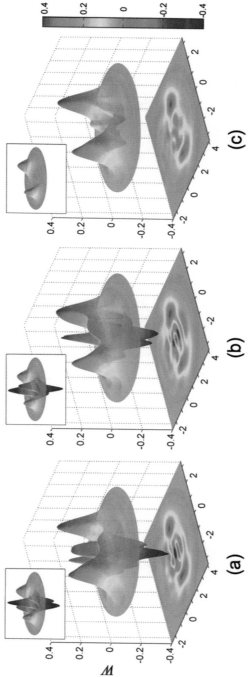

图 7.11　薛定谔的偶数光子猫态（a）和奇数光子猫态（b）经实验重建的维格纳函数，制备它们所用的相干场平均含有 3 个光子。获取这两个猫态的方式是检测原子处于 e 态（偶猫）或 g 态（奇猫）。我们可以明确区分出与猫态相关联的两个分量相关函数的维格纳函数求和。若不区分两种原子态，则相当于对两种猫的维格纳函数求和，于是我们对得到了（c）中所示的混合，它描述了一个经典的混合，其中的干涉条纹消失了。顶部小方框中的图像显示的是理论维格纳函数［摘自《自然》（Nature）455（2008），510］。此时腔场以一个相位振荡，而不再是"同时"以两个相位振荡。

这种情景我们后来也能实现，为此我们用了更慢的原子进行同样的实验，这使场具有了更大的相移。

现在让我们来分析这种理想情景。它对应于我们在第一个数光子实验中数 0 个或 1 个光子时所使用的相位设置：一个原子会将场的相位移动 $+90°$ 或 $-90°$，反之，一个光子会将原子偶极子的相位改变 $180°$。在这种情况下，我们之前已经看到，原子被检测为 e 态或 g 态取决于光子数是奇数还是偶数。换句话说，这个光子计数器测量的是光子数的奇偶性（光子数如果不能超过 1，则奇偶性等价于光子数量，这也是我们第一个数光子实验中的情况）。

这证明了给这些猫态起的名字是合理的。如果叠加的两个相干态之间的相移严格为 π，那么两个概率幅同号的猫只包含偶数个光子，而概率幅反号的猫只包含奇数个光子。因此，这俩猫的光子分布直方图在每两个 N 值中只显示一个。这些直方图中缺乏的奇数或偶数的光子数是一种量子干涉效应，相当于干涉仪中的暗条纹，表明了这些态的非经典性质。与这一特性相联系的是偶猫和奇猫的维格纳函数中存在的带有负谷的波纹，它们不能用经典概率解释。

若将猫态的生成作为一个非破坏性光子计数过程的第一步，则可以再次印证互补原理。通过用多个接连的原子测量场的能量，我们逐渐会破坏其相位信息。双分量猫的制备代表了这种破坏的第一个阶段。虽然初始场具有一个定义良好的相位（仅带有些许量子不确定性），但相位的分裂导致其失去了精确性。在第二个原子之后，每个分量将再次分裂成两个，分裂过程一直持续，直到相位在 $360°$ 上均匀分布，产生了一个福克态的维格纳函数，带有一个完全不确定的相位。在这个意义上，一个定义良好的光子数态就是一个多分量的薛定谔猫，在大量相干态之间悬而不决，这些态的相位在 0 到 2π 之间平均分布。

让我们暂停片刻，并思考一下这样制备和重建的双分量态的奇怪之处。我们可能会天真地认为，这种情况等价于将两个不同相位的场同时或相继注入腔中后所得到的情况。然而不难看出，这两个实验根本就不会得出相同的结果。在两次注入的情况下，我们所做的是将菲涅耳平面上的两个矢量相加，这样实现的是一个经典干涉实验。我们会直接得到一个相干场，其振幅将是两个场的振幅的矢量和，这个结果与我们实验产生的猫态非常不同。当两个场相位相反时，二者之和会直接将场带回真空，这是一个平凡的结果。此时场的能量将是真空涨落的能量，然而我们所创造的猫态则具有若干个光子的能量。为了制备薛定谔的猫，仅仅对相干场进行经典操作是不够的。我们必须进行一个量子操作，首先产生一个原子态的叠加，然后将其与场态纠缠在一起。

如果在两个不同相位态之间悬而不决的场这样的概念无法引起读者的共鸣，那么他可以考虑另一只与之等价但更令人惊讶的薛定谔猫。在产生了两个振幅相同、相位相反的相干态的叠加之后，我们将一个与该猫态的单个分量相同的场注入腔中。注入的场会与这个分量相加，使其数值翻倍，同时也会和另一个分量相减，将这另一个叠加分量带回真空。于是，我们将相位猫转化为了一只振幅猫。我们的腔中现在既是空的，又同时包含着一个平均具有约十个光子的相干场。

这个猫态的维格纳函数可以由相位猫函数平移而得，这一平移需要将后者的其中一个峰带到菲涅耳平面的原点处。描述这种叠加的量子奇异性的维格纳函数的波纹与初始相位猫的波纹相同，只是发生了平移。由此我们创造了一个经典意义上的荒谬情景，一个既空又满的盒子，外加可能观察到的这种情景两项之间的干涉现象。若用薛定谔的猫来比喻，在我们创造的情景中，盒子既是空的，又同时关着一只猫，两种情况的量子振幅大小相等。为了探测这种奇怪的状态，我们可以在盒子中塞入一只量子老鼠，它在第一种情况下会被猫吃掉，而在第二种情况下则能活下来。

探索量子和经典之间的边界

我们测试了一个相位猫态的脆弱性，为此我们重建了该态以时间为综量的维格纳函数，也就是先让场在腔中演化，然后再对其进行层析探测。通过在不同的演化时刻拍摄这个维格纳函数的照片，我们观察到了量子波纹的迅速消失。这个维格纳函数很快就变成了两个高斯峰的简单叠加，二者随后向真空缓慢收敛。因此，我们可以在这个演化过程中辨别出一个数量级为 T_c/N 的快时间常数，它衡量了量子相干性的平均寿命，以及一个大小为 T_c 的慢时间常数，与之关联的是腔场能量的经典衰减。这些特征类似于我们在福克态维格纳函数的演化中分析过的特征。

如何解释薛定谔猫态的这种快速退相干？在此我们可以再次援引互补原理。一旦一个光子消失在了环境中，它就会带走被囚禁的场的相位信息，这就破坏了量子相干性。如果该场平均包含 N_m 个光子，每一个能量耗散的平均时间为 T_c，那么这些光子中的第一个将在约 T_c/N_m 的时间内消失，于是量子相干性无法继续存在。

在猫态的两个分量相位相反的情况下，这种退相干很容易理解。若一个猫态拥有偶数个光子，第一个光子的失去会将其变成一个奇猫态，而在失去两个光子后又会得到一个偶猫态，以此类推。由于光子损失的瞬间并不会被层析所测量，重建的猫态维格纳函数在经过一段量级为 T_c/N 的时间后会成为偶猫函数和奇猫函数之和，其中的量子干涉项消失了。换句话说，光子数奇偶性信息的损失破坏了量子模棱两可性，使其退化为一种简单的经典不确定性。猫所具有的相位不再是一种和另一种，而仅仅是一种或另一种。

维格纳函数并不对应于单一的结果（猫被发现活着或死了），而是对两种可能性给予同等的统计权重，因为这种重建所反映的是对大量相同的系统进行的测量。退相干所导致的是一个经典情景，此时猫在 50% 的情况中会死亡（或存活）。这种分析可以推广至两个相干态的任何叠加，即使它们并不具有相反的相位。它们的退相干发生的时刻反比于与叠加态的两个分量相关联的高斯峰间距的平方。

这个实验考察了两种囚禁于腔中的场态在镜面损耗效应下进行的自由演化，并展示了二者非常不同的命运。相干态所描述的场在菲涅耳平面内具有良好的定域性，它的维格纳函数会保持形状不变，并连续向代表真空的高斯峰演化。另一方面，它们的叠加是非常不稳定的，若它们的分量在菲涅耳平面上相距越远，则它们失去自己量子相干性的速度就越快。

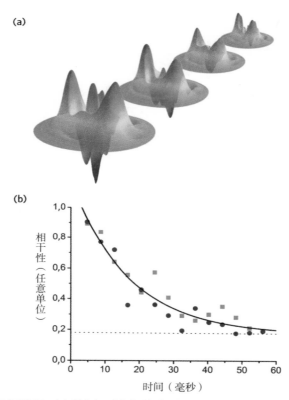

图 7.12 薛定谔猫态的退相干。(a) 猫态在四个连续时刻的维格纳函数。我们观察到干涉的逐渐消失,而高斯峰位置的变化很小。这表明退相干时间远短于腔场的衰减时间。(b) 测量偶猫(红点)和奇猫(蓝点)的相干性(任意单位)随时间的衰减。从这些曲线中,猫态相干性的指数衰减规律得以明确,其退相干时间正比于 $1/N_{\mathrm{m}}$[摘自《自然》(Nature) 455 (2008), 510]。

若持续将场与生成场的微波源相耦合,则可以补偿腔的损耗,从而维持一个稳定的相干态。若不考虑不确定关系对场施加的一个小的高斯模糊,这种相干态描述的是一个经典情况,无论是杨还是菲涅耳都不会对其感到惊讶。另一方面,虽然通过维持腔和场源的持续耦合可以抵消场的衰减,但这并不能使我们保持住一个薛定谔猫态,使其一直以相干的方式在不同峰值代表的两态之间悬而不决。光子薛定谔猫维格纳函数的非经典波纹的消失是不可逆的,且不能用经典的方法来补偿。

为什么相干态稳定,而其叠加却如此脆弱?根本原因在于二者与环境耦合并使信息外泄的方式不同。让我们尝试分析一下这种差异。腔中场的衰减是由于场在表面微小不均匀处的散射和镜子对场的残余吸收作用。这些现象的细节并不重要。它们可以用一个一般的模型来表述，其中我们假设从腔中泄漏的场激发了外部环境中的多个小振子，它们可以是从侧面散射到腔外的电磁场模式，也可以是镜子电子的振荡。如果腔场是相干场，那么我们可以将它想象为一个小辐射源，它就像一个无线电台一样失去能量并以明确定义的相位进行辐射，与环境中所有的振子微弱地耦合着。每一个振子的行为都像一个独立的小天线，接收着腔中的信号并随之以相同相位振荡。

这些天线收到的相同信息都表明腔场在以一个给定的相位和振幅振荡。在这种情况下，场和探测它的外部振子之间没有纠缠。整个系统的态只是场态和环境态的积。这种防纠缠性是辐射相干态的一个基本属性，这解释了其高稳定性。

另一方面，如果腔场为两个相干态的叠加，这一猫态的每个分量就会与所有窥探它的小天线的一个特定的相位振幅状态产生关联。这将很快引起猫态与其环境之间的纠缠，纠缠在这里的意义就是爱因斯坦在其 EPR 论文中所用的意义。此时包含场和周围所有天线的整体态会有两个分量，彼此相干叠加。在每个分量上，腔场都有一个定义良好的相位，它关联着所有天线的相位。如果对环境中这些微观天线的其中之一进行测量，由于其状态非常接近于真空，我们只能获得关于猫的状态的非常有限的信息。但是由于这些"窥探"天线非常多，所以对它们整体状态的测量很快就会揭示出腔场的状态。此外，我们并不需要真的去执行这种环境测量。只要这种测量原则上是可能的，这就足以破坏所有与猫的相干性有关的干涉效应。最终我们总能获得相同的互补原理观点。

腔中的场态和一个粒子（电子或离子）的状态之间存在着一种显著的相似性，后者的演化类似于一个被陷俘的小质量，在陷阱回复力的作用下呈线性振荡。这个粒子在某一时刻的状态可以用经典的方式表示为一个位于类似菲涅耳平面的平面上的点。这个点的横坐标和纵坐标分别描述了粒子的位置和速度。海森堡不确定关系用一个小区域代替了这个离散的点，在这个小区域中，找到粒子不同位置和速度的概率由高斯分布表示。这样我们就表示出了一个振子的相干态，其数学描述与我们腔中的场的相干态相同。

戴维·维因兰德和他的小组曾制备出一个陷俘在两种状态的叠加中的离子，它同时以两种不同的相位进行振荡，这个态与我们的光子猫具有相同的特征。他们研究了这些离子薛定谔猫和它们的退相干，其实验与我们的类似，得出的结论也相同。这些态所描述的单个粒子同时处于两个不同的位点并具有两种不同的速度，随着这些位点之间的距离越来越远，它们的量子奇异性也消失得越来越快。

这些用光子或离子进行的实验使我们能够阐明量子测量的一个基本方面以及量子世界和经典世界之间的过渡。最能抵抗退相干的系统是那些定域性良好的系统，这里可以指它们的位置在真实空间中的定域（离子的情况），也可以指在菲涅耳平面空间中的定域（光子的情况）。这种定域性的信息被传播至环境中后不会引发纠缠。例如，一个离子在散射激光光子时会给出其位置的信息，这可以把它定域在激光波长的几分之一区域之内。任何观察者在读取环境时都会得到关于系统位置的相同信息，这就为这个变量赋予了经典特征。对于处于相干态的场来说也是如此。它发射到环境中的信号都给出了关于它在菲涅耳平面上的位置的明确信息。因此我们可以说，一个粒子的位置和速度，或者一个场的振幅和相位，都是半经典量，在不考虑海森堡不确定性的情况下，我们可以将其与一种客观实在性联系起来，因为所有独立的观察者对环境的不同部分进行测量时都会对他们的所见达成共识。

我们将这些可具象化的态称为指针态，因为它们在理想中代表了一个与量子系统相耦合的指针的末端，它指向一个方向，并提供了关于该系统的一个可观测量的明确信息。在我们的量子场中，相干态的指向使我们能够测量通过腔的原子的能量。

对于相干场态的叠加来说，情况并非如此，它们几乎瞬间与环境相纠缠，并非常迅速地成为了统计混合。之前的定性分析可以得到精确退相干理论的验证，后者表明，一般来说，这类叠加在不同的经典现实之间保持悬而不决状态的平均时间 T_D 等于 $2T_c/D^2$，其中 D 是它们的高斯峰在菲涅耳平面上的间距。D 值越大，退相干就越快。对于奇数或偶数的薛定谔猫态来说，它们都是两个相位相反的场的叠加，若该叠加平均含有 N_m 个光子，则其 D 值等于 $2\sqrt{N_\mathrm{m}}$，其退相干时间 $T_\mathrm{D}=T_\mathrm{c}/2N_\mathrm{m}$ 比场能量的衰减的时间 T_c 短 $1/2N_\mathrm{m}$。一个原子振子的薛定谔猫态的退相干时间 T_D 可以由相同的表达式给出，此时的 T_c 是其能量衰减时间，N_m 是其振动量子的平均数。

上面总结的退相干理论有一个自由参数。它表明退相干的特征时间与猫态分量间距的平方成反比，但这一反比律的常数依赖于系统能量流失到环境中的速度。在我们的实验中，这个常数是腔的衰减时间 T_c，它依赖于其反射镜的品质。这个技术参数衡量了我们为薛定谔猫态的量子相干性所提供的保护的质量。这种量子隔离的程度在理论上并没有明显的限制。我们最好的腔所具有的衰减时间为 130 毫秒，但我们可以想象比这个还长 10 倍的时间，这将使我们维持的猫态在相同量级的时间内能够包含多 10 倍的光子。因此，经典世界和量子世界之间没有明确的边界。通过使薛定谔猫变得越来越大来推进这个极限是一个技术问题，而不是基本物理学问题。然而，如果我们试图将量子逻辑用于信息处理中的实际应用，这仍是一个根本问题。

回到薛定谔猫的图像，我们现在明白了为什么实际上并不可能将一只真实的动物制备为死活两态的叠加。这样的叠加意味着它在实验开始时会处于一个定义明确的量子态。我们的猫是一个复杂的系统，与其相耦合的是一个庞大的环境，其中的分子和热光子对猫的存活均必不可少。因此，在它所永久耦合的这个环境中，关于它发生的一切事情的信息都会立即得到记录。简而言之，退相干理论告诉我们，这只猫在我们实验的最开始就是一个经典的对象，它只能非死即活，永远不可能**既死又活**。如果我们将它关在一个装有单个放射性原子的盒子里，作为经典系统的猫就成为了一台测量原子状态的仪器。通过从生到死的转变，它将确定原子量子跳跃的时刻。薛定谔猫的故事只是为我们提供了一个比喻，用以描述在腔和光子实验或陷俘离子实验中所研究的少量粒子的非经典叠加态。

在我们的研究中，激励我们的首先是好奇心，以及我们热忱的愿景——以最具有说明性的方式来展示量子物理学的奇特法则——而并非寻求任何具体的应用。在这个意义上，我们追随了量子理论奠基者们的脚步，只不过我们享有了他们做梦都想不到的先进技术优势。我们的工作一直融合了理论和实验两个方面。当我们在开发设备时，我们也在同时思考我们可以做的实验。在进行上述的原子和光子操纵实验前，我们已经在一系列的理论论文中提出了相应的实现方法。

陪同我们进行这些理论工作的是巴西的两位研究人员——路易斯·达维多维奇（Luiz Davidovich）和尼西姆·扎古里（Nicim Zagury），我与他们第一次会面时就成为了朋友，那是在 1983 年底于里约热内卢举办的一次法国 – 巴西物理学研讨会上，彼时巴西刚刚摆脱多年的独裁统治。此后在 1980 和 1990 年代，路易斯和尼西姆曾经多次到巴黎访问我们。和他们在一起时，我们为非破坏性光子测量实验撰写了多篇预备论文。而正是在撰写这些论文的时候，我们同时意识到这种数光子的方法自然会涉及光子猫态的制备，其退相干可以用实验研究。在此之前，美国物理学家沃伊切赫·祖瑞克（Wojciech Zurek）对这种退相干进行了一般性的理论分析。受他的论文启发，我们展示了如何将我们的腔量子电动力学装置用于退相干的实验研究。

这些理论工作是我在法兰西公学院多次授课的主题。我在那里的任命始于 2001 年，举荐人为克洛德·科恩 – 塔诺季和皮埃尔 – 吉勒·德让纳，他们也是我在 1960 年代攻读量子物理研究生项目中的两位老师，此后他们一直从事着卓越的科学事业，陆续获得了诺贝尔奖。在我和让 – 米歇尔·雷蒙写的一本书中，我们关于薛定谔猫、非破坏性光子计数和退相干的理论工作得到了详细的分析，该书撰写于 2001 年至 2006 年间。出人意料的是，这本用英文撰写的书——《探索量子：原子、腔和光子》（*Exploring the Quantum : Atoms, Cavities and Photons*），成书于 2006 年的夏天，而我们在书中用理论描述的实验仅几周后就得以在实验室中进行。这个事件顺序让我们抱有缺憾，因此我们经常想到要写一部续篇，以描述我们从那以后所做的所有实验。本书在技术性上弱于《探索量子》，其中的一部分也是对这个愿望的一种回应。我希望能够以此向广大读者介绍这些我们多年以来所从事的实验，并分享我们对量子物理学及其矛盾现象的迷恋。

迈向量子计算机：乌托邦还是未来现实？

每当我在研讨会或学术会议上介绍我们的工作成果时，我都不可避免地被问及这些工作何时能够促成一台真正的量子计算机的构建。这个问题有点令人沮丧，因为我们的研究不是为了这个目的而做的，但我还是不得不尝试回答这个问题。因此，我必须谈一谈这个仍然存在于想象中的装置。在一台"经典"的计算机中，基本操作是由各种逻辑门执行的，它们所耦合的二进制电信号有两个值，可以被编码为经典比特的 0 或 1。在每个门中，一个被称为控制的比特在操作过程中保持不变，它决定了另一个被称为目标的比特会发生什么。例如，如果控制比特为 0，则目标比特不会发生变化；如果控制比特为 1，则目标比特从一个状态切换到另一个状态。计算机的任何计算都是通过对大量比特执行的大量此类操作来执行的。

在一台量子计算机中，这些比特将成为量子对象，被称为量子比特，它们可以被制备为 0 和 1 的相干叠加并以此形式进行演化。相应的门的工作原理与经典门相同，但为它们提供输入的比特则存在于量子物理叠加态的空间中。这类门早在 1990 年代就已经由戴维·维因兰德的小组用陷俘离子实验实现了，实验依据的提议源于两位量子光学理论家彼得·佐勒（Peter Zoller）和伊格纳西奥·西拉克（Ignacio Cirac）。在同一时期，我的小组也展示了一种量子门操作，它的控制比特是含有 0 个或 1 个光子的腔场，而目标比特是里德伯原子。自从 1990 年代以来，很多用有限个量子比特进行的实验都证明了这类门可以被用于纠缠的按需生成和检测。

对一大组量子比特的连续门操作可以生成大规模的纠缠，相应的机器很快就会处于一个巨大的叠加态上，此时比特的演化会在巨量的不同经典路径之间悬而不决。可以证明，这种叠加对某些计算执行的加速效果远超经典计算机一次走一条路径的效果。在量子计算结束时，所求结果由机器同时走的所有路径间的干涉效应给出，用一种对该干涉敏感的测量即可揭示这一结果。

举例来说，有一种可受益于量子加速的计算是将一个数百位的数字分解成多个质因数。传统的计算机无法在物理上可接受的时间内完成这一任务，而美国数学家彼得·肖尔（Peter Shor）发明的一种算法则可以做到这一点。这种可能性对于全球经济来说是令人担忧的。银行的通信保密和所有信用卡的安全防护都依赖于一种密钥系统，而该系统的根基就是可公开获取的大数的质因数的极难获得性。因此，研究量子计算机在经济上有着重大的利害关系。近年来，主要的互联网公司——谷歌、微软和IBM——纷纷进入了这一领域，显示了这种假想机器在战略上的利益。

然而，建造一台量子计算机所要克服的困难是巨大的。我们试图建造的是一个薛定谔猫态的超级计算机，它所能执行的逻辑运算可以导致其比特之间的大规模纠缠，且不会受到退相干的影响，也就是说，计算的信息不能泄露到环境中。然而，对于超过一定规模的系统，退相干就会变得不可避免。虽然在付出了大量努力之后，有可能用几十个量子比特完成几十个基本量子门操作，但在超过了这个数量级后，就不可能被动地保护这些比特不受到退相干影响了，这使有用的计算无法实现。因此，我们要想使用一台比传统计算机计算得更快、更高效的机器，还有非常遥远的一段路要走。

解决这一困难的方法之一是主动去保持这种机器的相干性，这需要检测环境产生的扰动并在它们发生的同时纠正其影响。这被称为**量子纠错**。在这个方向上，其中一个方法是检测与损失到环境中的信息相关联的随机量子跳跃，并据此对系统进行反作用，使其回复到跳跃发生前的状态。在我们的实验中，我们证实了有可能在腔中无限期地维持一个非经典态——一个辐射福克态。我们使用一串原子序列来连续测量光子的数量，当这个量变化时，其他的"纠错"原子就被注入腔中以增加或减少一个光子。然而，这种方法仍然无法保护量子计算机免受退相干的影响。

物理学家们实施了更加巧妙的方法来保持腔中的薛定谔奇猫或偶猫态的相干性。做出这类实验的是量子信息的一个新实验领域，被称为**电路量子电动力学**。其中取代我们的里德伯原子的是由超导电路实现的人工量子系统。这些小型电路具有量子化的能级，电路可以通过吸收或发射射频光子在这些能级之间演化。存储这些光子的超导腔的几何形状与我们实验中的不同，但是其物理原理与腔量子电动力学非常相似。超导电路量子比特间的耦合既可以通过直接的电接触，也可以通过它们与微波腔中光子的耦合，其服从的机制与我们实验中的相似。

这种系统的演化速度更快，因为这些人工量子比特的尺度是宏观的，它们与微波的耦合比我们的里德伯原子要强得多。电路量子电动力学操作的时间常数以纳秒为单位，而不是我们实验中的微秒。其退相干也更快，这意味着可以进行的操作数量在没有纠错时依然是有限的。

在这类实验中开发出了一种对抗退相干的巧妙方法，该方法将比特的0和1编码为光子的薛定谔偶猫态和奇猫态，这些态平均含有一个到两个光子，它们被储存在超导腔中。进行门的逻辑操作凭借的是这些场与超导量子比特间的耦合。退相干体现为光子的损失，这会破坏猫态的奇偶性。这种奇偶性的变化可以由超导量子比特检测，因为它可以通过非破坏性的方式测量场的奇偶性，就像我们在自己的实验中所做的那样。猫态奇偶性的跳跃所体现出的错误会通过对场的反馈得到纠正，这不会破坏量子比特的相干性。为了执行这些程序，必须将一个逻辑量子比特编码成多个互相纠缠的光子量子比特，而错误检测和纠正的操作涉及对场和超导量子比特的复杂操作，我在此不作详述。这些纠错操作由罗伯特·肖尔科夫（Robert Schoelkopf）、米歇尔·德沃雷（Michel Devoret）和史蒂文·葛文（Steven Girvin）在耶鲁大学开发，目前依然停留在概念验证阶段，很难将其扩展到量子比特多于若干个的系统上。

费曼的梦想：量子模拟

虽然量子计算机的前景依然渺茫，但在短期或中期，有其他一些更为现实的对单个量子系统操纵的应用。量子模拟是对凝聚态物理中的粒子布局的模仿，其所用的人工量子比特构架可以是一维、二维或三维。用于放置冷原子的阵列就是由多束相互干涉的激光相交而产生的一组光学势阱。我们也可以在空间中陷俘多组规律排列的离子，其利用的效应为势阱的吸引力和离子间的库仑排斥力。一组印在电子芯片上的超导量子比特也可以被耦合在一起。通过调整这些量子比特之间的相互作用，我们试图在一个尺度不同的模仿系统上重现真实系统中原子之间的相互作用。在这样的系统中，只要原子的数量超过几十个，目前的计算机就无法计算出这些原子集体的精确行为。此时量子叠加的数量会变得过多，要求解的薛定谔方程也会包含过多的变量。而通过在实验室里用单独可控且可测量的量子比特模仿真实系统，我们可以观察到人工系统的演化，并推断出真实系统在类似情况下的行为，这是传统的计算机无法做到的。

　　在一个分子中或一块固体中，原子间距是以埃为单位的，而冷原子量子模拟器中的量子比特间距是以微米为单位的，离子阱中的粒子间距也在同

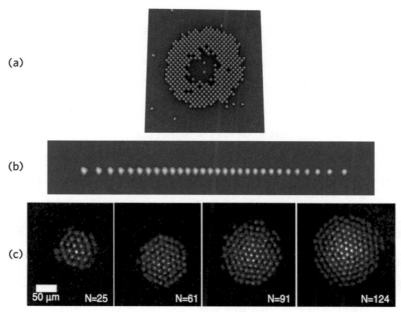

图 7.13　一些量子模拟器的例子。（a）被陷俘在二维光学格子中的超冷铷原子。每个点都是一个原子，它们将光散射进一个非常高分辨率的显微镜中（原子间距 0.53 微米）[来自伊曼纽尔·布洛赫（Immanuel Bloch），慕尼黑]。（b）一维陷阱中的 30 个钙离子组成的链。这些离子处于平衡状态，维系它们的是朝向陷阱中心的吸引力和它们之间的库仑斥力（离子间距 3 微米）。每个离子都是一个量子比特，它在两种状态之间演化，一个散射光，另一个不散射光。通过激光脉冲可以将量子比特状态与一个集体振动模式相耦合，这样就可以在离子间生成可控的相互作用 [来自莱纳·布拉特（Rainer Blatt），因斯布鲁克]。（c）一个陷阱中的铍离子晶体（每张照片都显示了离子的数量 N）。离子在陷阱中心的吸引力和它们之间的库仑排斥力的共同作用下排成了有序的格子 [来自约翰·鲍林格（J. Bollinger），国家标准技术研究所，《科学》（Science），352 (2016)，1297]。

一数量级。对于冷原子和离子来说，它们的原子间距要比凝聚体中的大一千到一万倍，因此前者的相互作用能总是远低于后者。激光冷却的原子系统尤为脆弱。为了使其维持有序，它们必须被保持在极低的温度下，温度量级在 1 微开尔文或更低。尽管存在尺度和温度上的差异，但量子物理学是不会变的，在模拟器中发生的情况可以被外推至密度更大、温度更高的真实物质情况。

早在 1980 年代，理查德·费曼就预言了这类模拟器的出现，它们是针对需要解决的特定问题而建造的。举例来说，这些问题可以是在粒子性质不同的情况下（玻色子或费米子）研究原子或电子系统可以采取的不同相位或构型、它们之间的相互作用程度、限制它们的网络的维度（线、面或体），或它们的温度。通过进行这些实验，我们希望能找到具有有趣特性的新原子构型，以求实现不同的应用。

举例来说，这类量子模拟可以为制造高温超导材料或合成具有新治疗特性的大分子开辟道路。这些为解决特定问题的针对性模拟可以承受一定程度的退相干，这种退相干也存在于我们试图模拟的自然物质之中。因此，它们不需要系统性的纠错，实现难度也远低于量子计算机。这一领域的早期成就令人鼓舞，这意味着它将在可预见的未来迅速扩展。

鬼魅般的超距作用：量子密码学和量子远程传态

量子通信是量子信息另一个非常活跃的领域，它可以让两个距离遥远的对话者（用我们所熟悉的爱丽丝和鲍勃指代）秘密地交换信息。若两人处于两个远程站点，则可以在他们之间分配多个纠缠光子对，这些光子既可以用光纤传输，也可以用卫星作为中继从而在大气中传播。这两个对话者测量这些光子状态时，各自会得到无规律的 0、1 序列，它们分布随机但却完全相同，这就可以作为无法干预的密钥用于加密和解密二人交换的信息。让我们简要解释一下其中的原理。一开始，爱丽丝可以将她的消息翻译为一长串 0、1 比特的序列。拉丁字母表中有二十六个字母，再加上十个阿拉伯数字和五到六个标点符号（空格、句号、逗号、冒号、分号、引号等），这些全部都可以用六个量子比特来编码，因为其一共有 $2^6=64$ 种可能性。再为每个字母提供两个补充的比特，这样就可以选择大小写和正斜体。有了这 $2^8=256$ 种 0、1 序列，爱丽丝就可以编码书写文字所需的所有基本字符。本书英文版的一页包含约 2000 个字符（包含空格），它们可以据此被编码为一个长序列，其中包含 $2000 \times 2^8=512\,000$ 个比特。而整本书的长度约为两亿五千万个比特。

　　为了让这些文字完全不可破解，爱丽丝用加法为文字的每一个比特加上了一个随机比特，后者来自她与鲍勃分享的随机密钥。这个密钥必须与文字消息本身一样长，从而避免重复编码，否则一个聪明的间谍用统计语言学分析就有可能猜出编码规则。爱丽丝用密钥的每个比特加密时，会用模为 2 的加法，其法则为：0+0=0；0+1=1+0=1；1+1=0。这种加法实际上可以用一个耦合这两个比特的门来实现，此时这两个比特就分别扮演了控制比特和目标比特。这样得到的文本看上去像是完全的胡言乱语，而爱丽丝将其发送给鲍勃时会使用一个经典信道（简单的电话线即可，可以任凭信息被截获）。信道另一端的鲍勃随后会进行与爱丽丝相反的解码操作，也就是从这段随机消息中逐个比特地减去密钥码。就这样，令爱因斯坦强烈不满的鬼魅超距作用使我们得以在不同站点之间秘密地传输信息。这被称为量子密码学。任何试图截获由纠缠光子生成的密钥的行为都会导致可检测的纠缠破坏，此时我们就可以在传递信息前中止通信。为了确保比特分享的安全性，爱丽丝和鲍勃只需要选择密钥中的一小段（约一百比特即可）并明文对比以确认二人对这段序列有相同的结果。若密钥此前已受到干预，这一结果的发生只能纯凭巧合，其概率为 $1/2^{100}$，这种可能性几近于零。

　　为了使借由光纤进行的长距离量子通信成为可能，我们必须对抗光子的衰减，因为即使是在最透明的玻璃中，一旦光子的行程超过几十公里，它依然会被吸收。为了能远距离传播纠缠，我们需要造出量子中继器用以连接不同的光纤段。这种脆弱的设备远比经典中继器更难开发，后者的作用是在承载经典互联网光信号的光纤网络中放大信号。一段光纤中的光子所携带的量子信息必须通过由原子或人工量子比特构成的中继器传输到下一段光纤中，在此过程中，光和物质之间的信息交换过程可以效仿腔量子电动力学实验中的演示。这类设备的开发是不同实验室所频繁研究的主题。

以上我选择描述的量子密钥分发手续利用的是量子比特的纠缠，该方法由阿图尔·埃克特在1990年代初最先提出。一些其他方法基于的是对海森堡不确定原理的利用，它们也是可行的。在所有版本的密钥分发中，确保秘密的都是量子物理学的原理，这意味着对系统的无扰动测量以及量子克隆都是不可能的。

当相距甚远的爱丽丝和鲍勃拥有成对的纠缠量子比特时，这也能允许他们向对方传递一个量子比特的态 $|\psi\rangle$，也就是概率幅任意的 $|0\rangle$ 态和 $|1\rangle$ 态的叠加。这种操作被称为量子远程传态，设想出其原理的是1990年代的一群量子信息理论家，为首的两人分别是加拿大的吉勒·布拉萨尔（Gilles Brassard）和美国的查尔斯·本尼特（Charles Bennett），他们在更早的几年前还提出了第一种加密密钥交换协议。为了实现远程传态，爱丽丝用一个处于 $|\psi\rangle$ 态的粒子与一个量子比特相互作用，该比特是她和鲍勃共享的一对纠缠量子比特中的一个。当她对这个系统进行测量后，鲍勃所拥有的量子比特会根据测量结果的不同而投影至不同的态上。当爱丽丝将结果告知鲍勃后，后者可以利用这一经典信息对他的量子比特进行相应的操作，从而将其带入 $|\psi\rangle$ 态。在此过程中爱丽丝和鲍勃都不知道他们交换的态是什么。远程传态与经典传真不同，后者允许发送人保存一份传输信息的拷贝，而前者则会在传输时破坏掉爱丽丝所拥有的态，这是因为量子态不可克隆定理禁止任何量子态的复制。

对光子量子比特远程传态的演示始于1990年代，进行演示的课题组带头人有欧洲的安东·塞林格、弗朗切斯科·德·马蒂尼（Francesco De Martini）和尼古拉斯·吉辛，以及美国加州的杰夫·金贝尔（Jeffrey Kimble）。近期还有一个长距离远程传态实验在一个地面站点和一颗卫星之间进行了单光子态的传输，该实验由中国的潘建伟小组完成。如果量子计算机有一天成为现实，远程站点之间可以通过交换量子比特进行量子信息传输，这样就可以将众多量子机器结成网络。我们可以将这种产物称为量子互联网。

量子计量和光钟

最后，让我们来谈谈量子计量。受到精确控制和操纵的单个量子系统可以作为一个极度敏感的探测器，用于测量其演化所依赖的物理参数。在一个理想的经典情况下，系统被制备为一个指针态，其行为就像一个测量仪器的指针，根据被测参数的值而指向不同的方向。海森堡的量子不确定性给这根指针的方向带来了模糊性，从而给测量带来了一种本质的不精确度，这被称为标准量子极限。在某些情况下，若将作为探测器的系统制备到一个非经典态上，则有可能超越这一极限。例如，这根量子指针可以被制备为类薛定谔猫态，此时它会同时指向两个不同的方向。通过观察与这种叠加相关联的量子干涉效应，我们所获得的被测参数信息的精度将超过标准极限。

为了直观地了解这种不寻常的结果，我们可以观察一个光子薛定谔猫态的维格纳函数，该态平均含有 N_m 个光子。这个函数的高斯峰在菲涅耳平面上的宽度量级为 1，而峰与峰之间的波动条纹间距仅为 $1/\sqrt{N_m}$。由此可以看出，如果我们扰动这个系统（例如在腔中加入一个非常微弱的相干场），猫态细窄的相干波纹对这个扰动的敏感度会高于相对更宽的高斯峰。这类超高精度测量方法的实施并不容易。难点之一在于，其操作需要在一段相对于退相干时间来说较短的时间内完成。这种可能性在我的研究小组近期用光子和原子薛定谔猫态做的实验中得到了演示。

不过量子计量近年来所取得的最引人注目的进展发生在时间测量领域。我们之前已经看到，几个世纪以来，对光的研究一直与对日益精确的时钟的研发联系紧密。以这一领域的最新科学进展作为尾声，可以帮助我们体会到近期在时间测量上因激光取得的巨大进展。

在现代科学初期，惠更斯的钟扮演了一个至关重要的角色，但它在一个世纪之后让位给了哈里森的机械航海时计，这种配备在船舰上的时计使人们首次精确测量了经度。到了 20 世纪初，石英钟取代了对机械振子周期的计数，前者所数的是一块晶体的电致振动，它振荡时就像一个小音叉。在三个世纪之内，时间测量的不准确度从每天约十秒下降到了每天一毫秒，精度提升了四到五个数量级，这在本质上反映的是被计数的振荡的频率增加（钟摆每秒振动一次，而石英每秒振动几万次）。

上世纪中期问世的原子钟所计数的是铯原子所吸收和发射的微波的周期，这使得时钟的不确定度在若干年间骤降了六个数量级，减少到了每天一纳秒（约为 $1/10^{14}$）。这一骤降反映的依然是时钟频率的增加，对于铯原子来说，这个频率约为 9.2 吉赫兹。若换用冷原子，则可以延长原子的探询时长，我们之前已经看到，这进一步将这种已经非凡的精度又提高了两个数量级，达到了每天约 10 皮秒（千亿分之一秒，对应的相对不确定度为 10^{-16}）。

最后一个巨大的飞跃实现于 2000 年代初，这时候我们已经能够数清远快于以往的光振荡，这里的光由原子吸收和发射，利用了该原子或离子的基态和一个寿命很长的激发态之间的光频跃迁。这种振荡的频率在数百太赫兹量级，也就是在 10^{14} 和 10^{15} 赫兹之间。目前最新的科研用钟的不精确度已降至每天几十飞秒（百万亿分之一秒），其对应的不确定度为 3×10^{-19}。我们知道宇宙的年龄大约是 10^{18} 秒（一百亿亿秒），这意味着若两个光钟在时间之初得到了精确同步，它们今天彼此之间的偏差不会超过一秒的十分之二到十分之三！为了达成这一非凡的精度飞跃，数频率时要先用一个约为十万的因子去除光的频率，从而使其成为电子电路可直接测量的频率。

使这种除法成为可能的仪器就是频率梳，在上一章有提到。它是一种以十万个等间距模式振荡的激光，覆盖了红外和紫外区之间的一个倍频程。它的全体模式相位严格锁定，从而能周期性地在同一时刻达到它们的振荡最大值。这种锁定是所有模式耦合的结果，因为它们全部由同一个放大介质所驱动。惠更斯曾在力学中发现了一个类似现象，他在卧病时观察了他床前墙上所挂的两个摆的振荡。双摆在墙壁中引起的振动会导致它们的相位被锁定并使它们同步振荡。

科学史上充满了这些令人惊讶的关联，这展示了科学横亘了数个世纪的统一和联系。17 世纪的一位伟大钟表师发现了摆的锁相现象，三个半世纪后，其衍生效应使他的后辈——21 世纪的原子钟表师们大幅提高了他们仪器的精度，这无法不令人惊叹。

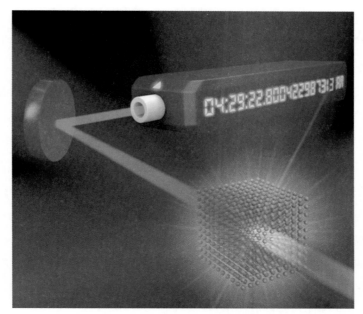

图 7.14　超冷锶原子光钟的简化视图。一个高度稳定的激光器的频率被锁定在锶原子的一个光频跃迁频率上，原子被陷俘在一个三维光学格子中。这个激光器接下来稳定了一个频率梳激光器（未显示）的频率，频率梳会将光频率转换至微波范围。这个钟的不确定度为 3×10^{-19}，其误差相对于宇宙年龄不到一秒。它使我们对锶原子跃迁频率的定义达到了 17 位有效数字（$\nu = 429\ 228\ 004\ 229\ 873.13$ 赫兹）。限制这一精度的是当前最好的铯钟的精度，后者定义了今天的"秒"。最终，与"秒"挂钩的将是一个光钟的频率，该频率的精确数值将由人为约定所固定（来源：叶军，美国天体物理联合实验室）。

　　当锁定了频域上均匀间隔的全体激光模式之后，所有的波列就会进行周期性的相长干涉，生成一串前后相随的光脉冲序列，其周期等于光在激光器腔镜间往返一次的时间。这样一来，我们就得到了一个时钟，其走动的声音被具象化为从腔中陆续逸出的光脉冲所产生的咔嗒声。这种时钟实际上可以实现使爱因斯坦得以说明时间膨胀现象的思想实验（在第四章有描述）。

　　为了确保这种时钟的准确性，一个频率极其稳定的激光器会被用于探测一条超窄吸收线，这条吸收线可以来自单个陷俘铝离子，也可以来自一组被限制在光学格子中的少量超冷锶原子或镱原子。这个探测激光器的频率首先会被伺服控制锁定在离子或原子谱线的中心，其次会被用来对比频率梳激光的其中一个模式频率，后一个频率也受伺服系统控制，可以通过微调激光腔镜间距来调整。于是，这把梳子的两个相邻模式的间隔就成为了所求光频率的一个精确的除数。一个石英振子的频率会被锁定在这个间隔频率上，而石英的频率可由一个电子数字计数器直接读取。该装置的校准是通过与铯钟的比对来完成的。

以这种方式获得的精度远远超过了微波钟。研究这种光学装置稳定性的唯一方式是让它们相互对比。最终，铯钟将退出历史舞台，而若干年后，这些精度超乎想象的光钟中的一个会将新的秒定义为其振荡周期的一个倍数。它们的精度甚至可以允许我们在实验室中测量时间随高度的变化，这是广义相对论所预言的效应。这种效应的大小约为每米 10^{-16}，对此，戴维·维因兰德在十年前用两个铝离子钟进行了演示，其中一个钟被放在一个由液压千斤顶支撑的桌子上，这使他能够将这个钟相对于另一个钟提升至一个可调的高度。随后他观察到，当高度差为 1 英尺（31 厘米）时，两钟之间产生了 3×10^{-17} 的偏差。经过过去十年的发展，现在我们应该能够检测出两个高度差仅几毫米的钟所显示的时间差异。

这种精度超乎寻常的钟表技术要完全归功于激光，它在该装置的多个组成部分中都发挥着关键作用。激光在铝钟中冷却了参考离子，它将离子带入其平衡位置附近的振动基态，从而消除了任何不利于振子稳定性的多普勒效应。在中性锶原子钟中，激光生成了光学格子，从而将诸多原子保持在一个完美的人造晶体之中，而其他激光则冷却了这类光学格子中的所有原子。一个超稳定的激光器被用来探测参考跃迁，并将信息传递给最后一个激光器，即频率梳。

光对时间测量的这一非凡贡献可以被看作是一次轮回后的高潮，这印证了科学的跨学科特性。最早的现代机械钟使确定光速成为了可能，为光学的其他基础发现铺平了道路。几个世纪后，光反过来为时间测量科学提供了手段，将后者的精确度提升到了 17 世纪的制表师们无法想象的高度。

故事并没有到此结束。量子计量所开辟的多条道路还可以进一步提高这些时钟的精确度。在目前探询陷俘冷原子的设备中，所有粒子对探测它们的激光的反应是相互独立的。若使这些原子相互纠缠，在我们所能实现的情景中，受激光光场影响的原子集体可以在一个类薛定谔猫态上演化，其中所有原子将同时处于被探测跃迁的基态和激发态。这种非经典状态的量子相干性在时间上的演化速度远快于单个原子，这就提高了设备的时间敏感度。如果能够将一百个原子制备到这样的态上，那么光钟已经超乎寻常的精确度将能再提高一个数量级。

我们能用这种对相对论效应如此敏感的时钟做些什么呢？结合目前的GPS 系统提供给我们的信息，它们无疑在未来的某一天能够绘制出地球的大地水准面，也就是地球的等重面，其精度可达到若干毫米。海平面或冰盖厚度变化所导致的改变将可以被更准确地测量，大陆漂移也是如此。测出重力的微小变化，也就是地震的前兆，或许将成为可能。

再一次地，光的科学将我们带回了过去。我们可以预见未来会有对地球形状极度精确的测量，这使我们想起了拉·康达明和莫佩尔蒂的探险。如今，确定地球大地水准面局部变化所用的精度单位不再是公里，而是毫米。虽然二者数量级差别很大，但这种研究的精神是一样的。科学家们从事这些研究，是因为他们想了解未知。而且，就像 18 世纪的莫佩尔蒂一样，他们相信他们对知识的渴求总有一天会有用处。

我在这里尝试的未来预测是有局限性的。回想一下，1900 年的明信片对 2000 年世界的预测是什么样的。今天的基础科学对未来的实际应用的影响在很大程度上仍然是不可预测的，而这正是科学研究的魅力所在。在我的一生中，纵观与我共事过或交换过观点的科学家们，激励他们的都是将知识边界越推越远的渴望，这并不是因为这样做"有用"，而是因为这满足了他们的好奇心和求知欲。我有幸与他们一起参与了这场上溯四个世纪的伟大冒险，其中导引全程的主线是光。这个故事没有结束。它将继续深化我们的知识，产出意令人想不到和惊讶的新工具，并且无疑会超出我们今天的想象。

后记　科学与真相

　　通过回顾光的历史，我试图说明什么是科学中对真相的探索。这个过程让我们一步步深入了解光是什么，使人类对宇宙和我们生活的世界有了基本的认识。能够在过去的半个世纪里参与这段历史，是一场令人兴奋的冒险，它使我能够追溯前人的思想，并与过去和现在的科学家同行们并肩作战，我们一直在进行这项研究，直到今天。在我自己的研究中，当我第一次观察到揭示自然界隐秘一面的现象时，我体验过那种随之而来的快乐。我也有幸见证了其他人的伟大发现，这种愉悦感性质不同但同样深刻。

　　为了开展研究，科学家需要时间和信任。时间是必要的，因为大自然不会轻易地揭示它的秘密。它常常把我们引向错误的道路，有时还考验我们的耐心和决心。另一方面，需要的信任是来自多方面的。首先，我们需对我们自己有信心，相信我们自己在出现意外情况时分析、理解和想象新方法的能力。这也是一种信念，相信自然现象服从合理规律，相信我们日复一日地在一个个发现中为世界构建的所有模型形成了一个由科学编织的和谐网络。

　　我们还需要我们所在科研机构的信任，因为它们会为我们提供物质和精神上的支持。最后，也是最重要的，是来自社会的信任，社会必须与我们一样对知识充满渴求，并坚信知识是构成我们的文化和文明的一个基本要素。我本人就曾在一个满足这些条件的环境中工作过。我得到了足够的时间和信心。在很长一段时间里，我都不觉得我的情况有什么特别，科学家普遍得到公众和政府的理解和支持。

　　然而，我的乐观情绪如今正受到考验。经济困难使法国和许多其他国家分配给研究的资金减少，特别是使年轻研究人员的工作条件变得非常困难。

但这还不是最糟糕的。科学发现从来没有像如今这样丰富过，它不但拓宽了我们看待世界的视野，还为我们提供了就在几十年前还无法想象的行动和控制自然的手段。然而，就在这样的时刻，它却被吊诡地误解了，甚至遭到了公众的诋毁和攻击。反科学的潮流一直存在，但现在随着后真相和另类事实的兴起，它们现在正朝着一个特别有害的方向发展。

科学并非是这股虚假信息和谎言浪潮的唯一诋毁目标，但它特别容易受到其影响。这些阴谋论是基于一种有害的怀疑形式，与科学方法的理性和建设性怀疑完全相反。通过模仿科学过程中的一个基本要素来产生误导性，科学的诋毁者们正在制定一个十分"有效"的邪恶策略。

为什么在现代科学出现的四个世纪之后，科学家们依然不得不为自己辩护以免受谎言的诬蔑？这其中的原因与社会正在一个遭受深刻危机的世界中的演变有关，也与个体的心理有关，他们感到越来越孤独，并倾向于以部落的方式依附于看起来能够让他们安心的文化或宗教信仰。经济和市场的全球化使许多人被抛在一旁，得不到保护。这种情况所产生的恐惧，使任何像科学一样、承载着任何群体都无法占为己有的普遍价值的全球活动都显得像是一种威胁。

这种反科学的部落主义导致了公众的误解，他们对科学过程了解甚少，所以很容易受到影响。因此，对物理学、化学、生物学和医学的某些领域的认识被扭曲，有意无意地被意识形态的情绪或者经济利益所操纵。例如，我们都听过这样的流言：全球变暖是中国的发明，旨在从经济上削弱西方；转基因生物正在毒害我们的农作物；或者接种疫苗对我们的孩子有危险。这些阴谋论观点所传达的印象是，科学家试图将他们的神秘力量强加于社会。

这些谎言，特别是在互联网上的传播非常高效，它们把科学理论降低为一种可以不经证明就否定的观点，并把它与来自各种传统的信仰放在同一层面之上。这就是社会学和人类学中某些思潮所主张的文化相对主义的重新抬头。如果科学只是一种活动，其结果取决于它所处的社会条件和文化条件，那么为什么它的理论不能和无需证据支持的观点放在同一水平上呢？

文化相对主义，即使不是今天的科学所面临的困难的原因，也无疑是与之相伴的一个因素。为了捍卫科学及其价值，我们必须研究这些谎言的深层社会学和心理学根源，特别是分析社会网络的运作条件，如何将互联网用户社区限制在充满了能够让他们彼此产生共鸣的妄想的封闭空间之中。源源不断地和无控制地获取不断加速产生的信息流，也在我们正在经历的危机中发挥了作用。这是我经常与克洛迪娜讨论的一个话题，作为社会学家，她近年来一直在研究这些问题。

作为一名科学家，我认为我能够提供的、最好的为科学的辩护是向公众，特别是向非科学界的公众解释，是什么使科学过程如此强大和美丽。这就是我在这本书中试图做的，我谈论了光的历史。我试图解释科学中的真理是什么，描述科学如何在观察、实验和理论之间长期的折返，耐心地演变和构建。我也提到了科学方法中固有的怀疑和提问，它不断地质疑它所构建的模型，因为这些模型受到了越来越严苛和精确的测试。

我还谈到了物理科学作为对世界的解释和说明所具有的力量，它为我们提供了行动和控制自然的手段。我提到了物理学的还原主义特征和它的"关联性"，这意味着对其真理的一个方面的任何挑战都会对它给我们的世界做出的整个描述产生影响。我讲的这个关于光的故事也说明了科学的普遍性，与文化相对主义的支持者们所说的相反，科学是不分国界的。最后，我分析了研究人员在整个历史中不得不克服的困难，以战胜偏见，消除长期以来让我们盲目的错觉，正是这种错觉使我们无法看到和理解一个其描述越来越挑战我们直觉的自然。

光的历史是丰富而复杂的，充满了惊喜，有的时候云雾遮蔽了我们的视线，有的时候一道闪电突然打开了新的视野。这就是一个世纪前相对论和量子物理学出现时的情况。今天的我们生活在另一个关键的时期，光无疑将引导我们进一步了解这个世界。科学所面临的一些最深刻的问题中总是提到光的概念，这并非无关紧要。当我们谈论暗物质或黑洞时，虽然是隐晦地，但我们仍然在谈论光。当我们谈论广义相对论与量子物理学尚未实现的统合时，我们寻找的是物理学定律的最终统一，我们或许会受到之前一些定律的启发，在这些定律中，光起到了至关重要的作用。

当我们谈论量子信息的前景时，我们总是把希望寄托在作为信息载体和控制与操纵量子物质的工具——光——之上。还有许多东西有待我们发现和发明。我很愿意想象，如果伽利略、牛顿、菲涅耳、麦克斯韦或爱因斯坦重生，来到我们身边，了解到他们的后辈研究人员通过摆弄光子而理解和完成的事情，他们会感到多么惊讶。我也想，就像郎之万比喻中的双胞胎那样，在五十年或一百年后，回到地球，哪怕只是片刻，以了解在我之后的几代研究人员都发现了些什么。但这是一个不可能实现的梦想。目前人类还没有如此快速的火箭，能够将我带到未来。而这个基于相对论的确定论断，又是来自于光。

拓展阅读

这份补充阅读清单远非详尽无遗，其中囊括的作品一部分启发了我，另一部分可供读者查找本书中提到的科学史人物或事件的细节，它们有时经过了浪漫化处理。在这份清单的最后，是我个人的三部作品：首先是《量子物理》，这是我在法兰西公学院的第一课（2001 年）；其次是《探索量子：原子、腔和光子》，本书由我和让 – 米歇尔·雷蒙合著，其中详细介绍了腔量子电动力学以及它与其他现代量子物理领域的关系；最后，是我获得诺贝尔物理学奖时，在斯德哥尔摩演讲的文稿。

书中提到的科学家的传记和自传

Anatole Abragam, *De la physique avant toute chose?*（物理学高于一切？），Odile Jacob, 2000.

C. D. Andriesse, *Huygens: The Man Behind the Principle*（惠更斯：原理背后的男人），Cambridge University Press, 2011.

Bernard Cagnac, *Alfred Kastler*（阿尔弗雷德·卡斯特勒），Éditions Rue d'Ulm, 2013.

Claude Cohen-Tannoudji, *Sous le signe de la lumière*（在光的引导下），Odile Jacob, 2019.

Niccolò Guicciardini, *Isaac Newton and Natural Philosophy*（艾萨克·牛顿和自然哲学），Reaktion Books, 2018.

Alan W. Hirshfeld, *The Electric Life of Michael Faraday*（迈克尔·法拉第的电气人生），Walker Books, 2006.

James Lequeux, *Le Verrier, savant magnifique et détesté*（勒威耶：伟大又被讨厌的科学家），EDP Sciences, 2009.

James Lequeux, *Hippolyte Fizeau, physicien de la lumière*（伊波利特·斐佐：光物理学家），EDP Sciences, 2014.

Thomas Levenson, *Einstein in Berlin*（爱因斯坦在柏林），Bantam, 2004.

Walter J. Moore, *Schrödinger: Life and Thought*（薛定谔：人生与思想），Cambridge University Press, 1992. ——中译本为《薛定谔传》，中国对外翻译出版公司，2001.

Abraham Pais, *Subtle Is the Lord: The Science and the Life of Albert Einstein*（上帝是微妙的：阿尔伯特·爱因斯坦的科学与人生），Oxford University Press, 1982. ——中译本为《一个神话的时代：爱因斯坦的一生》，东方出版中心，1998.

Abraham Pais, *Niels Bohr's Times*（尼尔斯·玻尔的时代），Clarendon Press, 1991. ——中译本为《尼尔斯·玻尔传》，商务印书馆，2001.

Dava Sobel, *Galileo's Daughter: A Historical Memoir of Science, Faith, and Love*（伽利略的女儿：科学、信仰和爱的历史回忆录），Walker Books, 1999. ——中译本为《伽利略的女儿》，上海人民出版社，2005.

关于光学和电磁学的历史

Jed Z. Buchwald, *The Rise of the Wave Theory of Light: Optical Theory and Experiment in the Early Nineteenth Century*（光的波动理论的兴起：19世纪早期的光学理论与实验），The University of Chicago Press, 1984.

Olivier Darrigol, *A History of Optics: From Greek Antiquity to the Nineteenth Century*（光学史：从古希腊到19世纪），Oxford University Press, 2012.

Olivier Darrigol, *Electrodynamics from Ampere to Einstein*（电动力学：从安培到爱因斯坦），Oxford University Press, 2000.

关于航海与测量地球的历史

Ken Alder, *The Measure of All Things: The Seven-Year Odyssey and Hidden Error That Transformed the World*（万物的尺度：七年的艰辛历程和改变世界的隐藏错误），Free Press, 2002. ——繁体中译本为《萬物的尺度：一個理想，兩個科學家，七年的測量和一個公制單位的誕生》，猫头鹰出版社，2005.

Peter Galison, *Einstein's Clocks, Poincaré's Maps*（爱因斯坦的钟，庞加莱的地图），Norton & Company, 2003.

Allan W. Hirshfeld, *Parallax: The Race to Measure the Cosmos*（视差：测量宇宙的竞赛），Palgrave Macmillan, 2001.

Dava Sobel, *Longitude: The True Story of a Lone Genius Who Solved the Greatest Scientific Problem of His Time*（经度：一位孤独天才解决他那个时代最伟大的科学问题的真实故事），Walker Books, 1995. ——中译本为《经度：一个孤独的天才解决他所处时代最大难题的真实故事》，上海人民出版社，2007.

Florence Trystram, *L'Épopée du méridien terrestre*（地球子午线的史诗），J'ai Lu, 1979.

关于相对论及其验证测试

Albert Einstein, *Relativity: The Special and the General Theory, 100th Anniversary Edition*（相对论：狭义和广义理论，发表 100 周年纪念版），Princeton University Press, 2015. ——中译本为《相对论：狭义与广义理论》，人民邮电出版社，2020.

Hanoch Gutfreund, Jürgen Renn, *The Road to Relativity: The History and Meaning of Einstein's "The Foundation of General Relativity"*（相对论之路：爱因斯坦《广义相对论基础》的历史和意义），Princeton University Press, 2015. ——中译本为《相对论之路》，湖南科学技术出版社，2019.

John Waller, *Einstein's Luck: The Truth Behind Some of the Greatest Scientific Discoveries*（爱因斯坦的运气：一些最伟大的科学发现背后的真相），Oxford University Press, 2002.——特别是书中第一部分第三章中关于爱丁顿在 1919 年对日食的观测 .

Richard Wolfson, *Simply Einstein: Relativity Demystified*（简单的爱因斯坦：揭秘相对论），Norton & Company, 2003.

关于量子物理学的基础及其哲学意义

Niels Bohr, *Atomic Physics and Human Knowledge*（原子物理学与人类的知识），Wiley, 1958.

Roland Omnès, *Les Indispensables de la mécanique quantique*（量子力学要义），Odile Jacob, 2006.

Abraham Pais, *Inward Bound: Of Matter and Forces in the Physical World*（内聚：物理世界中的物质和力），Clarendon Press, 1986.

Erwin Schrodinger, *Physique quantique et représentation du monde*（量子物理学与世界

的表示），Seuil, 1992.——这本法译书合译了薛定谔的两个作品：*Science and Humanism*（科学与人文主义），Cambridge University Press, 1951 及论文 Die gegenwärtige Situation in der Quantenmechanik（量子力学的现状），*Naturwissenschaften*（自然科学），1935.

关于爱因斯坦对量子物理学诞生的重大贡献
以及他对"哥本哈根诠释"的反对

Edmund Blair Bolles, *Einstein Defiant*（爱因斯坦的挑战），Joseph Henry Press, 2004.

Albert Einstein, Max Born, *The Born-Einstein Letters 1916–1955*（玻恩与爱因斯坦 1916 至 1955 年间通信），Macmillan, 1971. ——中译本为《玻恩 - 爱因斯坦书信集（1916—1955）》，上海科技教育出版社，2010.

A. Douglas Stone, *Einstein and the Quantum: The Quest of the Valiant Swabian*（爱因斯坦与量子：一个勇敢施瓦本人的探索），Princeton University Press, 2013. ——中译本为《爱因斯坦与量子理论》，机械工业出版社，2019.

关于在量子光学和原子物理学领域由于激光的
出现而实现的最新进展

Claude Cohen-Tannoudji, David Guéry-Odelin, *Advances in Atomic Physics: An Overview*（原子物理学进展综述），World Scientific, 2011. ——中译本为《原子物理学进展通论》，北京大学出版社, 2014.

Nicolas Gisin, *L'Impensable Hasard. Non-localité, téléportation et autres merveilles quantiques*（不可想象的随机性：非定域性、远程传态和其他量子奇迹），Odile Jacob, 2012.

Anton Zeilinger, *Dance of the Photons: From Einstein to Quantum Teleportation*（光子之舞：从爱因斯坦到量子隐形传态），Farrar, Straus and Giroux, 2010.

本书作者的其他作品

Serge Haroche, *Physique quantique: Leçons inaugurales du Collège de France*（量子物理：在法兰西公学院的第一课），Fayard, 2005.

Serge Haroche, Jean-Michel Raimond, *Exploring the Quantum: Atoms, Cavities and Photons*（探索量子：原子、腔和光子），Oxford University Press, 2006.

Serge Haroche, *Nobel Lecture: Controlling Photons in a Box and Exploring the Quantum to Classical Boundary*（诺贝尔演讲：控制盒中的光子，探索量子与经典的边界）, https://www.nobelprize.org/uploads/2018/06/haroche-lecture.pdf.

科学家姓名索引

A

Abragam, Anatole 阿纳托尔·亚伯拉罕（1914—2011）

Adams, John Couch 约翰·柯西·亚当斯（1819—1892）

Ampère, André-Marie 安德烈－马里·安培（1775—1836）

Arago, François 弗朗索瓦·阿拉戈（1786—1853）

Aristote 亚里士多德（公元前 384—前 322）

Ashkin, Arthur 阿瑟·阿什金（1922—　）

Aspect, Alain 阿兰·阿斯佩（1947—　）

B

Bayes, Thomas 托马斯·贝叶斯（1702—1761）

Becquerel, Henri 亨利·贝克勒尔（1852—1908）

Bell, Alexander Graham 亚历山大·格拉汉姆·贝尔（1847—1922）

Bell, John Steward 约翰·斯图尔特·贝尔（1928—1990）

Bender, Peter 彼得·本德（1931—　）

Bennett, Charles 查尔斯·本尼特（1943—　）

Biot, Jean-Baptiste 让－巴蒂斯特·毕奥（1774—1862）

Blatt, Rainer 莱纳·布拉特（1952—　）

Bloch, Felix 费利克斯·布洛赫（1905—1983）

Bloch, Immanuel 伊曼纽尔·布洛赫（1972—　）

Bohr, Niels 尼尔斯·玻尔（1885—1962）

Bollinger, John 约翰·鲍林格（1952—　）

Boltzmann, Ludwig 路德维希·玻尔兹曼（1844—1906）

Curie, Marie　玛丽·居里（1867—1934）

D

Dalibard, Jean　让·达利巴尔（1958—　）

Darwin, Charles　查尔斯·达尔文（1809—1882）

Davidovich, Luiz　路易斯·达维多维奇（1946—　）

Davisson, Clinton Joseph　克林顿·约瑟夫·戴维孙（1881—1958）

Davy, Humphry　汉弗里·戴维（1778—1829）

Dehmelt, Hans　汉斯·德默尔特（1922—2017）

Delambre, Jean-Baptiste　让·巴蒂斯特 – 德朗布尔（1749— 1822）

De Martini, Francesco　弗朗切斯科·德·马蒂尼（1934—　）

Descartes, René　勒内·笛卡尔（1595—1650）

Devoret, Michel　米歇尔·德沃雷（1953—　）

Dirac, Paul　保罗·狄拉克（1902—1984）

Doppler, Christian　克里斯蒂安·多普勒（1803—1853）

Dulong, Pierre Louis　皮埃尔·路易·杜隆（1785—1838）

Dupont-Roc, Jacques　雅克·杜邦 – 罗克（1945—　）

E

Eddington, Arthur　亚瑟·爱丁顿（1882—1944）

Edison, Thomas　托马斯·爱迪生（1847—1931）

Ehrenfest, Paul　保罗·埃伦费斯特（1880—1933）

Einstein, Albert　阿尔伯特·爱因斯坦（1879—1955）

Ekert, Artur　阿图尔·埃克特（1961—　）

F

Fabry, Charles　查尔斯·法布里（1867—1945）

Faraday, Michael　迈克尔·法拉第（1791—1867）

Fermat, Pierre de　皮埃尔·德·费马（1605 ?—1665）

Fermi, Enrico　恩里科·费米（1901—1954）

Feynman, Richard　理查德·费曼（1918—1988）

G

Grynberg, Gilbert　吉贝尔·格林伯格（1948—2003）

H

Hall, John Lewis　约翰·路易斯·霍尔（1934—　）

Hamilton, William Rowan　威廉·卢云·哈密顿（1805—1865）

Hänsch, Theodor (Ted)　特奥多尔·亨施（泰德）（1941—　）

Harrison, John　约翰·哈里森（1693—1776）

Heisenberg, Werner　维尔纳·海森堡（1901—1976）

Herschel, William　威廉·赫歇尔（1738—1822）

Hertz, Heinrich　海因里希·赫兹（1857—1894）

Higgs, Peter　彼得·希格斯（1929—　）

Hilbert, David　戴维·希尔伯特（1862—1943）

Hinds, Edward　爱德华·海因兹（1949—　）

't Hooft, Gerald　杰拉德·特·胡夫特（1946—　）

Hooke, Robert　罗伯特·胡克（1635—1703）

Humboldt, Alexander von　亚历山大·冯·洪堡（1769—1859）

Huygens, Christiaan　克里斯蒂安·惠更斯（1629—1695）

I

Ibn al–Haytham, dit Alhazen　海什木，又称"海桑"（965—1040）

J

Jeans, James　詹姆士·金斯（1877—1946）

Josephson, Brian　布赖恩·约瑟夫森（1940—　）

K

Kamerlingh Onnes, Heike　海克·卡末林·昂内斯（1853—1926）

Kastler, Alfred　阿尔弗雷德·卡斯特勒（1902—1984）

Kelvin, lord William Thomson　开尔文勋爵（1824—1907）

Kepler, Johannes　约翰内斯·开普勒（1571—1630）

Ketterle, Wolfgang　沃尔夫冈·克特勒（1957—　）

Kimble, H. Jeffrey   杰夫·金贝尔（1949—   ）

Kleppner, Daniel   丹尼尔·克莱普纳（1932—   ）

Kohlrausch, Rudolf   鲁道夫·科尔劳施（1809—1858）

L

La Condamine, Charles Marie de   夏尔勒·玛丽·德拉·康达明（1701—1774）

Lagrange, Joseph-Louis   约瑟夫 – 路易斯·拉格朗日（1736—1813）

Laloë, Franck   法兰克·拉洛（1940—   ）

Lamb, Willis   威利斯·兰姆（1913—2008）

Langevin, Paul   保罗·朗之万（1872—1946）

Laplace, Pierre-Simon   皮埃尔 – 西蒙·拉普拉斯（1749—1827）

Larmor, Joseph   约瑟夫·拉莫尔（1857—1942）

Lavoisier, Antoine   安托万·拉瓦锡（1743—1794）

Le Verrier, Urbain   奥本·勒维耶（1811—1877）

Leibniz, Gottfried Wilhelm   戈特弗里德·威廉·莱布尼茨（1646— 1716）

Lorentz, Hendrik   亨德里克·洛伦兹（1853—1928）

M

Mach, Ernst   恩斯特·马赫（1838—1916）

Maiman, Theodore   西奥多·梅曼（1927—2007）

Malus, Étienne Louis   艾蒂安 – 路易·马吕斯（1775—1812）

Maupertuis, Pierre Louis Moreau de   皮埃尔·路易·莫佩尔蒂（1698—1759）

Maxwell, James Clerk   詹姆斯·克拉克·麦克斯韦（1831—1879）

Méchain, Pierre   皮埃尔·梅尚（1744—1804）

Mendeleïev, Dimitri   德米特里·门捷列夫（1834—1907）

Meschede, Dieter   迪特·梅舍德（1954—   ）

Michelson, Albert   阿尔伯特·迈克耳孙（1851—1931）

Millikan, Robert Andrews   罗伯特·安德鲁斯·密立根（1868— 1953）

Minkowski, Hermann   赫尔曼·闵可夫斯基（1864—1909）

Morley, Edward   爱德华·莫雷（1828—1923）

Richer, Jean　让·里歇尔（1630—1696）

Riemann, Bernhard　伯恩哈德·黎曼（1826—1866）

Ritter, Johann Wilhelm　约翰·威廉·里特（1776—1810）

Roch, Jean-François　让－弗朗索瓦·罗赫（1964—　　）

Roentgen, Wilhelm　威廉·伦琴（1845—1923）

Romagnosi, Gian Domenico　吉安·多梅尼科·罗马格诺西（1761—1835）

Römer, Ole Christensen　奥勒·克里斯滕森·罗默（1644—1710）

Rosen, Nathan　纳森·罗森（1909—1995）

Rutherford, Ernest　欧内斯特·卢瑟福（1871—1937）

Rydberg, Johannes　约翰内斯·里德伯（1854—1919）

S

Salam, Abdus　阿卜杜勒·萨拉姆（1926—1996）

Savart, Felix　费利克斯·萨伐尔（1791—1841）

Schawlow, Arthur　阿瑟·肖洛（1921—1999）

Schoelkopf, Robert　罗伯特·肖尔科夫（1964—　　）

Schrödinger, Erwin　埃尔温·薛定谔（1887—1961）

Schwinger, Julian　朱利安·施温格（1918—1994）

Series, George William　乔治·威廉·塞勒斯（1920—1995）

Shor, Peter　彼得·肖尔（1959—　　）

Snell, Willebrord　威理博·斯涅尔（1580—1626）

Soldner, Johann von　约翰·冯·索德纳（1776—1833）

Solvay, Ernest　欧内斯特·索尔维（1838—1922）

Sommerfeld, Arnold　阿诺尔德·索末菲（1868—1951）

Stern, Otto　奥托·施特恩（1888—1969）

T

Thomson, Joseph John　约瑟夫·约翰·汤姆孙（1856—1940）

Tomonaga, Sin-Itiro　朝永振一郎（1906—1979）

Toschek, Peter　彼得·托沙克（1933—2020）

Townes, Charles　查尔斯·汤斯（1915—2015）

V

Veltman, Martinus　马丁纽斯·韦尔特曼（1931—2021）

Volta, Alessandro　亚历山德罗·伏特（1745—1827）

W

Walther, Herbert　瓦尔特·格拉赫（1935—2006）

Weber, Wilhelm Eduard　威廉·爱德华·韦伯（1804—1891）

Weinberg, Steven　史蒂文·温伯格（1933—　）

Wheeler, John Archibald　约翰·阿奇博尔德·惠勒（1911—2008）

Wieman, Carl　卡尔·威曼（1951—　）

Wigner, Eugene　尤金·维格纳（1902—1995）

Wilczek, Frank　弗兰克·维尔切克（1951—　）

Wineland, David　戴维·维因兰德（1944—　）

Wollaston, William　威廉·沃拉斯顿（1766—1828）

Y

Ye, Jun　叶军（1967—　）

Young, Thomas　托马斯·杨（1773—1829）

Z

Zagury, Nicim　尼西姆·扎古里（1934—　）

Zeeman, Pieter　彼得·塞曼（1865—1943）

Zeilinger, Anton　安东·塞林格（1945—　）

Zoller, Peter　彼得·佐勒（1952—　）

Zurek, Wojciech　沃伊切赫·祖瑞克（1951—　）

致　谢

　　这本书的问世，在很大程度上要归功于我的学生、同事以及博士后访问学者们，多年以来，我与他们一起寻求加深我们对原子和光的认识。我很幸运，能够在一个充满信任和友善的氛围内，无拘无束地和我的团队一起从事由科学好奇心驱使的工作。如果这些条件没有得到满足，我不可能取得任何成就。我首先要感谢让 – 米歇尔·雷蒙和米歇尔·布吕内，在整个试图驯服光子的冒险过程中，他们一直陪伴着我。那些来到我们的团队的、来自世界各地的同僚们，都对我们研究的各个阶段做出了重要贡献。他们中的大多数人都在法国或国外创造了辉煌的学术事业。篇幅所限，我不能在此一一列举他们的名字，但我想让他们知道，我很高兴并很自豪能够与他们分享这次冒险中最激动人心的一些时刻。

　　我已经到了递出接力棒的年纪，不再有行政和教学任务。但我仍然有幸能够继续关注我的团队所进行的研究。塞巴斯蒂安·格莱兹（Sébastien Gleyzes）、伊戈尔·多岑科（Igor Dotsenko）和克雷蒙·赛兰（Clément Sayrin）与米歇尔·布吕内和让 – 米歇尔·雷蒙在比我所亲历过的情况更艰难的行政条件和财政环境下工作，他们年复一年地做出新成果，将他们的研究引向新的、充满希望的方向。我钦佩他们的创造力和活力，并感谢他们能够与学生一起保持对知识的热情，没有这种热情，研究是不可能进行下去的。

　　当我意识到，每一代的科学家都是长期积累的知识链中的一个环节，在这本书中，我想追溯这根链条，直到它的锚点，也就是 17 世纪，那是现代科学思想的起源。为了描绘这部关于光的科学史诗，我参考了诸多科学史学家的作品。其中一位作者是奥利维尔·达里戈尔（Olivier Darrigol），我有幸与他进行了交谈。他向我描述了过去几个世纪中科学家们对光的多种微妙且矛盾的表述。我感谢他对我的启发，他的深刻见解对我撰写第二章和第三章有很大的帮助。

我还要感谢两位特别挑剔的读者：一位是让－米歇尔·雷蒙，他以专家的眼光仔细研究了我的手稿，并建议我纠正某些不准确的地方；另一位是我的女婿托马·珀若（Thomas Peugeot），他以一位热情的非专业人士的视角阅读了这些篇章。他们的建议和鼓励对我来说非常宝贵。法兰西公学院照片服务部门的帕特里克·安贝尔帮助我对几幅插图进行了排版，我想对他表示感谢。

我非常感谢奥迪勒·雅各布（Odile Jacob），是她提议我撰写这样一本书，并且耐心地等待这本书的完稿。她的出版社的整个团队给我提供了极大的帮助，解决了伴随编纂这样一本书而出现的许多材料方面的问题。

在这本书的最后，我必须要说，我最应该感谢的是我的爱人克洛迪娜。从我的职业生涯之初，她就一直陪伴着我，并不断帮助和支持我。我无法将我的科学生活与我们丰富的个人生活分开，我无法想象如果没有她，我能取得什么成就。对于这一切，感谢二字是微不足道的。但我至少可以感谢的，是她在我全身心投入本书撰写的漫长的数个月份中对我的包容。

2021 年 4 月于巴黎